生物化学与分子生物学实验指导 （双语版）

A Guide for Biochemistry and Molecular Biology Experiments

(Chinese-English Bilingual Edition)

主　编　龚朝辉

副主编　郭俊明

ZHEJIANG UNIVERSITY PRESS
浙江大学出版社

编　委　会

前　　言

　　生物化学与分子生物学是生命科学各学科的"共同语言"和"重要工具",是联系基础医学和临床医学的重要纽带。目前,生物化学与分子生物学的理论和技术已广泛地渗透到生命科学和医学的各个领域,不仅大大推动了医学乃至整个生命科学的发展,而且也为本学科的自身快速发展创造了良好的条件。

　　"生物化学与分子生物学"课程是医学各专业的重要基础课程和主干课程,其教学内容是我国执业医师资格考试和研究生入学考试等多种重要考试的必考内容之一。了解和掌握生物化学与分子生物学实验技术,是巩固生物化学与分子生物学基本理论的重要手段,不仅对于医学生后续课程的学习具有重要的支撑作用,而且对于从事生物医学和临床医学乃至其他相关学科的医疗、教学和科研工作来说,都是十分必要的。

　　目前国内不少高校已先后开展了"生物化学与分子生物学"课程的双语或全英文教学,其理论课程使用的教材大多是国外原版引进或国内影印版本,而相关的实验课程尚未正式出版过一本适合双语教学的教材。为此,我们总结了近十年来开展"生物化学与分子生物学"双语教学中的实践体会,并广泛吸取国内外成熟的先进经验,编写了《生物化学与分子生物学实验指导(双语版)》一书。本教材系统介绍了生物化学与分子生物学常用实验的技术与原理(第一至第九章)、基础实验操作(第十至第十四章)和设计性实验(第十五至第十八章)。本教材在内容编排上逐层深入,共涵盖了蛋白质、酶、核酸、物质代谢和分子生物学五大实验模块,共计31个实验项目,反映了当今实验教学改革的成果;在写作风格上有明显创新,在简要介绍实验原理、材料准备的基础上,以新颖、独创的表格和流程形式清晰地描述了每个操作步骤的内容、要点(特别是注意事项和技巧分析),在结果部分指出了可能出现的常见问题及其处理方法,并在每个实验后附以思考题,这有利于拓展学生的思维。

　　在本教材的编写过程中,我们参照了国家级和省级实验教学示范中心建设的要求,在第三篇用四章篇幅专题介绍了设计型实验的选题、设计和论文撰写等,并给予实施案例。同时,为立足双语教学,方便部分院校的全英文教学需要,我们编写了部分双语实验,在基础实验操作中精编了中英文对照实验项目,以方便双语教学和留学生教学。本教材既可作为高等学校本、专科生及研究生的生物化学与分子生物学实验指导教材,又可作为相关专业人员了解、掌握生物化学与分子生物学实验技术的重要参考书。本书的编者均为长期从事"生物化学与分子生物学"课程教学的一线骨干教师,分别来自宁波大学医学院生物化学与分子生物学学科和丽水学院医学院。第一、二、四、十一、十五至十八章由龚朝辉编写,第三章由郭志平编写,第五、八、十三章由李庆宁编写,第六、七、十四章由季林丹编写,第九章由段世伟编写,第十章由刘琼编写,第十二章由郭俊明编写,附录由乐燕萍编写。

　　在本教材的编写过程中，不仅得到宁波大学教务处和医学院领导的大力支持以及浙江大学出版社的关心，而且还受到国家双语教学示范课程、浙江省精品课程和宁波大学教材建设项目的大力支持，在此表示衷心的感谢。

　　尽管我们作了许多努力，但由于水平有限，错误和疏漏之处在所难免。在此，恳请读者和同行批评指正，及时指出本书中的不妥之处。本人 Email(gongzhaohui@nbu.edu.cn)随时恭候您的施教，期待本书再版时臻于完善。

龚朝辉

2012 年 10 月于宁波

目 录
Contents

第一篇　实验技术与原理

第二篇　基础实验操作

第三篇　设计性实验

Part I Experimental Technologies and Principles

Part Ⅱ   Basic Experimental Operations

Part Ⅲ   Designed Experiments

第一篇（Part Ⅰ）

实 验 技 术 与 原 理

（Experimental Technologies and Principles）

第一章　生物大分子样品制备
(Chapter 1　Preparation of Biomacromolecules)

生物大分子指的是作为生物体内主要活性成分的各种分子量达到上万或更多的有机分子。常见的生物大分子包括蛋白质、核酸、脂类和糖类,其中蛋白质(包括酶)和核酸是生命活动的物质基础。在自然科学,尤其是医学和生命科学高度发展的今天,蛋白质和核酸等生物大分子的结构与功能的研究是探求人体健康和生命奥秘的中心课题,而生物大分子结构与功能的研究,必须首先解决生物大分子的制备问题。与化学产品的分离制备相比较,生物大分子的制备具有以下主要特点:

(1)生物材料的组成极其复杂,常常包含有数百种乃至几千种化合物。其中许多化合物至今还是个谜,有待人们研究与开发。有的生物大分子在分离过程中还在不断地代谢,所以生物大分子的分离纯化方法差别极大,想找到一种适合各种生物大分子分离制备的标准方法是不可能的。

(2)许多生物大分子在生物材料中的含量极微,只有万分之一、几十万分之一,甚至几百万分之一。分离纯化的步骤繁多,流程又长,有的目的产物要经过十几步、几十步的操作才能达到所需纯度的要求。例如由脑垂体组织取得某些激素的释放因子,要用几吨甚至几十吨的生物材料,才能提取出几毫克的样品。

(3)许多生物大分子一旦离开了生物体内环境就极易失活,因此分离过程中如何防止其失活,就是生物大分子提取制备最困难之处。过酸、过碱、高温、剧烈的搅拌、强辐射及本身的自溶等都会使生物大分子变性而失活,所以分离纯化时一定要选用最适宜的环境和条件。

(4)生物大分子的制备几乎都是在溶液中进行的,温度、pH值、离子强度等各种参数对溶液中各种组成的综合影响,很难准确估计和判断,因而实验结果常有很大的经验成分,实验的重复性较差,个人的实验技术水平和经验对实验结果会有较大的影响。

由于生物大分子的分离和制备是如此地复杂和困难,因而实验方法和流程的设计就必须尽可能多查文献,多参照前人所做的工作,吸取其经验和精华。一般来说,生物大分子的制备通常可按以下步骤进行:①确定要制备的生物大分子的目的和要求。②建立相应的可靠的分析测定方法。③通过文献调研和预备性实验,掌握生物大分子目的产物的物理化学性质。④生物材料的破碎和预处理。⑤分离纯化方案的选择和探索,这是最困难的过程。⑥生物大分子制备物的均一性(即纯度)的鉴定。⑦产物的浓缩、干燥和保存。

第一节　材料的选择与处理
（Section 1　Selection and Processing of Materials）

一、材料的选择

实验材料的选择主要依据待分离制备的生物大分子物质的含量和性质而定。一般来说，动物或人体组织中的有效成分含量较低，如胰脏组织中胰岛素的含量极低，含量小于其鲜重的百万分之一；肿瘤组织中微小RNA（microRNA，miRNA）的含量极低，往往只能在提取总RNA后通过实时定量聚合酶链反应（real-time quantitative polymerase chain reaction，qPCR）才能检测到。对大多数生物大分子而言，酸、碱、高温和高浓度有机溶剂等因子对其稳定性影响较大，如酶在强酸强碱性条件下易失活。选用的材料不同，生物大分子的含量就不同；选用的材料即使相同，但选择时期不同，其含量和稳定性也不尽相同。如在新鲜组织中提取总RNA的含量和稳定性，与在石蜡包埋的切片中提取的总RNA的含量和稳定性完全不同，其方法也不尽相同。

总的来说，实验材料的选择应遵循的原则是：生物大分子含量高、稳定性好；来源丰富，保持新鲜；提取工艺简单；有综合利用价值。在具体实践过程中，可根据实际情况全面考虑，综合权衡。如上面提到的胰岛素，从含量上看，牛的胰脏中的胰岛素含量比猪的高，但猪的饲养成本要低于牛的，饲养周期也少于牛的。综合分析，选择猪作为材料制备胰岛素要比牛要好。又比如miRNA提取，从新鲜肿瘤组织中制备要比石蜡切片中容易，但有时候病历资料完整的石蜡切片在分析miRNA和临床意义时显得更为重要，因此，有时从医疗过程中遗留的标本里提取所需的生物大分子进行分析也是临床研究的一个重要途径。

二、材料的处理

选择合适的材料后，应及时使用，否则所需的生物大分子会被破坏，影响得率。如从收获的细胞中提取过氧化氢酶时，及时操作则不影响蛋白质得率和活性；如将收集细胞置室温放置一天，该酶的活性会显著下降。即使是在低温保存条件下，如从血液中提取基因组DNA，低温冷冻后的血液中完整基因组DNA的得率要低于新鲜血液，有时降解较为严重。若选择的材料难于立即使用时，一般应采取超低温冷冻等方法处理，特别是新鲜的脏器要及时取出脂肪和筋皮等。常用的人体脏器、动物组织、血液或细胞等生物材料的特点各异，所以其处理的要求也就不同。

1. 人体脏器组织材料

（1）低温冷冻：术后脏器、组织标本，或其他动物脏器等新鲜材料，一般应迅速剥除脂类和结缔组织，用生理盐水冲洗干净。不立即使用时，应在−70℃低温冰箱或−196℃液氮中冻存，可长达数月甚至一年不变质。

（2）干燥：对于小组织块，如脑下垂体等，可通过丙酮脱水、冷冻干燥后磨粉贮存备用。对于含耐高温有效成分（如肝素）的肠黏膜，可在沸水中蒸煮，烘干后可长期保存。

2. 血液

采集到的血液应根据需要防止溶血和产生泡沫。如收集血清,全血在不加抗凝剂自然凝固后析出的淡黄色液体,可置冰箱冷冻保存即可;血浆可通过抗凝全血低速离心后使血细胞下沉得到上清。根据需要,分析循环 miRNA,加入 miRNA 保护剂低温保存则更稳定,而其他成分,如血细胞,可通过离心后获得,并置于低温中保存即可。

3. 细胞

从新鲜组织中分离的细胞或培养的细胞,可立即用于各种生物大分子的制备。如不立即使用,应将细胞悬浮于冻存液中,短期可置于−70℃低温冰箱保存;长期保存应置于液氮中,长达数月仍保留细胞活性。

第二节 细胞破碎
(Section 2 Cell Breaking)

细胞是生物体结构和功能的基本单位。就真核生物而言,细胞除了有细胞膜、细胞质和细胞核外,还有线粒体、溶酶体和内质网等细胞器。除了某些细胞外的多肽激素和某些蛋白质与酶以外,对于细胞内或多细胞生物组织中的各种生物大分子的分离纯化,都需要事先将细胞和组织破碎,使生物大分子充分释放到溶液中,这并不会导致生物活性丢失。不同的生物体或同一生物体的不同部位的组织,其细胞破碎,难易不一,使用的方法也不相同,如动物脏器的细胞膜较脆弱,容易破碎,而植物和微生物由于具有较坚固的纤维素、半纤维素组成的细胞壁,要采取专门的细胞破碎方法。

一、机械法

(1)研磨:将剪碎的动物组织置于研钵或匀浆器中,加入少量石英砂研磨或匀浆,即可将动物细胞破碎,这种方法比较温和,适宜实验室使用。工业生产中可用电磨研磨。细菌和植物组织细胞的破碎也可用此法。

(2)组织捣碎器:这是一种较剧烈的破碎细胞的方法,通常可先用家用食品加工机将组织打碎,然后再用 10000～20000r/min 的内刀式组织捣碎机(即高速分散器)将组织的细胞打碎,为了防止发热和升温过高,通常是转 10～20s,停 10～20s,可反复多次。

二、物理法

(1)反复冻融法:将待破碎的细胞冷至−15～−20℃,然后放于室温(或 40℃)迅速融化,如此反复冻融多次,由于细胞内形成冰粒使剩余胞液的盐浓度增高而引起细胞溶胀破碎。

(2)超声波处理法:此法是借助超声波的振动力破碎细胞壁和细胞器。破碎微生物细菌和酵母菌时,时间要长一些,处理的效果与样品浓度和使用频率有关。使用时注意降温,防止过热。

(3)压榨法:这是一种温和的、彻底破碎细胞的方法。在 $1000\times10^5\sim2000\times10^5$ Pa 的高压下使几十毫升的细胞悬液通过一个小孔突然释放至常压,细胞将彻底破碎。这是一种较理想的破碎细胞的方法,但仪器费用较高。

（4）冷热交替法：从细菌或病毒中提取蛋白质和核酸时可用此法。在90℃左右维持数分钟，随后立即放入冰浴中使之冷却，如此反复多次，绝大部分细胞可以被破碎。

三、化学与生物化学方法

（1）自溶法：将新鲜的生物材料存放于一定的 pH 和适当的温度下，细胞结构在自身所具有的各种水解酶（如蛋白酶和酯酶等）的作用下发生溶解，使细胞内含物释放出来，此法称为自溶法。使用时要特别小心操作，因为水解酶不仅可以使细胞壁和膜破坏，而且也可能会把某些要提取的有效成分分解了。

（2）溶胀法：细胞膜为天然的半透膜，在低渗溶液和低浓度的稀盐溶液中，由于存在渗透压差，溶剂分子大量进入细胞，将细胞膜胀破释放出细胞内含物。

（3）酶解法：利用各种水解酶，如溶菌酶、纤维素酶、蜗牛酶和酯酶等，于37℃，pH8条件下处理15min，可以专一性地将细胞壁分解，释放出细胞内含物，此法适用于多种微生物。例如从某些细菌细胞提取质粒 DNA 时，可采用溶菌酶（来自蛋清）破细胞壁，而在破酵母细胞时，常采用蜗牛酶（来自蜗牛），将酵母细胞悬于 0.1mmol/L 柠檬酸-磷酸氢二钠缓冲液（pH＝5.4）中，加入 1% 蜗牛酶，在30℃处理30min，即可使大部分细胞壁破裂，如同时加入 0.2% 巯基乙醇效果会更好。此法可以与研磨法联合使用。

（4）有机溶剂处理法：利用氯仿、甲苯、丙酮等脂溶性溶剂或十二烷基硫酸钠（SDS）等表面活性剂处理细胞，可将细胞膜溶解，从而使细胞破裂。此法也可以与研磨法联合使用。

第三节　抽　提
（Section 3　Extraction）

抽提通常是指在分离纯化之前将经过预处理或破碎的细胞置于溶剂中，使被分离的生物大分子充分释放到溶剂中，并尽可能保持原来的天然状态不丢失生物活性的过程。这一过程是将目的产物与细胞中其他化合物和生物大分子分离，即由固相转入液相，或从细胞内的生理状况转入外界特定的溶液中。

影响抽提效果的因素主要有：目的产物在提取的溶剂中溶解度的大小，由固相扩散到液相的难易，溶剂的 pH 值和提取时间等。一种物质在某一溶剂中溶解度的大小与该物质的分子结构及使用的溶剂的理化性质有关。一般地说，极性物质易溶于极性溶剂，非极性物质易溶于非极性溶剂；碱性物质易溶于酸性溶剂，酸性物质易溶于碱性溶剂；温度升高，溶解度加大，远离等电点的 pH 值，溶解度增加。提取时所选择的条件应有利于目的产物溶解度的增加和保持其生物活性。

一、水溶液提取

蛋白质和酶的提取一般以水溶液为主。稀盐溶液和缓冲液对蛋白质的稳定性好，溶解度大，是提取蛋白质和酶最常用的溶剂。用水溶液提取生物大分子应注意的几个主要影响因素是：

（1）盐浓度（即离子强度）：离子强度对生物大分子的溶解度有极大的影响，有些物质，如

DNA-蛋白复合物,在高离子强度下溶解度增加;而另一些物质,如 RNA-蛋白复合物,在低离子强度下溶解度增加,在高离子强度下溶解度减小。绝大多数蛋白质和酶,在低离子强度的溶液中都有较大的溶解度,如在纯水中加入少量中性盐,蛋白质的溶解度与在纯水中相比,大大增加,称为"盐溶"现象。但中性盐的浓度增加至一定值时,蛋白质的溶解度又逐渐下降,直至沉淀析出,称为"盐析"现象。盐溶现象的产生主要是少量离子的活动,减少了偶极分子之间极性基团的静电吸引力,增加了溶质和溶剂分子间相互作用力的结果,所以低盐溶液常用于大多数生化物质的提取。通常使用 0.02～0.05mol/L 缓冲液或 0.09～0.15mol/L NaCl溶液提取蛋白质和酶。不同的蛋白质极性大小不同,为了提高提取效率,有时需要降低或提高溶剂的极性。向水溶液中加入蔗糖或甘油可使其极性降低,增加离子强度(如加入 KCl、NaCl、NH$_4$Cl 或 (NH$_4$)$_2$SO$_4$)可以增加溶液的极性。

(2)pH 值:蛋白质、酶与核酸的溶解度和稳定性与 pH 值有关。过酸、过碱均应尽量避免,一般控制在 pH=6～8 范围内,提取溶剂的 pH 应在蛋白质和酶的稳定范围内,通常选择偏离等电点的两侧。碱性蛋白质选在偏酸一侧,酸性蛋白质选在偏碱的一侧,以增加蛋白质的溶解度,提高提取效果。例如胰蛋白酶为碱性蛋白质,常用稀酸提取,而肌肉甘油醛-3-磷酸脱氢酶属酸性蛋白质,则常用稀碱来提取。

(3)温度:为防止变性和降解,制备具有活性的蛋白质和酶,提取时一般在 0～5℃ 的低温操作。但少数对温度耐受力强的蛋白质和酶,可提高温度使杂蛋白变性,有利于提取和下一步的纯化。

(4)防止蛋白酶或核酸酶的降解作用:在提取蛋白质、酶和核酸时,常常受自身存在的蛋白酶或核酸酶的降解作用而导致实验的失败。为防止这一现象的发生,常常采用加入抑制剂或调节提取液的 pH、离子强度或极性等方法使这些水解酶失去活性,防止它们对欲提纯的蛋白质、酶及核酸产生降解作用。例如在提取 DNA 时加入 EDTA 络合 DNase 活化所必需的 Mg^{2+}。

(5)搅拌与氧化:搅拌能促进被提取物的溶解。一般采用温和搅拌为宜,速度太快容易产生大量泡沫,增大与空气的接触面,会引起酶等物质的变性失活,因为一般蛋白质都含有相当数量的巯基,有些巯基常常是活性部位的必需基团,若提取液中有氧化剂或与空气中的氧气接触过多都会使巯基氧化为分子内或分子间的二硫键,导致酶活性的丧失。在提取液中加入少量巯基乙醇或半胱氨酸以防止巯基氧化。

二、有机溶剂提取

一些和脂类结合比较牢固或分子中非极性侧链较多的蛋白质和酶难溶于水、稀盐、稀酸,或稀碱中,常用不同比例的有机溶剂提取。常用的有机溶剂有乙醇、丙酮、异丙醇、正丁酮等,这些溶剂可以与水互溶或部分互溶,同时具有亲水性和亲脂性,其中正丁醇 0℃时在水中的溶解度为 10.5%,40℃时为 6.6%,同时又具有较强的亲脂性,因此常用来提取与脂结合较牢或含非极性侧链较多的蛋白质、酶和脂类。例如植物种子中的玉蜀黍蛋白、麸蛋白,常用 70%～80% 的乙醇提取,动物组织中一些线粒体及微粒上的酶常用丁醇提取。

有些蛋白质和酶既能溶于稀酸、稀碱,又能溶于含有一定比例有机溶剂的水溶液中。在这种情况下,采用稀的有机溶液提取常常可以防止水解酶的破坏,并兼有除去杂质、提高纯化效果的作用。例如,胰岛素可溶于稀酸、稀碱和稀醇溶液,但在组织中与其共存的糜蛋白酶对胰岛素有极高的水解活性,因而采用 6.8% 乙醇溶液并用草酸调溶液(pH 为 2.5～3.0)进行提取,这样就从以下三个方面抑制了糜蛋白酶的水解活性:①6.8% 的乙醇可以使糜蛋白酶暂时失活;②草酸可以除去激活糜蛋白酶的 Ca^{2+};③选用的 pH2.5～3.0,是糜蛋白酶不宜作用的 pH 值。以上条件对胰岛素的溶解和稳定性都没有影响,却可除去一部分在稀醇与稀酸中不溶解的杂蛋白。

第四节　浓缩与纯化
(Section 4　Concentration and Purification)

　　一般粗提液的体积都比较大,应经过进一步浓缩和分离纯化处理。常用的浓缩和纯化方法和技术有沉淀法(包括盐析、有机溶剂沉淀、选择性沉淀等)、透析、超过滤、冷冻干燥、离心、吸附层析、凝胶过滤层析、离子交换层析、亲和层析、快速制备型液相色谱以及等电聚焦制备电泳等。其中,离心技术将在第二章中介绍,层析技术将在第三章讨论,等点聚焦电泳将在第四章描述。本节主要讨论浓缩的常见方法及应用。

一、沉淀法

　　沉淀是溶液中的溶质由液相变成固相析出的过程。沉淀法(即溶解度法)操作简便,成本低廉,不仅仅用于实验室中,也用于某些生产目的的制备过程,是分离纯化生物大分子,特别是制备蛋白质和酶最常用的方法。通过沉淀,将目的生物大分子转入固相沉淀或留在液相,而与杂质得到初步的分离。

　　此方法的基本原理是根据不同物质在溶剂中的溶解度不同而达到分离的目的,不同溶解度的产生是由于溶质分子之间及溶质与溶剂分子之间亲和力的差异而引起的,溶解度的大小与溶质和溶剂的化学性质及结构有关,溶剂组分的改变或加入某些沉淀剂以及改变溶液的 pH 值、离子强度和极性都会使溶质的溶解度产生明显的改变。

　　在生物大分子制备中最常用的几种沉淀方法是:

　　(1) 中性盐沉淀(盐析法):多用于各种蛋白质和酶的分离纯化。

　　(2) 有机溶剂沉淀:多用于蛋白质和酶、多糖、核酸以及生物小分子的分离纯化。

　　(3) 选择性沉淀(热变性沉淀和酸碱变性沉淀):多用于除去某些不耐热的和在一定 pH 值下易变性的杂蛋白。

　　(4) 等电点沉淀:用于氨基酸、蛋白质及其他两性物质的沉淀,但此法单独应用较少,多与其他方法结合使用。

　　(5) 有机聚合物沉淀:这是发展较快的一种新方法,主要使用 PEG 聚乙二醇(polyethyeneglycol)作为沉淀剂。

二、透析法

　　在生物大分子的制备过程中,除盐、除少量有机溶剂、除去生物小分子杂质和浓缩样品等都要用到透析的技术。透析只需要使用专用的半透膜即可完成。通常是将半透膜制成袋状,将生物大分子样品溶液置入袋内,将此透析袋浸入水或缓冲液中,样品溶液中的大分子量的生物大分子被截留在袋内,而盐和小分子物质不断扩散透析到袋外,直到袋内外两边的浓度达到平衡为止(见图 1-1)。保留在透析袋内未透析出的样品溶液称为"保留液",袋(膜)外的溶液称为"渗出液"或"透析液"。透析的动力是扩散压,扩散压是由横跨膜两边的浓度梯度形成的。透析的速度反比于膜的厚度,正比于欲透析的小分子溶质在膜内外两边的浓度梯度,还正比于膜的面积和温度,通常是 4℃ 透析,升高温度可加快透析速度。

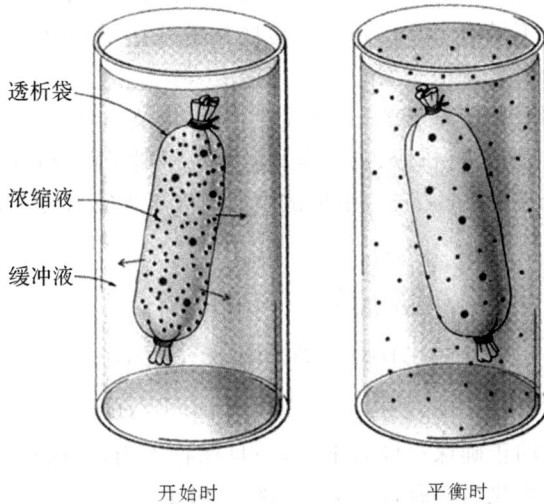

透析袋
浓缩液
缓冲液

开始时　　　　　　　平衡时

图 1-1　透析法去除小分子杂质和浓缩样品

另外,还可以通过将装抽提液的透析袋两端扎紧,并埋在吸水力较强的聚乙二醇(PEG,分子量 20000 以上)或甘油中,10mL 浓缩液可在数小时内浓缩到几乎无水的状态。

三、超过滤法

超过滤即超滤,它是一种加压膜分离技术,即在一定的压力下,使小分子溶质和溶剂穿过一定孔径的特制的薄膜,而大分子溶质不能透过,留在膜的一边,从而使大分子物质得到了部分的纯化(见图 1-2)。超滤现已成为一种重要的生化实验技术,广泛用于含有各种小分子溶质的各种生物大分子(如蛋白质、酶、核酸等)的浓缩、分离和纯化。

超滤根据所加的操作压力和所用膜的平均孔径的不同,可分为微孔过滤、超滤和反渗透三种。微孔过滤所用的操作压通常小于 4×10^4 Pa,膜的平均孔径为 $500 \text{Å} \sim 14 \mu m$ ($1 \mu m = 10^4 \text{Å}$),用于分离较大的微粒、细菌和污染物等。超滤所用操作压为 $4 \times 10^4 \sim 7 \times 10^5$ Pa,膜的平均孔径为 $10 \sim$

图 1-2　超滤浓缩离心管

100Å,用于分离大分子溶质。反渗透所用的操作压比超滤更大,常达到 $35 \times 10^5 \sim 140 \times 10^5$ Pa,膜的平均孔径最小,一般为 10Å 以下,用于分离小分子溶质,如海水脱盐、制高纯水等。

四、冰冻干燥

大多数生物大分子分离纯化后的最终产品是水溶液,要从水溶液中得到固体产品,最好的办法就是冰冻干燥,因为生物大分子容易失活,通常不能使用加热蒸发浓缩的方法。冰冻干燥是先将生物大分子的水溶液冰冻,然后在低温和高真空下使冰升华,留下固体干粉。

冰冻干燥得到的生物大分子固体样品有突出的优点:①由于是由冰冻状态直接升华为汽态,所以样品不起泡,不暴沸。②得到的干粉样品不粘壁,易取出。③冰干后的样品是疏松的粉末,易溶于水。

冰冻干燥特别适用于那些对热敏感、易吸湿、易氧化及溶剂蒸发时易产生泡沫而引起变性的生物大分子,如蛋白质、酶、核酸、抗菌素和激素等。对于极个别的在冻干时易变性失活的生物大分子则要十分谨慎,务必先做小量试验证明冻干无害后方可进行大量处理。

第五节　样品保存
（Section 5　Sample Storage）

生物大分子制成品的正确保存极为重要,一旦保存不当,造成样品失活、变性、变质,将会使前面的全部制备工作化为乌有,前功尽弃,损失惨重。

影响生物大分子样品保存的主要因素有:

(1)空气:空气的影响主要是潮解、微生物污染和自动氧化。空气中微生物的污染可使样品腐败变质,样品吸湿后会引起潮解变性,同时也为微生物污染提供了有利的条件。某些样品与空气中的氧接触会自发引起游离基链式反应,还原性强的样品易氧化变质和失活,如维生素 C、巯基酶等。

(2)温度:每种生物大分子都有其稳定的温度范围,温度升高 10℃,氧化反应约加快数倍,酶促反应增加 1～3 倍。因此通常绝大多数样品都是低温保存,以抑制氧化、水解等化学反应和微生物的生成。

(3)水分:包括样品本身所带的水分和由空气中吸收的水分。水可以参加水解、酶解、水合和加合,加速氧化、聚合、离解和霉变。

(4)光线:某些生物大分子可以吸收一定波长的光,使分子活化不利于样品保存,尤其日光中的紫外线能量大,对生物大分子制品影响最大,样品受光催化的反应有变色、氧化和分解等,通称光化作用。因此样品通常都要避光保存。

(5)样品的 pH:保存液态样品时注意其稳定的 pH 范围,通常可从文献和手册中查得或通过做实验求得,因此正确选择保存液态样品的缓冲剂的种类和浓度十分重要。

(6)时间:生化和分子生物学样品不可能永久存活,不同的样品有其不同的有效期,因此,保存的样品必须写明日期,定期检查和处理。

以保存蛋白质和酶为例:

(1)低温下保存:由于多数蛋白质和酶对热敏感,通常 35～40℃ 以上就会失活,冷藏于冰箱一般只能保存一周左右,而且蛋白质和酶越纯越不稳定,溶液状态比固态更不稳定。因此通常在 −5～−20℃ 下保存,如能在 −70℃ 下保存则最为理想。极少数酶可以耐热,如核糖核酸酶可以短时煮沸;胰蛋白酶在稀 HCl 中可以耐受 $90℃$,蔗糖酶在 $50\sim60℃$ 可以保持 $15\sim30min$ 不失活。还有少数酶对低温敏感,如鸟肝丙酮酸羧化酶 $25℃$ 稳定,低温下失活,过氧化氢酶要在 $0\sim4℃$ 保存,冰冻则失活,羧肽酶反复冻融会失活等。

（2）制成干粉或结晶保存:蛋白质和酶固态比在溶液中要稳定得多。固态干粉制剂放在干燥剂中可长期保存,例如葡萄糖氧化酶干粉 $0℃$ 下可保存 2 年,$-15℃$ 下可保存 8 年。通常,酶与蛋白质含水量大于 10%,室温低温下均易失活,含水量小于 5% 时,$37℃$ 活性会下降,如要抑制微生物活性,含水量要小于 10%,抑制化学活性,含水量要小于 3%。此外要特别注意酶在冻干时往往会部分失活。

（3）在保护剂下保存:很早就有人观察到,在无菌条件下,室温保存了 45 年的血液,血红蛋白仅有少量改变,许多酶仍保留部分活性,这是因为血液中有蛋白质稳定的因素,为了长期保存蛋白质和酶,常常要加入某些稳定剂。例如,①惰性的生化或有机物质:如糖类、脂肪酸、牛血清白蛋白、氨基酸、多元醇等,以保持稳定的疏水环境。②中性盐:有一些蛋白质要求在高离子强度（$1\sim4mol/L$ 或饱和的盐溶液）的极性环境中才能保持活性。最常用的是 $MgSO_4$、$NaCl$、$(NH_4)SO_4$ 等。使用时要脱盐。③巯基试剂:一些蛋白质和酶的表面或内部含有半胱氨酸巯基,易被空气中的氧缓慢氧化为磺酸或二硫化物而变性,保存时可加入半胱氨酸或巯基乙醇。

总之,对样品的保存必须给以足够的重视,一些常用的生物大分子和生物制剂的保存条件,可查阅有关文献和产品说明书。

第六节　制备方案设计与评价
(Section 6　Design and Assessment of Project)

生物大分子制备方案是在分离纯化过程中几种方法联合使用的总称,它是以达到样品纯化目的为前提的。制备方案设计合理,就能达到事半功倍的效果。本节主要讨论生物大分子制备方案的设计和评价。

一、方案设计

鉴于样品制备方案是由多种分离纯化方法组合而成,因此,设计制备方案时,应首先选择纯化方法。一般选择纯化方法的依据是从抽提液中待分离的生物大分子和杂质之间理化性质的差异性考虑的。比如,沉淀法是从溶解度差异性考虑的;离子交换层析法、凝胶过滤层析法和亲和层析法是从生物大分子的电荷、相对分子量和对配体的亲和力的差异性考虑的。基于这一原则,为成功分离纯化某一有效成分可选出由两种或多种纯化方法组成的制备方案,其中各纯化方法的排列,一般应先选用粗放、快速、有利于浓缩和后续处理的方法,后选用精确、费时和需样品量少的方法。同时,设计方案时,切忌一种方法反复使用,这样不但不能提高纯化倍数,反而会降低回收率。当然,各种制备方法的原理各不相同,应用范围也有差异,操作有繁有简,各有利弊。总之,需要在设计方案时,认真分析制备对象的特点,深入理解各种方法的原理和用途,合理、巧妙地设计制备方案,这样才能从复杂样品中分离纯化得到所需的生物大分子成分。

二、方案评价

对制备方案的评价，实际上是对组成制备方案的每个纯化方法的评价。其各自的应用价值需要通过实践来检验。具体方法是，对制备过程中每一步收集的样品都进行有效成分的含量测定，并将比活力（活力单位数/毫克蛋白）、纯化倍数（每步的比活力/粗提液的比活力）和得率（[每步的总活力/粗提液的总活力]×100％）计算出来。视纯化倍数大小，得率高低，就能确定每个纯化方法的应用价值。一般认为，纯化倍数大且得率高的方法是有应用价值的。但在制备过程中，往往随着纯化倍数的提高，其有效成分的含量逐渐降低，得率也大幅下降。因此，在具体的评价方案过程中，需要视材料来源的难易而变化。若材料来源难，就希望提高得率；反之，则希望提高纯化倍数。总之，纯化得到的最终样品由于其有效成分不同，表示其含量和相对纯度的单位亦不相同。

【思考题】

1. 影响提取有效成分的因素有哪些？
2. 破碎细胞的目的何在？常用于破碎细胞的方法有哪些？
3. 选择分离纯化方法的依据和要求是什么？如何合理评价分离纯化方法的可行性？

（龚朝辉）

第二章　离心技术
(Chapter 2　Centrifugation)

离心就是利用离心机转子高速旋转产生的强大离心力,加快液体中颗粒的沉降速度,把样品中不同沉降系数和浮力密度的物质分离开。目前离心技术已被大量应用于生物医学、石油化工、农业、食品卫生等领域。

第一节　基本原理
(Section 1　Basic Principle)

一、离心基本原理

当含有细小颗粒的悬浮液静置不动时,重力场的作用使得悬浮的颗粒逐渐下沉。粒子越重,下沉越快,反之密度比液体小的粒子就会上浮。微粒在重力场下移动的速度不仅与微粒的大小、形态和密度有关,而且与重力场的强度及液体的黏度也有关。

像红细胞大小的颗粒,直径为数微米,就可以在通常重力作用下观察到它们的沉降过程。此外,物质在介质中沉降时还伴随有扩散现象。扩散是无条件的、绝对的。扩散与物质的质量成反比,颗粒越小扩散越严重;而沉降是相对的、有条件的,要受到外力才能运动。沉降与物体重量成正比,颗粒越大,沉降越快。对小于几微米的微粒如病毒或蛋白质等,它们在溶液中呈胶体或半胶体状态,仅仅利用重力是不可能观察到沉降过程的。因为颗粒越小,沉降越慢,而扩散现象则越严重,所以需要利用离心机产生强大的离心力,才能迫使这些微粒克服扩散产生沉降运动。

二、离心机工作原理

离心机的作用原理有离心过滤和离心沉降两种。离心过滤是使悬浮液在离心力场下产生的离心压力作用在过滤介质上,使液体通过过滤介质成为滤液,而固体颗粒被截留在过滤介质表面,从而实现液-固分离;离心沉降是利用悬浮液(或乳浊液)密度不同的各组分在离心力场中迅速沉降分层的原理,实现液-固(或液-液)分离。

1. 离心力(F)和相对离心力(RCF)

当离心机转子以一定的角速度 ω(弧度/秒)旋转并当颗粒的旋转半径为 r(即离心机转头的半径,或离心管中轴底部内壁到离心机转轴中心的距离,单位为 cm)时,其向外的离心力为:

$$F=\omega^2 r \qquad (F \text{ 一般以地心引力表示}) \qquad (2\text{-}1)$$

相对离心力（RCF）是指在离心场中，作用于颗粒的离心力相当于地球重力（g）的倍数，即

$$RCF = F/g = \omega^2 r/g \quad [RCF \text{单位是重力加速度} g(980cm/s^2)] \quad (2\text{-}2)$$

若转速用 n（或每分钟转速 rpm）表示，由于 $\omega = 2\pi n/60$，因此

$$RCF = 4\pi^2 n^2 r/(3600 \times 980) = 1.119 \times 10^{-5} n^2 r \quad (2\text{-}3)$$

一般情况，离心机的转速用 rpm 表示，也有用相对离心力 RCF 表示。根据上述公式，相对离心力（RCF，单位用 g 表示）和转速（rpm）的换算关系是：

$$RCF = 1.119 \times 10^{-5} \times (rpm)^2 \times r \quad (2\text{-}4)$$

2. 沉降系数（s）

沉降系数（s）是指在单位离心力作用下待分离颗粒的沉降速率（V），由于沉降速率是指单位时间内颗粒沉降的距离。因此，

$$s = V/F = (dx/dt)/\omega^2 r = d^2/18 \times (\sigma - \rho)/\eta \quad (2\text{-}5)$$

式中：s 的单位是秒，d 为颗粒直径，σ 为颗粒密度，ρ 为介质密度，η 为溶液黏度。

第二节　离心机的主要构造和类型
(Section 2　Structure and Type of Centrifuge)

离心机可分为工业用离心机和实验用离心机。实验用离心机又分为制备型离心机和分析型离心机。制备型离心机主要用于分离各种生物材料，每次分离的样品容量比较大；分析型离心机一般都带有光学系统，主要用于研究纯的生物大分子和颗粒的理化性质，依据待测物质在离心场中的行为（用离心机中的光学系统连续监测），能推断物质的纯度、形状和分子量等。一般来说，分析型离心机都是超速离心机。

一、离心机转头

离心机主要由驱动系统、控制系统（速度和温度）、真空系统和转头四部分组成。其中最主要的构造是转头，根据所需分离的物质不同，选用的转头也不相同。

1. 角式转头

角式转头是指离心管腔与转轴成一定倾角的转头。它是由一块完整的金属制成的，其上有 4～12 个装离心管用的机制孔穴，即离心管腔，孔穴的中心轴与旋转轴之间的角度在 20～40° 之间，角度越大沉降越结实，分离效果越好。这种转头的优点是具有较大的容量，且重心低，运转平衡，寿命较长，颗粒在沉降时先沿离心力方向撞向离心管，然后再沿管壁滑向管底，因此管的一侧就会出现颗粒沉积，此现象称为"壁效应"。壁效应容易使沉降颗粒受突然变速所产生的对流扰乱，影响分离效果。

2. 水平式转头

这种转头是由吊着的 4 或 6 个自由活动的吊桶（离心套管）构成。当转头静止时，吊桶垂直悬挂，当转头转速达到每分钟 200 到 800 转时，吊桶荡至水平位置，这种转头最适合做密度梯度区带离心，其优点是梯度物质可放在保持垂直的离心管中，离心时被分离的样品带垂直于离心管纵轴，而不像角式转头中样品沉淀物的界面与离心管成一定角度，因而有利于离心结

束后由管内分层取出已分离的各样品带。其缺点是颗粒沉降距离长,离心所需时间也长。

3. 区带转头

区带转头无离心管,主要由一个转子桶和可旋开的顶盖组成,转子桶中装有十字形隔板装置,把桶内分隔成四个或多个扇形小室,隔板内有导管,梯度液或样品液从转头中央的进液管泵入,通过这些导管分布到转子四周,转头内的隔板可保持样品带和梯度介质的稳定。沉降的样品颗粒在区带转头中的沉降情况不同于角式和外摆式转头,在径向的散射离心力作用下,颗粒的沉降距离不变,因此区带转头的"壁效应"极小,可以避免区带和沉降颗粒的紊乱,分离效果好,而且还有转速高、容量大、回收梯度容易和不影响分辨率的优点,使超离心用于制备和工业生产成为可能。区带转头的缺点是样品和介质直接接触转头,耐腐蚀要求高,操作复杂。

4. 垂直转头

其离心管是垂直放置的,样品颗粒的沉降距离最短,离心所需时间也短,适合用于密度梯度区带离心,离心结束后液面和样品区带要作 90°转向,因而降速要慢。

5. 连续流动转头

可用于大量培养液或提取液的浓缩与分离,转头与区带转头类似,由转子桶和有入口和出口的转头盖及附属装置组成,离心时样品液由入口连续流入转头,在离心力作用下,悬浮颗粒沉降于转子桶壁,上清液由出口流出。

二、离心管

离心管属于易耗品,但却是离心过程中必不可少的部件。这里主要介绍离心管的类型和特点。离心管主要用塑料和不锈钢制成,塑料离心管常用材料有聚乙烯(PE)、聚碳酸酯(PC)、聚丙烯(PP)等,其中 PP 管性能较好。塑料离心管的优点是透明(或半透明),硬度小,可用穿刺法取出梯度;缺点是易变形,抗有机溶剂腐蚀性差,使用寿命短。

不锈钢管强度大,不变形,能抗热、抗冻、抗化学腐蚀。但用时也应避免接触强腐蚀性的化学药品,如强酸、强碱等。塑料离心管都有管盖,离心前管盖必须盖严,倒置不漏液。管盖有三种作用:①防止样品外泄。用于有放射性或强腐蚀性的样品时,这点尤其重要。②防止样品挥发。③支持离心管,防止离心管变形。

实验室常用离心机主要有制备型和分析型两种。

三、制备型离心机

1. 普通离心机

最大转速 6000rpm 左右,最大相对离心力近 6000g,容量为几十毫升至几升,分离形式是固液沉降分离,转子有角式和外摆式,其转速不能严格控制,通常不带冷冻系统,于室温下操作,用于收集易沉降的大颗粒物质,如红细胞、酵母细胞等。这种离心机多用交流整流子电动机驱动,电机的碳刷易磨损,转速是用电压调压器调节,启动电流大,速度升降不均匀,一般转头是置于一个硬质钢轴上,因此精确地平衡离心管及内容物就极为重要,否则会损坏离心机。

2. 高速冷冻离心机

最大转速为 20000~25000rpm,最大相对离心力为 89000g,最大容量可达 3L,分离形式也是固液沉降分离,转头配有各种角式转头、荡平式转头、区带转头、垂直转头和大容量连续流动式转头、一般都有制冷系统,以消除高速旋转转头与空气之间摩擦而产生的热量,离心室的温度可以调节和维持在 $0\sim40℃$,转速、温度和时间都可以严格准确地控制,并有指针或数字显示,通常用于微生物菌体、细胞碎片、大细胞器、硫铵沉淀和免疫沉淀物等的分离纯化工作,但不能有效地沉降病毒、小细胞器(如核蛋白体)或单个分子。

3. 超速离心机

转速可达 $50000\sim80000$ rpm,相对离心力最大可达 510000g,最著名的生产厂商有美国的贝克曼公司和日本的日立公司等,离心容量由几十毫升至 2 升,分离的形式是差速沉降分离和密度梯度区带分离,离心管平衡允许的误差要小于 0.1g。超速离心机的出现,使生物科学的研究领域有了新的扩展,它能使过去仅仅在电子显微镜下观察到的亚细胞器得到分级分离,还可以分离病毒、核酸、蛋白质和多糖等。

超速离心机主要由驱动和速度控制、温度控制、真空系统和转头四部分组成。超速离心机的驱动装置是由水冷或风冷电动机通过精密齿轮箱或皮带变速,或直接用变频感应电机驱动,并由微机进行控制,由于驱动轴的直径较细,因而在旋转时此细轴可有一定的弹性弯曲,以适应转头轻度的不平衡,而不至于引起震动或转轴损伤。除速度控制系统外,还有一个过速保护系统,以防止转速超过转头最大规定转速而引起转头的撕裂或爆炸,为此,离心腔用能承受此种爆炸的装甲钢板密闭。温度控制是由安装在转头下面的红外线射量感受器直接并连续监测离心腔的温度,以保证更准确更灵敏的温度调控,这种红外线温控比高速离心机的热电偶控制装置更敏感,更准确。超速离心机装有真空系统,这是它与高速离心机的主要区别。离心机的速度在 2000rpm 以下时,空气与旋转转头之间的摩擦只产生少量的热,速度超过 20000rpm 时,由摩擦产生的热量显著增大,当速度在 40000rpm 以上时,由摩擦产生的热量就成为严重问题,为此,将离心腔密封,并由机械泵和扩散泵串联工作的真空泵系统抽成真空,温度的变化容易控制,摩擦力很小,这样才能达到所需的超高转速。

四、分析型离心机

分析型离心机使用了特殊设计的转头和光学检测系统,以便连续地监视物质在一个离心场中的沉降过程,从而确定其物理性质。分析型超速离心机的转头是椭圆形的,以避免应力集中于孔处。此转头通过一个有柔性的轴连接到一个高速的驱动装置上,转头在一个冷冻的和真空的腔中旋转,转头上有 $2\sim6$ 个装离心杯的小室,离心杯是扇形石英的,可以上下透光,离心机中装有一个光学系统,在整个离心期间都能通过紫外吸收或折射率的变化监测离心杯中沉降着的物质,在预定期间可以拍摄沉降物质的照片,在分析离心杯中物质沉降情况时,重颗粒和轻颗粒之间所形成的界面就像一个折射的透镜,结果在检测系统的照相底板上产生了一个“峰”,由于沉降不断进行,界面向前推进,因此峰也移动,从峰移动的速度可以计算出样品颗粒的沉降速度。

分析型超速离心机的主要特点就是能在短时间内,用少量样品就可以得到一些重要信息,能够确定生物大分子是否存在,其大致的含量,计算生物大分子的沉降系数,结合界面扩散,估计分子的大小,检测分子的不均一性及混合物中各组分的比例,测定生物大分子的分子量,还可以检测生物大分子的构象变化等。

第三节　差速离心法
(Section 3　Differential Centrifugation)

差速离心是指低速与高速离心交替进行,使各种沉降系数不同的颗粒先后沉淀下来,达到分离的目的。沉降系数差别在一个或几个数量级的颗粒,可以用此法分离。样品离心时,在同一离心条件下,沉降速度不同,通过不断增加相对离心力,使一个非均匀混合液内的大小、形状不同的粒子分部沉淀。操作过程中一般是在离心后用倾倒的办法把上清液与沉淀分开,然后将上清液加高转速离心,分离出第二部分沉淀,如此往复加高转速,逐级分离出所需要的物质。

在选择离心转速时,应先采用低速离心,使最大颗粒沉于管底。去掉沉淀后,再增加离心力,分离出中等大小的颗粒。最后按照最小颗粒选择离心力,使其形成沉淀。对形成的各级沉淀经过重悬浮、再离心的过程来进一步纯化。最终上清液中只含有可溶性成分。差速离心适用于从混合颗粒悬浮液中分离出沉降系数在一定范围内的样品颗粒。例如用差速离心法分离已破碎的细胞各组分,如利用细胞核与线粒体在一定介质中的沉降速度的差异,可采取分级差速离心的方法,将细胞核与线粒体逐级分离出来。

差速离心方法较简单,但分辨率不高,沉淀系数在同一个数量级内的各种粒子不容易分开,常用于其他分离手段之前的粗制品提取。

第四节　密度梯度离心法
(Section 4　Density Gradient Centrifugation)

密度梯度离心法又称为区带离心法,它是将样品加在惰性梯度介质中进行离心沉降或沉降平衡,在一定的离心力下把颗粒分配到梯度中某些特定位置上,形成不同区带的分离方法。此法的优点是:①分离效果好,可一次获得较纯颗粒;②适应范围广,能如差速离心法一样分离具有沉降系数差的颗粒,又能分离有一定浮力密度差的颗粒;③颗粒不会挤压变形,能保持颗粒活性,并防止已形成的区带由于对流而引起混合。此法的缺点是:①离心时间较长;②需要制备惰性梯度介质溶液;③操作严格,不易掌握。

密度梯度区带离心法又可分为两种。

1. 差速区带离心法

当不同的颗粒间存在沉降速度差时(不需要像差速沉降离心法一样要求大的沉降系数差),在一定的离心力作用下,颗粒各自以一定的速度沉降,在密度梯度介质的不同区域上形成区带的方法称为差速区带离心法。此法仅用于分离有一定沉降系数差的颗粒(20%的沉降系数差或更少)或分子量相差 3 倍的蛋白质,与颗粒的密度无关,大小相同,密度不同的颗粒(如线粒体,溶酶体等)不能用此法分离。

离心管先装好密度梯度介质溶液,样品液加在梯度介质的液面上,离心时,由于离心力的作用,颗粒离开原样品层,按不同沉降速度向管底沉降,离心一定时间后,沉降的颗粒逐渐分开,最后形成一系列界面清楚的不连续区带,沉降系数越大,往下沉降的速度越快,所呈现的区带也越低,离心必须在沉降最快的大颗粒到达管底前结束,样品颗粒的密度要大于梯度介质的密度。梯度介质通常用蔗糖溶液,其最大密度可达 $1.28kg/cm^3$,浓度可达 60%。此离心法的关键在于选择合适的离心转速和时间。

2. 等密度区带离心法

在离心管中预先放置好梯度介质,样品加在梯度液面上,或样品预先与梯度介质溶液混合后装入离心管,通过离心形成梯度,这就是预形成梯度和离心形成梯度的等密度区带离心产生梯度的两种方式。离心时,样品的不同颗粒向上浮起,一直移动到与它们的密度相等的等密度点的特定梯度位置上,形成几条不同的区带,这就是等密度离心法。体系到达平衡状态后,再延长离心时间和提高转速已无意义,处于等密度点上的样品颗粒的区带形状和位置均不再受离心时间所影响,提高转速可以缩短达到平衡的时间,离心所需时间以最小颗粒到达等密度点(即平衡点)的时间为基准,有时长达数日。等密度离心法的分离效率取决于样品颗粒的浮力密度差,密度差越大,分离效果越好,与颗粒大小和形状无关,但大小和形状决定着达到平衡的速度、时间和区带宽度。等密度区带离心法所用的梯度介质通常为氯化铯 $CsCl$,其密度可达 $1.7g/cm^3$。此法可分离核酸、亚细胞器等,也可以分离复合蛋白质,但简单蛋白质不适用。

收集区带的方法有许多种,例如:

(1) 用注射器和滴管由离心管上部吸出。

(2) 用针刺穿离心管底部滴出。

(3) 用针刺穿离心管区带部分的管壁,把样品区带抽出。

(4) 用一根细管插入离心管底,泵入超过梯度介质最大密度的取代液,将样品和梯度介质压出,用自动部分收集器收集。

以纯化病毒为例,其过程如下:

(1) 将收集的组织或脏器或其他,用玻璃匀浆器充分研磨后制成悬液,经反复冻融 3 次后,置 $-20℃$ 冰箱中,备用。

(2) 先以 5000g 离心 15min 后,获取上清液,然后再 20000g 高速离心 30min 后取上清液。

(3) 接着 100000g 超速离心 2h,将沉淀用少量氯化钠/三羟甲基甲烷/乙二胺四乙酸二钠(STE)溶解。

(4) 先在超速离心管中加入 5～8mL 的第 3 步所获取的含病毒样品的溶解液,然后在离心管中依次加入 30%、45%、60% 的蔗糖,加的时候应用长针头从底部往上加。110000g离心 2.5h,发现在 30% 与 45% 以及 45% 与 60% 之间都有一条明亮的带,用长针头将两条不同部位的带都吸取出来,分别收集到不同的瓶内。

(5) 去蔗糖,用 STE 缓冲液适量稀释纯化的病毒,然后 110000g 离心 3h,用少量 STE (根据沉淀的量决定加入多少)缓冲液把沉淀悬起,即最后获得了纯化的病毒。$-20℃$ 冻纯备用,用时可用分光光度计测定其病毒含量。

[注意事项]

离心前将样品小心铺放在密度梯度溶液表面,离心形成区带。离心后不同大小、不同形状、有一定沉降系数差异的颗粒在密度梯度液中形成若干条界面清楚的不连续区带。再通过虹吸、穿刺或切割离心管的方法将不同区带中的颗粒分开收集,得到所需物质。

(1) 梯度介质应具备足够大的溶解度,以形成所需的密度梯度范围。

(2) 梯度介质不会与样品中的组分发生反应。

(3) 梯度介质也不会引起样品中组分的凝集、变性或失活。

(4) 若离心时间过长由于颗粒的扩散作用,会使区带越来越宽。为此,应适当增大离心力、缩短离心时间,可以减少由于扩散而导致的区带扩宽现象。

第五节　分析超离心
(Section 5　Analytical Ultracentrifugation)

分析超离心是为了研究分析生物大分子的组成、分布,测定沉降系数、分子量等的超速离心法,一般使用到 500000g 或更高的离心力,并使用离心机上装备的光学系统等在离心时进行样品分析。

1926 年瑞典物理化学家 T. Svedberg 制造出世界上第一台分析超速离心机,最大转速高达 45000rpm。1929 年 Lamm 推导出了沉降方程。20 世纪 50 年代是超速离心技术作为生物化学研究工具大变革的年代,正如 1959 年 J. T. Edsall 所言,"还没有一项技术能胜过超速离心对生物大分子的基本物理化学研究"。20 世纪 70 年代更是超速离心机及其应用大发展的时代。运用超速离心机对颗粒的沉降分析可获得诸如分子量、密度、分子形状等参数,而研究这些参数在过程中的变化,可作为分离纯化样品混合物组成成分的基础。

由于理论的进展、仪器的不断改进(包括像离心分析池、光学系统、温度和旋转速度的精确控制等),特别是电脑的应用,现在我们可以在比较短的时间内准确地测出一混合物样品各组分的分子量、测定大分子的沉降系数和扩散系数等。由于有可靠的理论基础,样品浓度对分子量测定的影响已经可以仔细地分析,在纯化蛋白质过程中,氨基酸分子的丢失也能用分析超速离心的方法查出来。对于像核酸等在紫外线范围内有很大吸光度的物质,它们的沉降行为很容易采用吸收光技术进行研究,甚至在浓度 0.001% 的系统中进行。

目前,离心技术是实验室使用最多的技术,日常使用应注意以下几点:

(1) 离心机要放在平坦和结实的地面或实验台上,不允许倾斜。

(2) 通常离心机都会有登记表,请在使用前确实登记使用者、转头、转速、时间。

(3) 离心管一定要用天平平衡重量(重量平衡),盖上离心管盖子并旋紧。

(4) 把平衡好的离心管对称地放入离心陀中(位置平衡),盖上离心陀的盖子,注意是否旋紧。

(5) 完成离心时,要等待离心机自动停止,不允许用手或其他物件迫使离心机停转,待转头完全静止后,才能打开舱门,并尽快取出离心管,先观察离心管是否完全及其沉淀的位置,尽量快速把上清液倒出,小心不要把沉淀弄混浊。

【思考题】

1. 使用何种离心技术可以分离细胞核与线粒体?

2. 超速离心主要用于分析什么? 有哪些注意事项?

(龚朝辉)

第三章　层析技术
（Chapter 3　Chromatography）

层析法是利用不同物质理化性质的差异而建立起来的技术。目前，层析技术已成为生物化学、分子生物学及其他学科领域有效的分离分析工具之一。

第一节　基本原理
（Section 1　Basic Principle）

一、基本原理

层析技术的基本原理是使用混合物中各组分在两相（固定相和流动相）间进行分配。其中，固定相是固体物质或者是固定于固体物质上的成分；流动相即可以流动的物质，如水和各种溶媒。当待分离的混合物随流动相通过固定相时，由于各组分的理化性质存在差异，与两相发生相互作用（吸附、溶解、结合等）的能力不同，在两相中的分配（含量对比）不同，而且随溶媒向前移动，各组分不断地在两相中进行再分配。与固定相相互作用力越弱的组分，随流动相移动时受到的阻滞作用越小，向前移动的速度越快；反之，与固定相相互作用越强的组分，向前移动速度越慢。分部收集流出液，可得到样品中所含的各单一组分，从而达到将各组分分离的目的。

二、层析法的特点和分类

层析法根据层析峰的位置及峰高或峰面积，可以定性及定量。层析法与光学、电学或电化学仪器连用，可检测出层析后各组分的浓度或质量，同时绘出层析图。层析仪与电子计算机联用，可使操作及数据处理自动化，大大缩短分析时间。由于层析法具有分辨率高、灵敏度高、选择性好、速度快等特点，因此适用于杂质多、含量少的复杂样品分析，尤其适用于生物样品的分离分析。近年来，层析法已成为生物化学及分子生物学常用的分析方法。在医药卫生、环境化学、高分子材料、石油化工等方面也得到了广泛的应用。

按两相所处状态，可将层析法分为（见表3-1）：

表 3-1　按两相状态分

		流动相	
		液体	气体
固定相	液体	液-液层析法	气-液层析法
	固体	液-固层析法	气-固层析法

按层析原理可将层析法分为(见表 3-2):

表 3-2 按层析原理分

名 称	分离原理
吸附层析	组分在吸附剂表面吸附固定相是固体吸附剂,各组分能力不同
分配层析	各组分在流动相和静止液相(固相)中的分配系数不同
离子交换层析	固定相是离子交换剂,各组分与离子交换剂亲和力不同
凝胶过滤层析	固定相是多孔凝胶,各组分的分子大小不同,因而在凝胶上受阻滞的程度不同
亲和层析	固定相只能与一种待分离组分专一结合,因此和无亲和力的其他组分分离

按操作形式不同可分为(见表 3-3):

表 3-3 按操作形式不同分

名 称	操作形式
柱层析	固定相装于柱内,使样品沿着一个方向前移而分离
薄层层析	将适当黏度的固定相均匀涂铺在薄板上,点样后用流动相展开,使各组分分离
纸层析	用滤纸作液体的载体,点样后用流动相展开,使各组分分离
薄膜层析	将适当的高分子有机吸附剂制成薄膜,以类似纸层析方法进行物质的分离

第二节 吸附层析
(Section 2 Adsorption Chromatography)

吸附层析根据不同的标准可分成若干类型:按流动相分类,有液相层析和气相层析;按固定相"床"的形式分类,有柱层析、薄板(层)层析、薄膜层析等。液-固吸附层析是运用较多的一种方法,特别适用于很多中等分子量的样品(分子量小于 1000 的低挥发性样品)的分离,尤其是脂溶性成分,一般不适用于高分子量样品如蛋白质、多糖或离子型亲水性化合物等的分离。吸附层析的分离效果,决定于吸附剂、溶剂和被分离化合物的性质这三个因素。

一、吸附剂

常用的吸附剂有硅胶、氧化铝、活性炭、硅酸镁、聚酰胺、硅藻土等。

1. 硅胶

层析用硅胶为一多孔性物质,分子中具有硅氧烷的交链结构,同时在颗粒表面又有很多硅醇基。硅胶吸附作用的强弱与硅醇基的含量多少有关。硅醇基能够通过氢键的形成而吸附水分,因此硅胶的吸附力随吸着的水分增加而降低。若吸水量超过 17%,吸附力极弱不能用作吸附剂,但可用作分配层析中的支持剂。对硅胶的活化,当硅胶加热至 $100\sim110℃$ 时,硅胶表面因氢键所吸附的水分即能被除去。当温度升高至 500℃ 时,硅胶表面的硅醇基也能脱水缩台转变为硅氧烷键,从而丧失了因氢键吸附水分的活性,就不再有吸附剂的性质,虽用水处理亦不能恢复其吸附活性,所以硅胶的活化不宜在较高温度进行(一般在 170℃ 以上即有少量结合水失去)。硅胶是一种酸性吸附剂,适用于中性或酸性成分的层析。同时硅胶又是一种弱酸性阳离子交换剂,其表面上的硅醇基能释放弱酸性的氢离子,当遇到较强的碱注化合物,则可因离子交换反应而吸附碱性化合物。

2. 氧化铝

氧化铝可能带有碱性(因其中可混有碳酸钠等成分),对于一些碱性中草药成分的分离,如生物碱类的分离颇为理想。但是碱性氧化铝不宜用于醛、酮、醋、内酯等类型的化合物分离,因为有时碱性氧化铝可与上述成分发生次级反应,如异构化、氧化、消除反应等。除去氧化铝中的碱性杂质可用水洗至中性,称为中性氧化铝。中性氧化铝仍属于碱性吸附剂的范畴,可适用于酸性成分的分离。用稀硝酸或稀盐酸处理氧化铝,不仅可中和氧化铝中含有的碱性杂质,而且可使氧化铝颗粒表面带有 NO_3^- 或 Cl^- 的阴离子,从而具有离子交换剂的性质,适合于酸性成分的层析,这种氧化铝称为酸性氧化铝。供层析用的氧化铝,用于柱层析的,其粒度要求在 100～160 目之间。粒度大子 100 目,分离效果差:小于 160 目,溶液流速太慢,易使谱带扩散。样品与氧化铝的用量比一般在 1:20～50 之间,层析柱的内径与柱长比例在 1:10～20 之间。在用溶剂冲洗柱时,流速不宜过快,洗脱液的流速一般以每 0.5～1h 内流出液体的毫升数与所用吸附剂的重量(g)相等为宜。

3. 活性炭

活性炭是使用较多的一种非极性吸附剂。一般首要先用稀盐酸洗涤,其次用乙醇洗,再以水洗净,于 80℃ 干燥后即可供层析用。层析用的活性炭,最好选用颗粒活性炭,若为活性炭细粉,则需加入适量硅藻土作为助滤剂一并装柱,以免流速太慢。活性炭主要用于分离水溶性成分,如氨基酸、糖类及某些甙。活性炭的吸附作用,在水溶液中最强,在有机溶剂中则较低弱,故水的洗脱能力最弱,而有机溶剂则较强。例如以醇-水进行洗脱时,洗脱力则随乙醇浓度的递增而增加。活性炭对芳香族化合物的吸附力大于脂肪族化合物,对大分子化合物的吸附力大于小分子化合物。利用这些吸附性的差别,可将水溶性芳香族物质与脂肪族物质分开,单糖与多糖分开,氨基酸与多肽分开。

二、溶剂

层析过程中溶剂的选择,对组分分离关系极大。在柱层析时所用的溶剂(单一剂或混合溶剂)习惯上称洗脱剂,用于薄层或纸层析时常称展开剂。合适的洗脱剂应符合下列条件:①纯度较高;②稳定性好;③能较完全洗脱下所分离的成分;④黏度小;⑤易和所需要的成分分开。洗脱剂的选择,须将被分离物质与所选用的吸附剂性质这两者结合起来加以考虑。在用极性吸附剂进行层析时,当被分离物质为弱极性物质,一般选用弱极性溶剂为洗脱剂;如被分离物质为强极性成分,则须选用极性溶剂为洗脱剂。如果对某一极性物质用吸附性较弱的吸附剂(如以硅藻土或滑石粉代替硅胶),则洗脱剂的极性亦须相应降低。在柱层操作时,被分离样品在加样时可采用此法,亦可选一适宜的溶剂将样品溶解后加入。溶解样品的溶剂应选择极性较小的,以便被分离的成分可以被吸附,然后渐增大溶剂的极性。这种极性的增大是一个十分缓慢的过程,称为"梯度洗脱",使吸附在层析柱上的各个成分逐个被洗脱。如果极性增大过快(梯度太大),就不能获得满意的分离。溶剂的洗脱能力,有时可以用溶剂的介电常数(ε)来表示。介电常数高,洗脱能力就大。以上的洗脱顺序仅适用于极性吸附剂,如硅胶、氧化铝。对非极性吸附剂,如活性炭,则正好与上述顺序相反,在水或亲水性溶剂中所形成的吸附作用,比在脂溶性溶剂中的强。

三、被分离物质的性质

被分离的物质与吸附剂,洗脱剂共同构成吸附层析中的三个要素,彼此紧密相连。在指定的吸附剂与洗脱剂的条件下,各个成分的分离情况,直接与被分离物质的结构与性质有关。对极性吸附剂而言,成分的极性大,吸附性强。

随后将着重讨论柱层析、纸层析和薄层层析的原理、操作要点和应用。

四、柱层析

(一)基本原理

在吸附柱层析法中,使用的固定相基质是颗粒状的吸附剂物质。在吸附剂表面存在着许多随机分布的吸附位点,这些位点通过范德华力和静电引力与蛋白质或核酸等生物大分子结合,其结合力的大小与各种生物分子的结构和吸附剂的性质密切相关。例如,把结果不同的A、B两种物质的混合溶液加至装有吸附剂的层析柱(见

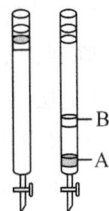

图 3-1　柱层析分离 A、B 两种物质

图 3-1)时,如加入适宜的洗脱剂,控制流速让其下流,便可借助 A、B 两种物质对吸附剂结合力的差异,将二者分离。若吸附剂对 A 的结合力小于 B 时,则 B 留在柱子上部,A 移至柱子下部。也就是说,由于 A、B 两物质在固定相和流动相之间的分配系数不同,混合物在层析柱中的分离过程是吸附、解吸附和再吸附的连续过程,或者是在固定相和流动相之间连续分配的过程。

(二)操作要点

常见的层析系统,主要设备有层析柱、恒流泵、检测仪和部分收集器等(见图 3-2)。具体使用柱层析时,要注意以下事项。

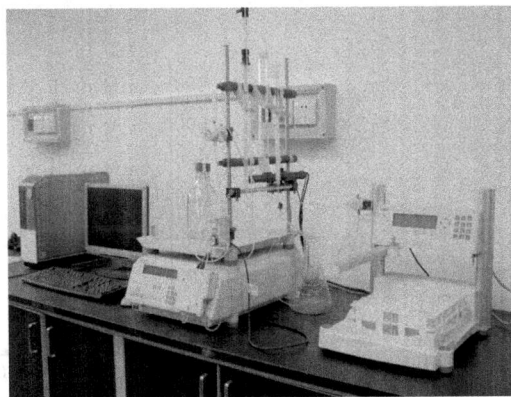

图 3-2　层析系统

1. 层析柱

一般层析柱是下端有细口并带有筛板的玻管。柱的直径和长度比一般为 1∶10～1∶40。如采用极细吸附剂装柱时,宜采用比例大的层析柱;反之,宜用比例小的层析柱。这样有利于提高分辨率和节省时间。

2. 吸附剂的选择

吸附剂的选择和用量是根据待分离物质的特性和吸附剂本身的操作容量而定的。当操作容量高时，吸附剂用量少。一般吸附剂的用量为被分离样品的 30～50 倍。若样品中各成分的性质相似，难以分开时，则吸附剂用量应增大，有时大于 100 倍。

3. 装柱

装柱前，请先将层析柱垂直固定在支架上，并用适量溶剂润洗柱子内壁，排走其中的空气。经预处理后的吸附剂溶液，用玻棒搅匀后立即将悬浮液快速连续倾入柱中（见图 3-3），待其自然沉降至柱高的 1/4～1/3 时打开柱下端出口，让溶剂缓慢流出，使柱上端悬浮液慢慢下降到需要的高度。如柱床高度不够时，可在关闭下端出口后，搅动上层柱床后继续倾入先前的悬浮液，直到沉降后的柱床高度符合要求为止。装柱结束后，要求柱床上表面平整，并使吸附剂完全浸没在溶剂中。同时，保证柱床内无气泡产生，如有，须倒出所有吸附剂，重新装柱。

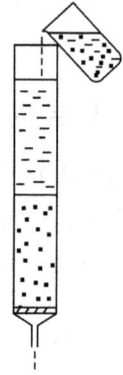

图 3-3　装柱示意图

4. 上样和洗脱

经过平衡的层析柱，当平衡液流到与固定相表面一致的位置时，用滴管轻轻地把分离样品的溶液沿管壁加到固定相表面，要尽量避免冲击柱床表面。一般加入的样品液的体积应小于柱床体积的 1/2（当加入的样品液量相同时，体积越小越有利于提高分辨率）。待样品液的液面流到固定相表面时，用滴管加入洗脱剂（其体积用液面距固定相表面的高度约 5cm 计），并在柱上端与装有洗脱剂的贮液瓶连接开始洗脱（见图 3-4）。同时在柱下端与部分收集器接通，立即进行分级收集（按体积或时间分管收集），然后将收集的每管溶液进行浓度或活性测定。根据测定结果，绘制出洗脱曲线（以管号或洗脱体积为横坐标，以每管溶液中样品的浓度或活性为纵坐标）（见图 3-5）。

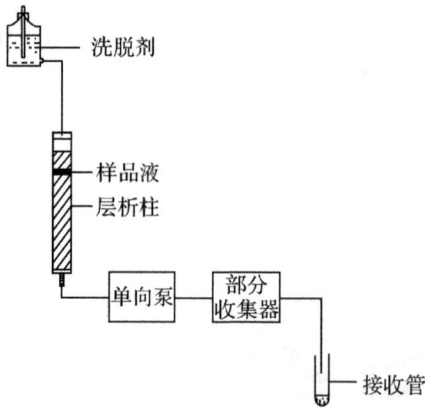

图 3-4　层析洗脱示意图

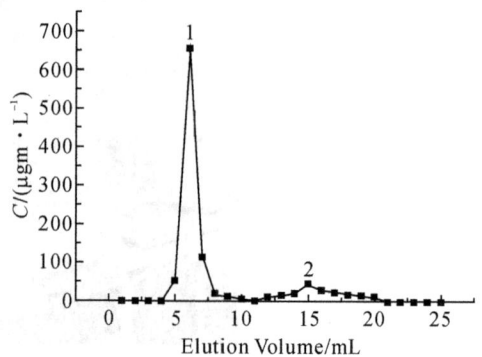

图 3-5　洗脱曲线

为获得满意的分离效果，洗脱液的流速务必恰当控制。如果太快，洗脱物在两相中的平衡过程不完全；如果太慢，洗脱物会扩散。由层析柱分离出的样品经浓缩或冻干处理后，可进行纯度测定。如杂质含量仍大，应该用其他方法继续纯化。

5. 吸附剂的再生

用过的吸附剂，经适当方法处理后，又恢复其性能的过程称为吸附剂的再生。一般不同吸附剂（或基质）的再生方法是不同的。详细操作参阅产品说明书或有关文献。

（三）应用

1. 纯化生命物质

利用吸附剂的柱层析或分批吸附法可纯化生命物质。如用羟基磷灰石吸附剂能把酸性、中性和碱性蛋白质分开，也能把不同结构的核酸分开。用该吸附剂分离含不同磷酸基团的蛋白质和脂类等化合物也是有效的。

2. 分离蛋白质亚基

一般蛋白质经十二磺基硫酸钠或 Triton X-100 等去污剂处理后，会产生分子量不同的蛋白质亚基。这些物质可通过吸附层析分离得到。

3. 浓缩溶液

有些浓度低的稀溶液经层析柱处理后，浓度可大幅提高。如把 200mL 稀的牛血清白蛋白溶液上 HA 层析柱后，收集到的洗脱液仅有几毫升，其浓度提高数十倍，达到浓缩溶液的目的。

五、纸层析

（一）基本原理

纸层析是以滤纸为支持物的分配层析。滤纸纤维与水有较强的亲和力（其中水是以氢键与纤维素的羟基结合），而有机溶剂与滤纸纤维亲和力很弱。因此，纸层析时，以滤纸纤维及其结合的水作为固定相，以有机溶剂作为流动相。纸层析对混合物进行分离时，发生两种作用：第一种是溶质在结合于纤维的水与流过滤纸的有机相之间进行分配（即液-液分配）；第二种是滤纸纤维对溶质的吸附及溶质溶解于流动相的不同分配比进行分配（即固-液分配）。虽然混合物的彼此分离是这两种因素共同作用的结果，但主要决定于液-液分配作用。

通过滤纸层析被分离的各种溶质组分在滤纸上移动的速率通常用 R_f 表示：

$$R_f ＝组分移动的距离/溶剂前沿移动的距离$$
$$＝原点至组分斑点中心的距离/原点至溶剂前沿的距离$$

在滤纸、溶剂、温度等各项实验条件恒定的情况下，各物质的 R_f 值是不变的，它不随溶剂移动距离的改变而改变。

（二）操作要点

1. 样品预处理

为使样品在纸层析中获得良好的分离效果，一般在上样前应进行预处理，包括：①纯化——尽可能去除对纸层析分离干扰的物质，如用三氯醋酸去除样品中的蛋白质；②脱盐——常用离子交换树脂脱去带有阴、阳离子的盐分；③浓缩——对含量过低的样品需进行浓缩以提高分离效果。

2. 点样

点样是将处理后的样品点在层析滤纸的特定部位，一般用玻璃毛细管，如需定量，则使用微量移液器。点样量一般在 $2\sim20\mu L$ 之间，控制样品斑点直径在 5mm 左右。如一次点样不够，可待斑点干燥后再重复点样。同一张滤纸上作多个样品分析时，样品点之间的间距应至少 2～3cm。点样位置，上行展开法一般点样在离滤纸下端 4～5cm 处；下行展开法在离上端 6～8cm 处。

3. 展开

待滤纸上的样品溶液干燥后，将滤纸悬挂在展开装置内，避免样品与展开剂直接接触（如浸没在展开剂中）或与展开装置接触。一般，将滤纸点样端浸没于溶剂中，并要求点样位置高出溶剂液面 3～4cm。密闭容器，使滤纸在充满展开剂的装置内自然展开。

4. 显色

展开完毕后，取出滤纸，随即用铅笔标记溶剂移动的前沿位置，悬挂在空气中晾干或热风吹干。多数样品在纸层析展开干燥后，斑点呈无色，一般需要根据待分离的物质特性，用不同方法加以显色。在操作时，一般将显色剂喷洒在滤纸上，斑点立即显色，如茚三酮溶液可与氨基酸反应显示紫色，硝酸氨银可显示还原性糖。显色剂最好用与水不相溶、挥发性大的溶剂，尽量减少显色剂中水的含量，以免斑点扩散。

5. 测定 R_f 值

一般来说，同一层析谱上，一种物质只出现一种斑点。这种情况下，可测定原点到斑点中心的距离，以及原点到展开剂前沿的距离，根据上述公式计算 R_f 值。在已知样品中各溶质的情况下，可同时浸洗标准物层析，通过 R_f 值和斑点位置判断样品中物质的性质。在少数情况下，一种物质会出现一个以上斑点，这可能是物质在分离过程中发生变化（如半胱氨酸很容易氧化成半胱磺酸）。

6. 定量分析

常用定量分析有三种：

（1）剪洗法：显色后将分离的斑点剪下，以适当的溶剂洗脱，比色定量，该法的误差一般在 5% 左右。

（2）光密度扫描：将滤纸直接置于光密度计中直接扫描，描绘出色谱曲线图，根据积分计数或测量曲线面积求出物质的含量，该法误差一般在 5%～10%。

（3）直接测量斑点面积：此法影响因素较多，每次斑点的形状不易控制一致，重复性差。

7. 影响 R_f 因素

一般来说，每一种物质在恒定的实验条件下，R_f 值是一个常数。如实验条件发生改变，R_f 值就会发生变异。目前，影响 R_f 值的主要因素有：①被分离物质的分子结构和极性；②酸碱度；③温度；④展开方式。

(三) 应用

分离混合氨基酸：利用纸层析定性分析转氨基反应，可用氨基酸标准品和转氨基反应样品液等同时在一张滤纸上展开，通过测定 R_f 值，同时对比标准对照品，即可知转氨基反应是否发生（见图 3-6）。

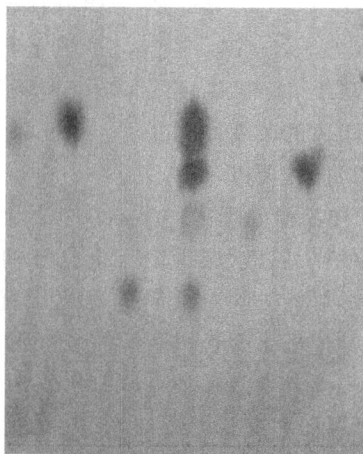

图 3-6 纸层析分离混合氨基酸

六、薄层层析

(一)基本原理

薄层层析又称薄层色谱,色谱法中的一种,是快速分离和定性分析少量物质的一种重要实验技术。该技术是将固定相与支持物制作成薄板或薄片,流动相流经该薄层固定相而将样品分离的层析系统。其特点是样品用量少,分析快速。

(二)操作要点

薄层层析法以吸附层析使用最为普遍。常用的吸附剂为硅胶、氧化铝等。

1. 制板

铺制薄层板时,要求基底板洁净平整,可用干法或湿法铺制。现常用湿法制板,即将吸附剂和黏合剂(如烧石膏)按一定比例混合,加入适量水调匀,用涂布器(玻棒或玻片)将此匀浆缓慢地移过基底板,放置晾干,再经适当烘烤活化后即可使用。如不加黏合剂和水,直接将吸附剂均匀地铺成薄层,则为干法制板。现在市场上已有各种制好的薄层板出售,统称预制板。

2. 点样

与纸层析基本相同,但要注意:①最好用挥发性的有机溶剂(如乙醇、氯仿等)溶解,否则斑点易扩散;②点样量不宜太多,否则会降低 R_f 值;③原点直径控制在 2mm 以内,边点样边吹干;④不宜在空气中放置太久,否则薄层会吸潮,降低活性。

3. 展开

有多种方式,以上行法最为常用。将薄层板垂直或倾斜放置,将展开溶剂加于底部,使之自下向上移动。下行法则用滤纸将溶剂引至薄层上端,使其自上向下流动。平行展开时,将板平放,溶剂被吸上至薄层板点有样品的一端,进行展开。使用圆形薄层板时,将样品点在圆心附近,使溶剂自圆心向圆周方向移动,称为环形展开或径向展开;将样品点在圆周位置,使溶剂自圆周向圆心移动的为向心展开,适用于 f 值大的组分的分离。将点样品处附近的吸附剂刮去,使溶剂只能通过样品点附近的较窄部分前进展开,因而溶剂前缘呈弧形的展开方式,也称径向展开,这种方式对较难分离的组分可能效果好些。

展开一次后取出薄层板使溶剂挥发,再用同一溶剂或换用其他溶剂再次沿此方向展开的称多次展开。将样品点在方形薄层板的一角,先沿着一个方向展开,然后将板转动 90°,再沿着另一方向展开的为双向展开。多次展开和双向展开都可加强分离效果。

其他显色和测定 R_f 值等,基本和纸层析一致。

(三)应用

由于薄层层析操作简便,设备简单,除光密度计外,不需特殊设备,分离效果较好,时间较短,一块板上可同时分离许多样品。目前,该技术广泛应用于石油、化工、医药、生化等方面。样品用量一般为几微克至几百微克,是一种较实用、有效的微量分离分析方法。此法也可用于分离制备较大量的样品,即使用较大较厚的薄层板,将样品溶液在起始点处点成条带状,这样可以分离毫克量样品。高效液相色谱法是用微细颗粒得到高效分离的办法,也已用于薄层层析。使用 $5\sim10\mu m$ 的吸附剂制板,可得较好的分离效果,为与一般的薄层层析法相区别,称为高效薄层层析。其优点是样品量少(只需纳克量样品)、展开距离小、展开时间短,是薄层层析法的一个重要发展。

第三节　疏水层析
（Section 3　Hydrophobic Chromatography）

疏水层析的固定相由非极性物质（如烃类、苯基等）组成，非极性分子间或分子的非极性基团间具有吸引力，不同分子的非极性基团与固定相非极性物质结合的强弱不同，从而达到分离。多用于蛋白质分析和分离。

一、基本原理

疏水层析是根据分子表面疏水性差别来分离蛋白质和多肽等生物大分子的一种较为常用的方法。蛋白质和多肽等生物大分子的表面常常暴露着一些疏水性基团，我们把这些疏水性基团称为疏水补丁。疏水补丁可以与疏水性层析介质发生疏水性相互作用而结合。不同的分子由于疏水性不同，它们与疏水性层析介质之间的疏水性作用力强弱不同。疏水层析是利用蛋白质表面某一部分具有疏水性，与带有疏水性的载体在高盐浓度时结合。在洗脱时，将盐浓度逐渐降低，因其疏水性不同而逐个先后被洗脱而纯化，可用于分离其他方法不易纯化的蛋白质。疏水作用层析就是依据这一原理分离纯化蛋白质和多肽等生物大分子的。疏水作用层析的基本原理如图 3-7 所示。

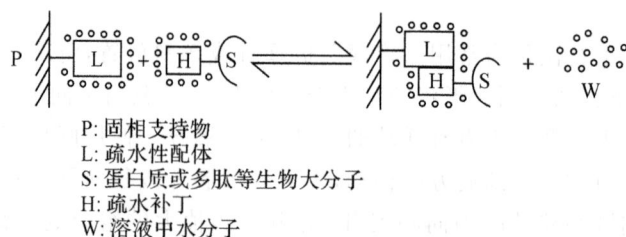

P：固相支持物
L：疏水性配体
S：蛋白质或多肽等生物大分子
H：疏水补丁
W：溶液中水分子

图 3-7　疏水层析原理图

一般而言，离子强度（盐浓度）越高，物质所形成的疏水键越强。影响疏水作用的因素包括盐浓度、温度、pH、表面活化剂和有机溶剂。疏水层析的应用与离子交换层析的应用刚好互补，因此，可以用于分离离子交换层析很难或不能分离的物质。

二、操作要点

1. 层析柱制备

在进行常压疏水层析时，大多选用苯基（或辛基）-Sepharose CL-4B 吸附剂作为固定相。其中苯基-Sepharose CL-4B 适合分离纯化与芳香族化合物具有亲和力的物质，辛基-Sepharose CL-4B 则适用于分离纯化亲脂性较强的物质。将选用的吸附剂悬浮于乙醇溶液中，浸泡一段时间后，采用离心（或过滤）方法，弃上清，收集沉淀物，并以 $50\%(m/V)$ 浓度悬浮于样品缓冲液中，按常规方法装入层析柱，经洗涤、平衡后即可加样。

2. 平衡

疏水层析装柱完毕后，通常用高浓度盐类缓冲液（如 1mol/L $(NH_4)_2SO_4$ 或 2mol/L

NaCl)进行平衡。

3. 加样与洗脱

加样前,在样品溶液中要补加适量的盐类(1mol/L (NH$_4$)$_2$SO$_4$ 或 2mol/L NaCl),以使样品中的生物大分子局部变性,并能与固定相很好地相互吸附。将样品液缓缓加入层析柱中使有效成分与固定相之间作用 0.5～1h 后,先用平衡缓冲液洗涤,再用降低盐浓度的平衡缓冲液洗脱,与此同时,要用部分收集器分段收集洗脱下来的溶液,并对收集的每部分溶液进行检测。

4. 再生

洗脱后的层析柱欲重复使用时,需对其固定相进行再生处理,即用 8mol/L 尿素溶液或含 8mol/L 尿素的缓冲溶液洗涤层析柱(以除去固定相吸附的杂质),接着用平衡缓冲液平衡。采用此程序处理过的疏水层析柱,可重复使用。

三、应用

由于疏水柱层析具有如下特点:①可直接分离盐析后或高盐洗脱下来的蛋白质、酶等生物大分子溶液;②分辨率很高、流速快、加样量大;③疏水性吸附剂种类多,选择余地大,价格与离子交换剂相当,因此疏水柱层析适用于分离的任何阶段,尤其是样品离子强度高时,即在盐析、离子交换或亲和层析之后用。疏水柱层析主要用于蛋白质类生物大分子分离纯化。

第四节　离子交换层析
(Section 4　Ion Exchange Chromatography)

离子交换层析(ion exchange chromatography)是利用离子交换剂上的可交换离子与周围介质中被分离各种离子间的亲和力不同,经过交换平衡达到分离目的的一种柱层析法。目前离子交换层析是生物化学领域中常用的一种层析方法,广泛地应用于各种生化物质如氨基酸、蛋白、糖类、核苷酸等的分离纯化。

一、基本原理

离子交换层析依据各种离子或离子化合物与离子交换剂的结合力不同而进行分离纯化。离子交换层析的固定相是离子交换剂,它是由一类不溶于水的惰性高分子聚合物基质通过一定的化学反应共价结合上某种电荷基团形成的。离子交换剂可以分为三部分:高分子聚合物基质、电荷基团和平衡离子。电荷基团与高分子聚合物共价结合,形成一个带电的可进行离子交换的基团。平衡离子是结合于电荷基团上的相反离子,它能与溶液中其他的离子基团发生可逆的交换反应。平衡离子带正电的离子交换剂能与带正电的离子基团发生交换作用,称为阳离子交换剂;平衡离子带负电的离子交换剂与带负电的离子基团发生交换作用,称为阴离子交换剂。离子交换反应可以表示为:

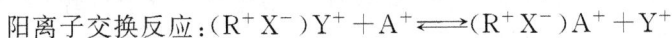

阳离子交换反应:$(R^+X^-)Y^+ + A^+ \rightleftharpoons (R^+X^-)A^+ + Y^+$

阴离子交换反应:$(R^-X^+)Y^- + A^- \rightleftharpoons (R^+X^-)A^- + Y^-$

其中 R 代表离子交换剂的高分子聚合物基质,X$^-$ 和 X$^+$ 分别代表阳离子交换剂和阴离子交换剂中与高分子聚合物共价结合的电荷基团，Y^+ 和 Y^- 分别代表阳离子交换剂和阴离子交换剂的平衡离子，A^+ 和 A^- 分别代表溶液中的离子基团。从上面的反应式中可以看出，如果 A 离子与离子交换剂的结合力强于 Y 离子，或者提高 A 离子的浓度，或者通过改变其他一些条件，可以使 A 离子将 Y 离子从离子交换剂上置换出来。也就是说，在一定条件下，溶液中的某种离子基团可以把平衡离子置换出来，并通过电荷基团结合到固定相上，而平衡离子则进入流动相，这就是离子交换层析的基本置换反应。通过在不同条件下的多次置换反应，就可以对溶液中不同的离子基团进行分离。下面以阴离子交换剂为例简单介绍离子交换层析的基本分离过程（见图 3-8）。

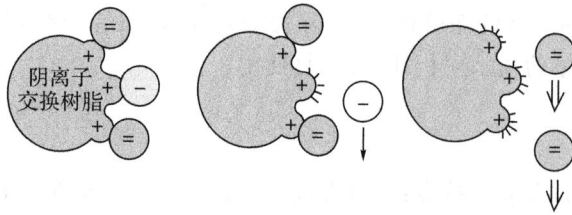

图 3-8　阴离子交换层析原理示意图

　　阴离子交换剂的电荷基团带正电，装柱平衡后，与缓冲溶液中的带负电的平衡离子结合。待分离溶液中可能有正电基团、负电基团和中性基团。加样后，负电基团可以与平衡离子进行可逆的置换反应，而结合到离子交换剂上。而正电基团和中性基团则不能与离子交换剂结合，随流动相流出而被去除。通过选择合适的洗脱方式和洗脱液，如增加离子强度的梯度洗脱。随着洗脱液离子强度的增加，洗脱液中的离子可以逐步与结合在离子交换剂上的各种负电基团进行交换，而将各种负电基团置换出来，随洗脱液流出。与离子交换剂结合力小的负电基团先被置换出来，而与离子交换剂结合力强的需要较高的离子强度才能被置换出来，这样各种负电基团就会按其与离子交换剂结合力从小到大的顺序逐步被洗脱下来，从而达到分离目的。

　　各种离子与离子交换剂上的电荷基团的结合是由静电力产生的，是一个可逆的过程。结合的强度与很多因素有关，包括离子交换剂的性质、离子本身的性质、离子强度、pH、温度、溶剂组成，等等。离子交换层析就是利用各种离子本身与离子交换剂结合力的差异，并通过改变离子强度、pH 等条件改变各种离子与离子交换剂的结合力而达到分离的目的。离子交换剂的电荷基团对不同的离子有不同的结合力。一般来讲，离子价数越高，结合力越大；价数相同时，原子序数越高，结合力越大。如阳离子交换剂对离子的结合力顺序为：$Li^+ < Na^+ < K^+ < Rb^+ < Cs^+$；$Na^+ < Ca^{2+} < Al^{3+} < Ti^{4+}$。蛋白质等生物大分子通常呈两性，它们与离子交换剂的结合与它们的性质及 pH 有较大关系。以用阳离子交换剂分离蛋白质为例，在一定的 pH 条件下，等电点 pI < pH 的蛋白带负电，不能与阳离子交换剂结合；等电点 pI > pH 的蛋白带正电，能与阳离子交换剂结合，一般 pI 越大的蛋白与离子交换剂结合力越强。但由于生物样品的复杂性以及其他因素影响，一般生物大分子与离子交换剂的结合情况较难估计，往往要通过实验进行摸索。

二、离子交换剂的种类和性质

1. 离子交换剂的基质

离子交换剂的大分子聚合物基质可以由多种材料制成,聚苯乙烯离子交换剂(又称为聚苯乙烯树脂)是以苯乙烯和二乙烯苯合成的具有多孔网状结构的聚苯乙烯为基质。聚苯乙烯离子交换剂机械强度大、流速快。但它与水的亲和力较小,具有较强的疏水性,容易引起蛋白的变性。故一般常用于分离小分子物质,如无机离子、氨基酸、核苷酸等。以纤维素(cellulose)、球状纤维素(sephacel)、葡聚糖(sephadex)、琼脂糖(sepharose)为基质的离子交换剂都与水有较强的亲和力,适合于分离蛋白质等大分子物质,葡聚糖离子交换剂一般以 Sephadex G-25 和 G-50 为基质,琼脂糖离子交换剂一般以 Sepharose CL-6B 为基质。关于这些离子交换剂的性质可以参阅相应的产品介绍。

2. 离子交换剂的电荷基团

根据与基质共价结合的电荷基团的性质,可以将离子交换剂分为阳离子交换剂和阴离子交换剂。阳离子交换剂的电荷基团带负电,可以交换阳离子物质。根据电荷基团的解离度不同,又可以分为强酸型、中等酸型和弱酸型三类。它们的区别在于其电荷基团完全解离的 pH 范围,强酸型离子交换剂在较大的 pH 范围内电荷基团完全解离,而弱酸型完全解离的 pH 范围则较小,如羧甲基在 pH 小于 6 时就失去了交换能力。一般结合磺酸基团($-SO_3H$),如磺酸甲基(SM)、磺酸乙基(SE)等为强酸型离子交换剂,结合磷酸基团($-PO_3H_2$)和亚磷酸基团($-PO_2H$)为中等酸型离子交换剂,结合酚羟基($-OH$)或羧基($-COOH$),如羧甲基(CM)为弱酸型离子交换剂。一般来讲强酸型离子交换剂对 H^+ 离子的结合力比 Na^+ 离子小,弱酸型离子交换剂对 H^+ 离子的结合力比 Na^+ 离子大。

阴离子交换剂的电荷基团带正电,可以交换阴离子物质。同样根据电荷基团的解离度不同,可以分为强碱型、中等碱型和弱碱型三类。一般结合季胺基团($-N(CH_3)_3$),如季胺乙基(QAE)为强碱型离子交换剂,结合叔胺($-N(CH_3)_2$)、仲胺($-NHCH_3$)、伯胺($-NH_2$)等为中等或弱碱型离子交换剂,如结合二乙基氨基乙基(DEAE)为弱碱型离子交换剂。一般来讲强碱型离子交换剂对 OH^- 离子的结合力比 Cl^- 离子小,弱酸型离子交换剂对 OH^- 离子的结合力比 Cl^- 离子大。

3. 交换容量

交换容量是指离子交换剂能提供交换离子的量,它反映离子交换剂与溶液中离子进行交换的能力。通常所说的离子交换剂的交换容量是指离子交换剂所能提供交换离子的总量,又称为总交换容量,它只和离子交换剂本身的性质有关。在实际实验中关心的是层析柱与样品中各个待分离组分进行交换时的交换容量,它不仅与所用的离子交换剂有关,而且还与实验条件有很大的关系,一般又称为有效交换容量。后面提到的交换容量如未经说明都是指有效交换容量。

影响交换容量的因素很多,主要分为两个方面:一方面是离子交换剂颗粒大小、颗粒内孔隙大小及所分离的样品组分的大小等的影响。这些因素主要影响离子交换剂中能与样品组分进行作用的有效表面积。样品组分与离子交换剂作用的表面积越大,交换容量越高。一般离子交换剂的孔隙应尽量能够让样品组分进入,这样样品组分与离子交换剂作用面积大。分离小分子样品,可以选择较小孔隙的交换剂,因为小分子可以自由地进入孔隙,而小孔隙离子交换剂的表面积大于大孔隙的离子交换剂。对于较大分子样品,可以选择小颗粒交换剂,因为对于很大的分子,一般不能进入孔隙内部,交换只限于颗粒表面,而小颗粒的离子交换剂表面积大。另一方面,如实验中的离子强度、pH 值等主要影响样品中组分和离子交换剂的带电性质等的影响。一般 pH 对弱酸和弱碱型离子交换剂影响较大,如对于弱酸型离子交换剂在 pH 较高时,电荷基团充分解离,交换容量大,而在较低的 pH 时,电荷基团不易解离,交换容量小。同时 pH 也影响样品组分的带电性。尤其对于蛋白质等两性物质,在离子交换层析中要选择合适的 pH 以使样品组分能充分地与离子交换剂交换、结合。一般来说,离子强度增大,交换容量下降。实验中增大离子强度进行洗脱,就是要降低交换容量以将结合在离子交换剂上的样品组分洗脱下来。离子交换剂的总交换容量通常以每毫克或每毫升交换剂含有可解离基团的毫克当量数(meq/mg 或 meq/mL)来表示。通常可以由滴定法测定。阳离子交换剂首先用 HCl 处理,使其平衡离子为 H^+。再用水洗至中性,对于强酸型离子交换剂,用 NaCl 充分置换出 H^+,再用标准浓度的 NaOH 滴定生成的 HCl,就可以计算出离子交换剂的交换容量;对于弱酸型离子交换剂,用一定量的碱将 H^+ 充分置换出来,再用酸滴定,计算出离子交换剂消耗的碱量,就可以算出交换容量。阴离子交换剂的交换容量也可以用类似的方法测定。

对于一些常用于蛋白质分离的离子交换剂也通常用每毫克或每毫升交换剂能够吸附某种蛋白质的量来表示,一般这种表示方法对于分离蛋白质等生物大分子具有更大的参考价值。实验前可以参阅相应的产品介绍了解各种离子交换剂的交换容量。

三、离子交换剂的选择、处理和保存

1. 离子交换剂的选择

离子交换剂的种类很多,离子交换层析要取得较好的效果首先要选择合适的离子交换剂。

首先是对离子交换剂电荷基团的选择,确定是选择阳离子交换剂还是选择阴离子交换剂。这要取决于被分离的物质在其稳定的 pH 下所带的电荷,如果带正电,则选择阳离子交换剂;如带负电,则选择阴离子交换剂。例如待分离的蛋白等电点为 4,稳定的 pH 范围为 6~9,由于这时蛋白带负电,故应选择阴离子交换剂进行分离。强酸或强碱型离子交换剂适用的 pH 范围广,常用于分离一些小分子物质或在极端 pH 下的分离。由于弱酸型或弱碱型离子交换剂不易使蛋白质失活,故一般分离蛋白质等大分子物质常用弱酸型或弱碱型离子交换剂。

其次是对离子交换剂基质的选择。前面已经介绍了,聚苯乙烯离子交换剂等疏水性较强的离子交换剂一般常用于分离小分子物质,如无机离子、氨基酸、核苷酸等。而纤维素、葡聚糖、琼脂糖等离子交换剂亲水性较强,适合于分离蛋白质等大分子物质。一般纤维素离子交换剂价格较低,但分辨率和稳定性都较低,适于初步分离和大量制备。葡聚糖离子交换剂的分辨率和价格适中,但受外界影响较大,体积可能随离子强度和 pH 变化有较大改变,影响分辨率。琼脂糖离子交换剂机械稳定性较好,分辨率也较高,但价格较贵。

另外离子交换剂颗粒大小也会影响分离的效果。离子交换剂颗粒一般呈球形,颗粒的大小通常以目数(mesh)或者颗粒直径(mm)来表示,目数越大表示直径越小。前面在介绍交换容量时提到了一些关于交换剂颗粒大小、孔隙的选择。另外离子交换层析柱的分辨率和流速也都与所用的离子交换剂颗粒大小有关。一般来说,颗粒小,分辨率高,但平衡离子的平衡时间长,流速慢;颗粒大则相反。所以大颗粒的离子交换剂适合于对分辨率要求不高的大规模制备性分离,而小颗粒的离子交换剂适于需要高分辨率的分析或分离。

这里特别要提到的是,离子交换纤维素目前种类很多,其中以 DEAE-纤维素和 CM-纤维素最常用,它们在生物大分子物质(蛋白质、酶、核酸等)的分离方面显示很大的优越性。一是它具有开放性长链和松散的网状结构,有较大的表面积,大分子可自由通过,使其实际交换容量要比离子交换树脂大得多;二是它具有亲水性,对蛋白质等生物大分子物质吸附得不太牢,用较温和的洗脱条件就可达到分离的目的,因此不致引起生物大分子物质的变性和失活;三是它的回收率高,所以离子交换纤维素已成为非常重要的一类离子交换剂。

2. 离子交换剂的处理和保存

离子交换剂使用前一般要进行处理。干粉状的离子交换剂首先要进行膨化,将干粉在水中充分溶胀,以使离子交换剂颗粒的孔隙增大,具有交换活性的电荷基团充分暴露出来。而后用水悬浮去除杂质和细小颗粒,再用酸碱分别浸泡,每一种试剂处理后要用水洗至中性,再用另一种试剂处理,最后再用水洗至中性,这是为了进一步去除杂质,并使离子交换剂带上需要的平衡离子。市售的离子交换剂中通常阳离子交换剂为 Na 型(即平衡离子是 Na 离子),阴离子交换剂为 Cl 型,因为通常这样比较稳定。处理时一般阳离子交换剂最后用碱处理,阴离子交换剂最后用酸处理。常用的酸是 HCl,碱是 NaOH 或再加一定的 NaCl,这样处理后阳离子交换剂为 Na 型,阴离子交换剂为 Cl 型。使用的酸碱浓度一般小于 0.5mol/L,浸泡时间一般 30min。处理时应注意酸碱浓度不宜过高、处理时间不宜过长、温度不宜过高,以免离子交换剂被破坏。另外要注意的是离子交换剂使用前要排除气泡,否则会影响分离效果。

离子交换剂的再生是指对使用过的离子交换剂进行处理,使其恢复原来性状的过程。前面介绍的酸碱交替浸泡的处理方法就可以使离子交换剂再生。离子交换剂的转型是指离子交换剂由一种平衡离子转为另一种平衡离子的过程。如对阴离子交换剂用 HCl 处理可将其转为 Cl 型,用 NaOH 处理可转为 OH 型,用甲酸钠处理可转为甲酸型,等等。对离子交换剂的处理、再生和转型的目的是一致的,都是为了使离子交换剂带上所需的平衡离子。

前面已经介绍了,离子交换层析就是通过离子交换剂上的平衡离子与样品中的组分离子进行可逆的交换而实现分离的目的,因此在离子交换层析前要注意使离子交换剂带上合适的平衡离子,使平衡离子能与样品中的组分离子进行有效的交换。如果平衡离子与离子交换剂结合力过强,会造成组分离子难以与交换剂结合而使交换容量降低。另外还要保证平衡离子不对样品组分有明显影响。因为在分离过程中,平衡离子被置换到流动相中,它不能对样品组分有污染或破坏。如在制备过程中用到的离子交换剂的平衡离子是 H^+ 或 OH^- 离子,因为其他离子都会对纯水有污染。但是在分离蛋白质时,一般不能使用 H^+ 或 OH^- 型离子交换剂,因为分离过程中 H^+ 或 OH^- 离子被置换出来都会改变层析柱内 pH 值,影响分离效果,甚至引起蛋白质的变性。离子交换剂保存时应首先处理洗净蛋白等杂质,并加入适当的防腐剂,一般加入 0.02% 的叠氮钠,4℃下保存。

四、操作要点

离子交换层析的基本装置及操作步骤与前面介绍的柱层析类似,这里就不再重复。下面主要介绍离子交换层析操作中应注意的一些具体问题。

1. 层析柱

离子交换层析要根据分离的样品量选择合适的层析柱。离子交换用的层析柱一般粗而短，不宜过长。直径和柱长比一般为 1：10～1：50，层析柱安装要垂直。装柱时要均匀平整，不能有气泡。

2. 平衡缓冲液

离子交换层析的基本反应过程就是离子交换剂平衡离子与待分离物质、缓冲液中离子间的交换，所以在离子交换层析中平衡缓冲液和洗脱缓冲液的离子强度和 pH 的选择对于分离效果有很大的影响。平衡缓冲液是指装柱后及上样后用于平衡离子交换柱的缓冲液。平衡缓冲液的离子强度和 pH 的选择首先要保证各个待分离物质如蛋白质的稳定。其次是要使各个待分离物质与离子交换剂有适当的结合，并尽量使待分离样品和杂质与离子交换剂的结合有较大的差别。一般是使待分离样品与离子交换剂有较稳定的结合，而尽量使杂质不与离子交换剂结合或结合不稳定。在一些情况下（如污水处理）可以使杂质与离子交换剂牢固地结合，而样品与离子交换剂结合不稳定，也可以达到分离的目的。

另外注意平衡缓冲液中不能有与离子交换剂结合力强的离子，否则会大大降低交换容量，影响分离效果。选择合适的平衡缓冲液，直接可去除大量的杂质，并使得后面的洗脱有很好的效果。如果平衡缓冲液选择不合适，可能会给后面的洗脱带来困难，无法达到分离的效果。

3. 上样

离子交换层析的上样时应注意样品液的离子强度和 pH 值，上样量也不宜过大，一般以柱床体积的 1%～5% 为宜，以使样品能吸附在层析柱的上层，得到较好的分离效果。

4. 洗脱缓冲液

在离子交换层析中一般常用梯度洗脱，通常有改变离子强度和改变 pH 两种方式。改变离子强度通常是在洗脱过程中逐步增大离子强度，从而使与离子交换剂结合的各个组分被洗脱下来；而改变 pH 的洗脱，对于阳离子交换剂一般是 pH 从低到高洗脱，阴离子交换剂一般是 pH 从高到低洗脱。由于 pH 可能对蛋白的稳定性有较大的影响，故通常采用改变离子强度的梯度洗脱。梯度洗脱的装置前面已经介绍了，可以有线性梯度、凹形梯度、凸形梯度及分级梯度等洗脱方式。一般线性梯度洗脱分离效果较好，故通常采用线性梯度进行洗脱。

洗脱液的选择首先也是要保证在整个洗脱液梯度范围内，所有待分离组分都是稳定的；其次是要使结合在离子交换剂上的所有待分离组分在洗脱液梯度范围内都能够被洗脱下来；另外可以使梯度范围尽量小一些，以提高分辨率。

5. 洗脱速度

洗脱液的流速也会影响离子交换层析分离效果，洗脱速度通常要保持恒定。一般来说，洗脱速度慢比快的分辨率要好，但洗脱速度过慢会造成分离时间长、样品扩散、谱峰变宽、分辨率降低等副作用，所以要根据实际情况选择合适的洗脱速度。如果洗脱峰相对集中，在某个区域造成重叠，则应适当缩小梯度范围或降低洗脱速度来提高分辨率；如果分辨率较好，但洗脱峰过宽，则可适当提高洗脱速度。

6. 样品的浓缩、脱盐

离子交换层析得到的样品往往盐浓度较高,而且体积较大,样品浓度较低,所以一般要对离子交换层析得到的样品进行浓缩、脱盐处理。

五、应用

离子交换层析的应用范围很广,主要有以下几个方面:

1. 水处理

离子交换层析是一种简单而有效地去除水中杂质及各种离子的方法,聚苯乙烯树脂广泛地应用于高纯水的制备、硬水软化以及污水处理等方面。纯水的制备可以用蒸馏的方法,但要消耗大量的能源,而且制备量小、速度慢,也得不到高纯度。用离子交换层析方法可以大量、快速制备高纯水。一般是将水依次通过 H^+ 型强阳离子交换剂,去除各种阳离子及与阳离子交换剂吸附的杂质;再通过 OH^- 型强阴离子交换剂,去除各种阴离子及与阴离子交换剂吸附的杂质,即可得到纯水。再通过弱型阳离子和阴离子交换剂进一步纯化,就可以得到纯度较高的纯水。离子交换剂使用一段时间后可以通过再生处理重复使用。

2. 分离纯化小分子物质

离子交换层析也广泛地应用于无机离子、有机酸、核苷酸、氨基酸、抗生素等小分子物质的分离纯化。例如对氨基酸的分析,使用强酸性阳离子聚苯乙烯树脂,将氨基酸混合液在 pH2～3 上柱。这时氨基酸都结合在树脂上,再逐步提高洗脱液的离子强度和 pH,这样各种氨基酸将以不同的速度被洗脱下来,可以进行分离鉴定。目前已有全自动的氨基酸分析仪。

3. 分离纯化生物大分子物质

离子交换层析是依据物质的带电性质的不同来进行分离纯化的,是分离纯化蛋白质等生物大分子的一种重要手段。由于生物样品中蛋白的复杂性,一般很难只经过一次离子交换层析就达到高纯度,往往要与其他分离方法配合使用。使用离子交换层析分离样品要充分利用其按带电性质来分离的特性,只要选择合适的条件,通过离子交换层析可以得到较满意的分离效果。

第五节　凝胶过滤层析
(Section 5　Gel Filtration Chromatography)

凝胶过滤层析又名分子筛层析(molecular sieve chromatography,MSC)或分子排阻层析(molecular exclusion chromatography,MEC)或凝胶渗透层析(gel permeation chromatography,GPC)。它是利用一定大小孔隙的具有网状结构的凝胶作层析介质(如葡聚糖凝胶、琼脂糖凝胶、聚丙烯酰胺凝胶等),根据被分离物质的分子大小、形状不同扩散到凝胶孔隙内的速度不同,因而通过层析柱的快慢不同而分离的一种层析法。

一、基本原理

凝胶是一种多孔性的不带表面电荷的物质,当带有多种成分的样品溶液在凝胶内运动时，由于它们的分子量不同而表现出速度的快慢，在缓冲液洗脱时，分子量大的物质不能进入凝胶孔内，而在凝胶间几乎是垂直的向下运动，而分子量小的物质则进入凝胶孔内进行"绕道"运行，这样就可以按分子量的大小，先后流出凝胶柱，达到分离的目的（见图 3-9）。

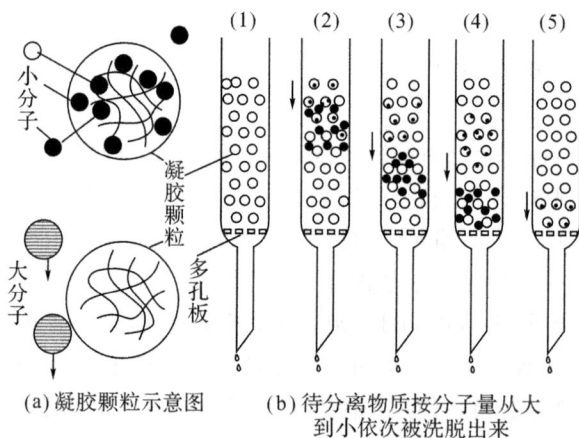

(a) 凝胶颗粒示意图　　(b) 待分离物质按分子量从大到小依次被洗脱出来

图 3-9　凝胶过滤层析基本原理

二、凝胶的种类与性质

具有分子筛作用的物质很多，如浮石、琼脂、琼脂糖、聚乙烯醇、聚丙烯酰胺、葡聚糖凝胶等。以葡聚糖凝胶应用最广，商品名是 Sephadex，型号很多，从 G10 到 G200，它的主要应用范围是：①分级分离各种抗原与抗体；②去掉复合物中的小分子物质，如除盐、荧光素和游离的放射性同位素以及水解的蛋白质碎片；③分析血清中的免疫复合物；④分子量的测定。葡聚糖又名右旋糖酐，在它们的长链间以三氯环氧丙烷交联剂交联而成。葡聚糖凝胶具有很强的吸水性，交联度大，吸水性小，相反葡聚糖交联度小，吸水性大。商品名以 Sephadex G 表示，G 值越小，交联度越大，吸水性就越小；G 值越大，交联度越小，吸水性就越大。两者呈反比关系，G 值大约为吸水量的 10 倍。由此可以根据床体积而估算出葡聚糖凝胶干粉的用量（见表 3-4）。

表 3-4　Sephadex 的种类与特性

型号	分离范围（分子量）	吸水量（mL/g）	最小溶胀时（h）		床体积(mL)/干凝胶(mg)
			20～25℃	100℃	
G10	<700	1.0±0.1	3	1	2～3
G15	<1500	1.5±0.2	3	1	2.5～3.5
G25	<5000	2.5±0.2	3	1	4～6
G50	1500～20000	8.0±0.3	3	1	9～11
G75	3000～70000	7.5±0.5	24	1	12～15
G100	4000～15000	10.0±1.0	72	1	15～20
G150	5000～800000	15.0±1.5	72	1	20～30
G200	5000～300000	20.0±2.0	72	1	30～40

G25、G50 有四种颗粒型号:粗($100\sim300\mu m$)、中($50\sim150\mu m$)、细($20\sim80\mu m$)和超细($10\sim40\mu m$)。G75~G200 又有两种颗粒型号:中($40\sim120\mu m$),超细($10\sim40\mu m$)。颗粒越细,流速越慢,分离效果越好。另外,还有 DEAE 纤维素凝胶可供选择,但与 Sephadex 相比,有不同的特性(见表 3-5)。

表 3-5　DEAE 纤维素与 Sephadex 比较

项　目	DEAE 纤维素	Sephadex
交换量	小	较大
非特异性吸附	较大	小
分离纯度	较好	好
分离时间	较粗	较长
应用范围	较窄	较宽
预处理	繁琐	方便

三、操作要点

1. 凝胶的选择

根据层析物质分子量的大小选择不同型号的凝胶,如除盐和除游离的荧光素,则可选用粗、中粒度的 G28 或 G500,G250 多用于分离蛋白质单体,G200 多用于分离蛋白质凝胶聚合体等。

2. 凝胶的预处理

称取适量的凝胶加入过量的缓冲液在冰箱(或室温)中充分膨胀,或在沸水中煮,膨胀时间应根据不同型号的凝胶而定(见表 3-6)。

表 3-6　凝胶量与型号和层析柱大小与规格及凝胶用量

层析柱规格			凝胶的规格和用量(g)			
直径(cm)	高(cm)	容量(mL)	G25	G50	G100	G200
0.9	15	9.5	2.5	1	0.6	0.3
0.9	30	19	5	2	1.2	0.6
0.9	60	38	10	4	2.5	1.2
1.6	20	40	10	4	2.5	1.2
1.6	40	80	20	8	5.0	2.4
1.6	70	140	35	14	9.0	4.4
1.6	100	200	50	20	12.5	6
2.6	40	210	50	20	12	7
2.6	70	370	90	35	20	12
2.6	100	530	130	50	30	17
2.6	60	1000	250	110	70	35

为使粒子均匀一致需进行浮选,即加入凝胶粒子后,轻轻搅拌,静置 20min,倾去沉淀的粒子,如此反复数次即可。

3. 装柱

层析柱的选择一般根据分离样品的种类和样品的数量而定。纯化蛋白质时,柱床体积应为样品体积的 25～100 倍。去盐、游离荧光素约为样品体积的 4～10 倍。柱太短，影响分离效果。柱长一些，分离效果好，但因为柱太长，会延长分离时间，样品也会稀释过度。层析柱的内径也要选择适当。内径过细，会发生"器壁效应"，即靠近管壁的流速要大于中心的流速，影响分离效果，所以层析柱的内径和高度应有一定的比例，对于除盐来说应为 1∶5～1∶25，对于纯化蛋白质来说应为 1∶20～1∶100。装柱过程基本同离子交换层析柱。

4. 加样与洗脱

样品体积不宜过多，最好为床体积的 1%～5%，最多不要超过 10%。样品浓度也不宜过大，浓度过大黏度大，分离效果差，一般不超过 4%。洗脱液应与膨胀一致，否则更换溶剂，凝胶体积会发生变化，影响分离效果。洗脱液要有一定的离子强度和 pH 值。分离血清蛋白常用 0.02～0.1mol/L pH6.9～8.0 的 PBS 液（0.14mol/L NaCl）和 0.1mol/L pH8.0 Tris-HCl 缓冲盐溶液（0.14mol/L NaCl）。

5. 洗脱液收集

同离子交换层析。

6. 凝胶柱的重复使用与保存

当样品的各组分全部洗脱下来之后，即可加入新的样品，继续使用。保存方法有三种：

（1）在液相中保存最方便，即于凝胶悬液中加入防腐剂（一般为 0.02%N2N3 或0.002%洗必泰）或高压灭菌于 4℃保存。此法至少可以保存半年以上。

（2）用完后，以水冲洗，然后用 60%～70%酒精液冲洗，凝胶体积缩小，即在半收缩状态下保存。

（3）长期不用者，最好以干燥状态保存，即水洗净后，用含乙醇的水洗，逐渐加大乙醇用量，最后用 95%的乙醇洗，可全部去水，再用乙烯去除乙醇，抽滤干，于 60～80℃ 干燥后保存。

四、应用

1. 脱盐

高分子（如蛋白质、核酸、多糖等）溶液中的低分子量杂质，可以用凝胶层析法除去，这一操作称为脱盐。本法脱盐操作简便、快速，蛋白质和酶类等在脱盐过程中不易变性。适用的凝胶为 SephadexG-10、15、25 或 Bio-Gel-p-2、4、6，柱长与直径之比为 5～15∶1，样品体积可达柱床体积的 25%～30%，为了防止蛋白质脱盐后溶解度降低会形成沉淀吸附于柱上，一般用醋酸铵等挥发性盐类缓冲液使层析柱平衡，然后加入样品，再用同样缓冲液洗脱，收集的洗脱液用冷冻干燥法除去挥发性盐类。

2. 用于分离提纯

凝胶层析法已广泛用于酶、蛋白质、氨基酸、多糖、激素、生物碱等物质的分离提纯。凝胶对热原有较强的吸附力，可用来去除无离子水中的致热原制备注射用水。

3. 测定高分子物质的分子量

用一系列已知分子量的标准品放入同一凝胶柱内，在同一条件下层析，记录每分钟成分的洗脱体积，并以洗脱体积对分子量的对数作图，在一定分子量范围内可得一直线，即分子量的标准曲线。测定未知物质的分子量时，可将此样品加在测定了标准曲线的凝胶柱内洗脱后，根据物质的洗脱体积，在标准曲线上查出它的分子量。

4. 高分子溶液的浓缩

通常将 SephadexG-25 或 SephadexG-50 干胶投入稀的高分子溶液中,这时水分和低分子量的物质就会进入凝胶粒子内部的孔隙中,而高分子物质则排阻在凝胶颗粒之外,再经离心或过滤,将溶胀的凝胶分离出去,就得到了浓缩的高分子溶液。

<h1 style="text-align:center">第六节 亲和层析</h1>
(Section 6 Affinity Chromatography)

亲和层析(affinity chromatography)是利用分子与其配体间特殊的、可逆性的亲和结合作用而进行分离的一种层析技术,可以选用生物化学、免疫化学或其他结构上吻合等亲和作用而设计的各种层析分离方法。如用寡脱氧胸苷酸-纤维素分离纯化信使核糖核酸,用DNA-纤维素分离依赖 DNA 的 DNA 聚合酶,用琼脂糖-抗体制剂分离抗原,用金属螯合柱分离带有成串组氨酸标签的重组蛋白质等。

一、基本原理

亲和层析是一种吸附层析,抗原(或抗体)和相应的抗体(或抗原)发生特异性结合,而这种结合在一定的条件下又是可逆的,所以将抗原(或抗体)固相化后,就可以使存在液相中的相应抗体(或抗原)选择性地结合在固相载体上,借以与液相中的其他蛋白质分开,达到分离提纯的目的(见图 3-10)。此法具有高效、快速、简便等优点。

二、载体的要求与选择

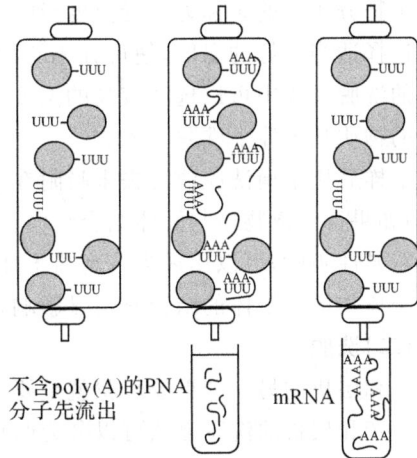

不含poly(A)的PNA 分子先流出   mRNA

图 3-10 亲和层析分离 mRNA 示意图

理想的载体应具备下列基本条件:①不溶于水,但高度亲水;②惰性物质,非特异性吸附少;③具有相当量的化学基团可供活化;④理化性质稳定;⑤机械性能好,具有一定的颗粒形式以保持一定的流速;⑥通透性好,最好为多孔的网状结构,使大分子能自由通过;⑦能抵抗微生物和醇的作用。

可以作为固相载体的有皂土、玻璃微球、石英微球、羟磷酸钙、氧化铝、聚丙烯酰胺凝胶、淀粉凝胶、葡聚糖凝胶、纤维素和琼脂糖。在这些载体中,皂土、玻璃微球等吸附能力弱,且不能防止非特异性吸附。纤维素的非特异性吸附强。聚丙烯酰胺凝胶是目前首选的优良载体。

琼脂糖凝胶的优点是亲水性强,理化性质稳定,不受细菌和酶的作用,具有疏松的网状结构,在缓冲液离子浓度大于 0.05mol/L 时,对蛋白质几乎没有非特异性吸附。琼脂糖凝胶极易被溴化氢活化,活化后性质稳定,能经受层析的各种条件,如 0.1mol/L NaOH 或 1mol/L HCl 处理 2～3h 及蛋白质变性剂 7mol/L 尿素或 6mol/L 盐酸胍处理,不引起性质改变,故易于再生和反复使用。琼脂糖凝胶微球的商品名为 Sepharose,含糖浓度为 2%、

4％、6％时分别称为 2B、4B、6B。因为 Sepharose 4B 的结构比 6B 疏松，而吸附容量比 2B大，所以 4B 应用最广。

三、操作要点

（一）上样

亲和层析纯化生物大分子通常采用柱层析的方法。亲和层析柱一般很短，通常为 10cm左右。上样时应注意选择适当的条件，包括上样流速、缓冲液种类、pH、离子强度、温度等，以使待分离的物质能够充分结合在亲和吸附剂上。

一般生物大分子和配体之间达到平衡的速度很慢，所以样品液的浓度不易过高，上样时流速应比较慢，以保证样品和亲和吸附剂有充分的接触时间进行吸附。特别是当配体和待分离的生物大分子的亲和力比较小或样品浓度较高、杂质较多时，可以在上样后停止流动，让样品在层析柱中反应一段时间，或者将上样后流出液进行二次上样，以增加吸附量。样品缓冲液的选择也是要使待分离的生物大分子与配体有较强的亲和力。另外样品缓冲液中一般有一定的离子强度，以减小基质、配体与样品其他组分之间的非特异性吸附。

生物分子间的亲和力是受温度影响的，通常亲和力随温度的升高而下降，所以在上样时可以选择适当较低的温度，使待分离的物质与配体有较大的亲和力，能够充分的结合；而在后面的洗脱过程中可以选择较高的温度，使待分离的物质与配体的亲和力下降，以便于将待分离的物质从配体上洗脱下来。

上样后用平衡洗脱液洗去未吸附在亲和吸附剂上的杂质。平衡缓冲液的流速可以快一些，但如果待分离物质与配体结合较弱，平衡缓冲液的流速还是以较慢为宜。如果存在较强的非特异性吸附，可以用适当较高离子强度的平衡缓冲液进行洗涤，但应注意平衡缓冲液不应对分离物质与配体的结合有明显影响，以免将待分离物质同时洗下。

（二）洗脱

亲和层析的另一个重要步骤就是要选择合适的条件使待分离物质与配体分开而被洗脱出来。亲和层析的洗脱方法可以分为两种：特异性洗脱和非特异性洗脱。

1. 特异性洗脱

特异性洗脱是利用洗脱液中的物质与待分离物质或与配体的亲和特性而将待分离物质从亲和吸附剂上洗脱下来。

特异性洗脱也可以分为两种：一种是选择与配体有亲和力的物质进行洗脱，另一种是选择与待分离物质有亲和力的物质进行洗脱。前者在洗脱时，选择一种和配体亲和力较强的物质加入洗脱液，这种物质与待分离物质竞争对配体的结合，在适当的条件下，如这种物质与配体的亲和力强或浓度较大，配体就会基本被这种物质占据，原来与配体结合的待分离物质被取代而脱离配体，从而被洗脱下来。例如用凝集素作为配体分离糖蛋白时，可以用适当的单糖洗脱，单糖与糖蛋白竞争对凝集素的结合，可以将糖蛋白从凝集素上置换下来。后一种方法洗脱时，选择一种与待分离物质有较强亲和力的物质加入洗脱液，这种物质与配体竞争对待分离物质的结合，在适当的条件下，如这种物质与待分离物质的亲和力强或浓度较大，待分离物质就会基本被这种物质结合而脱离配体，从而被洗脱下来。例如用染料作为配体分离脱氢酶时，可以选择 NAD^+ 进行洗脱，NAD^+ 是脱氢酶的辅酶，它与脱氢酶的亲和力要强于染料，所以脱氢酶就会与 NAD^+ 结合而从配体上脱离。特异性洗脱方法的优点是特异性强,可以进一步消除非特异性吸附的影响,从而得到较高的分辨率。另外对于待分离物质与配体亲和力很强的情况,使用非特异性洗脱方法需要较强烈的洗脱条件,很可能使蛋白质等生物大分子变性,有时甚至只能使待分离的生物大分子变性才能够洗脱下来,使用特异性洗脱则可以避免这种情况。由于亲和吸附达到平衡比较慢,所以特异性洗脱往往需要较长的时间和较大的洗脱条件,可以通过适当的改变其他条件,如选择亲和力强的物质洗脱、加大洗脱液浓度等,来缩小洗脱时间和洗脱体积。

2. 非特异性洗脱

非特异性洗脱是指通过改变洗脱缓冲液 pH、离子强度、温度等条件,降低待分离物质与配体的亲和力而将待分离物质洗脱下来。

当待分离物质与配体亲和力较小时,一般通过连续大体积平衡缓冲液冲洗,就可以在杂质之后将待分离物质洗脱下来,这种洗脱方式简单、条件温和,不会影响待分离物质的活性。但洗脱体积一般比较大,得到的待分离物质浓度较低。当待分离物质和配体结合较强时,可以通过选择适当的 pH、离子强度等条件降低待分离物质与配体的亲和力,具体的条件需要在实验中摸索。可以选择梯度洗脱方式,这样可能将亲和力不同的物质分开。如果希望得到较高浓度的待分离物质,可以选择酸性或碱性洗脱液,或较高的离子强度一次快速洗脱,这样在较小的洗脱体积内就能将待分离物质洗脱出来。但选择洗脱液的 pH、离子强度时应注意尽量不影响待分离物质的活性,而且洗脱后应注意中和酸碱,透析去除离子,以免待分离物质丧失活性。对于待分离物质与配体结合非常牢固时,可以使用较强的酸、碱,或在洗脱液中加入脲、胍等变性剂使蛋白质等待分离物质变性而从配体上解离出来。然后再通过适当的方法使待分离物质恢复活性。

四、应用

1. 抗原和抗体

利用抗原、抗体之间高特异的亲和力而进行分离的方法又称为免疫亲和层析。例如将抗原结合于亲和层析基质上,就可以从血清中分离其对应的抗体。在蛋白质工程菌发酵液中所需蛋白质的浓度通常较低,用离子交换、凝胶过滤等方法都难于进行分离,而亲和层析则是一种非常有效的方法。将所需蛋白作为抗原,经动物免疫后制备抗体,将抗体与适当基质偶联形成亲和吸附剂,就可以对发酵液中的所需蛋白质进行分离纯化。抗原、抗体间亲和力一般比较强,其解离常数为 $10^8 \sim 10^{12}$ mol/L,所以洗脱是比较困难的,通常需要较强烈的洗脱条件。可以采取适当的方法如改变抗原、抗体种类或使用类似物等来降低两者的亲和力,以便于洗脱。

另外金黄色葡萄球菌蛋白 A(Protein A)能够与免疫球蛋白 G(Ig G)结合,可以用于分离各种 Ig G。

2. 生物素和亲和素

生物素(biotin)和亲和素(avidin)之间具有很强而特异的亲和力,可以用于亲和层析,如用亲和素分离含有生物素的蛋白等。生物素和亲和素的亲和力很强,其解离常数为 10^{15} M,洗脱通常需要强类的变性条件,可以选择 biotin 的类似物,如 2-iminobiotin、diiminobiotin 等降低与 avidin 的亲和力,这样可以在较温和的条件下将其从 avidin 上洗脱下来。另外,可以利用生物素和亲和素间的高亲和力,将某种配体固定在基质上。例如将生物素酰化的胰岛素与以亲和素为配体的琼脂糖作用,通过生物素与亲和素的亲和力,胰岛素就被固定在琼脂糖上,可以用于亲和层析分离与胰岛素有亲和力的生物大分子物质。这种非共价的间接结合比直接将胰岛素共价结合与 CNBr 活化的琼脂糖上更稳定。很多种生物大分子可以用生物素标记试剂（如生物素与 NHS 生成的酯）作用结合上生物素,并且不改变其生物活性,这使得生物素和亲和素在亲和层析分离中有更广泛的用途。

3. 维生素、激素和结合转运蛋白

通常结合蛋白含量很低,如 1000L 人血浆中只含有 20mg Vit_7-B_{12} 结合蛋白,用通常的层析技术难于分离。利用维生素或激素与其结合蛋白具有强而特异的亲和力（解离常数为 10^{16} mol/L）而进行亲和层析则可以获得较好的分离效果。由于亲和力较强,所以洗脱时可能需要较强烈的条件,另外可以加入适量的配体进行特异性洗脱。

4. 激素和受体蛋白

激素的受体蛋白属于膜蛋白,利用去污剂溶解后的膜蛋白往往具有相似的物理性质,难于用通常的层析技术分离。但去污剂溶解通常不影响受体蛋白与其对应激素的结合,所以利用激素和受体蛋白间的高亲和力（$10^6 \sim 10^{12}$ mol/L）而进行亲和层析是分离受体蛋白的重要方法。目前已经用亲和层析方法纯化出了大量的受体蛋白,如乙酰胆碱、肾上腺素、生长激素、吗啡、胰岛素等多种激素的受体。

5. 凝集素和糖蛋白

凝集素是一类具有多种特性的糖蛋白,几乎都是从植物中提取。它们能识别特殊的糖,因此可以用于分离多糖、各种糖蛋白、免疫球蛋白、血清蛋白,甚至完整的细胞。用凝集素作为配体的亲和层析是分离糖蛋白的主要方法。如伴刀豆球蛋 A 能结合 α-D-吡喃甘露糖苷或 α-D-吡喃葡萄糖苷的糖蛋白,麦胚凝集素可以特异地与 N-乙酰氨葡萄糖或 N-乙酰神经氨酸结合,可以用于血型糖蛋白 A、红细胞膜凝集素受体等的分离。洗脱时只需用相应的单糖或类似物,就可以将待分离的糖蛋白洗脱下来。如洗脱伴刀豆球蛋 A 吸附的蛋白可以用 α-D-甲基甘露糖苷或 α-D-甲基葡萄糖苷洗脱。同样,用适当的糖蛋白或单糖、多糖作为配体也可以分离各种凝集素。

6. 辅酶

核苷酸及其许多衍生物、各种维生素等是多种酶的辅酶或辅助因子,利用它们与对应酶的亲和力可以对多种酶类进行分离纯化。例如固定的各种腺嘌呤核苷酸辅酶,包括 AMP、cAMP、ADP、ATP、CoA、NAD^+、$NADP^+$ 等,应用很广泛,可以用于分离各种激酶和脱氢酶。

7. 多核苷酸和核酸

利用 poly-U 作为配体可以用于分离 mRNA 以及各种 poly-U 结合蛋白。poly-A 可以用于分离各种 RNA、RNA 聚合酶以及其他 poly-A 结合蛋白。以 DNA 作为配体可以用于分离各种 DNA 结合蛋白、DNA 聚合酶、RNA 聚合酶、核酸外切酶等多种酶类。

8. 氨基酸

固定化氨基酸是多用途的介质,因为氨基酸与其互补蛋白间的亲和力,或者氨基酸的疏水性等性质,可以用于多种蛋白质、酶的分离纯化。例如 L-精氨酸可以用于分离羧肽酶,L-赖氨酸则广泛地应用于各种 rRNA 的分离。

9. 染料配体

结合在蓝色葡聚糖中的蓝色染料 Cibacron Blue F3GA 是一种多芳香环的磺化物。由于它具有与 NAD^+ 相似的空间结构，所以它与各种激酶、脱氢酶、血清蛋白、DNA 聚合酶等具有亲和力，可以用于亲和层析分离。另外较常用的还有 Procion Red HE3B 等。染料作为配体吸附容量高，可以多次重复使用。但它有一定的阳离子交换作用，使用时应适当提高缓冲液离子强度来减少非特异性吸附。

10. 分离病毒、细胞

利用配体与病毒、细胞表面受体的相互作用，亲和层析也可以用于病毒和细胞的分离。利用凝集素、抗原、抗体等作为配体都可以用于细胞的分离。例如各种凝集素可以用于分离红细胞以及各种淋巴细胞，胰岛素可以用于分离脂肪细胞等。由于细胞体积大、非特异性吸附强，所以亲和层析时要注意选择合适的基质。目前已有特别的基质如 Pharmacia 公司生产的 Sepharose 6MB，颗粒大、非特异性吸附小，适合用于细胞亲和层析。

11. 金属螯合色谱

金属螯合色谱以及后面介绍的共价色谱、疏水色谱是一些特殊的亲和层析技术。金属螯合色谱通常使用亚氨二乙酸（IDA）等螯合剂，它能与 Cu^{2+}、Zn^{2+}、Fe^{2+} 等作用，生成带有多个配位基的金属螯合物，可以用于生物分子尤其是对重金属有较强亲和力的蛋白质的分离纯化。例如 Cu^{2+}-IDA 配体可以用于分离带精氨酸的蛋白质。

12. 共价色谱

共价色谱与常规的亲和色谱方法不同之处在于它是利用亲和吸附剂与待分离的蛋白质的共价结合而将其吸附，而后用适当的处理方法将共价键打开而将蛋白释放出来。例如活化的巯基-Sepharose、巯丙基-Sepharose 等活化基质可以直接与含巯基的蛋白质通过二硫键共价结合而将其吸附在基质上，通过适当的洗脱液如半胱氨酸、巯基乙醇等还原二硫键即可将蛋白质洗脱下来。共价色谱结合和洗脱条件一般都很温和，可以多次重复使用。

【思考题】

1. 利用薄层层析如何确定蛋白质的纯度？

2. 离子交换剂由哪几个部分组成？何谓阳离子和阴离子交换剂？

3. 凝胶过滤层析分离生物大分子的原理是什么？

4. 在亲和层析时，为何床体积较小？为什么在层析过程中无亲和力的物质往往只能产生一个层析峰？

5. 在操作和引用方面，吸附层析、离子交换层析、凝胶过滤层析和亲和层析有哪些异同点？

（郭志平）

第四章　电泳技术
（Chapter 4　Electrophoresis）

电泳是带电颗粒在电场作用下,向着与其电荷相反的电极移动的现象。电泳现象在1808年就已发现,但电泳作为一种生物化学研究方法却是在1937年随着电泳装置的不断改进才有了较大的发展。如今,随着新型支持材料和先进仪器设备的不断出现,适合各种目的的电泳技术便应时而生。

第一节　基本原理
（Section 1　Basic Principle）

在电场中,推动带电质点运动的力(F)等于质点所带净电荷量(Q)与电场强度(E)的乘积:

$$F = QE \tag{4-1}$$

质点的前移同样要受到阻力(F)的影响,对于一个球形质点,服从 Stoke 定律,即:

$$F' = 6\pi r\eta\nu \tag{4-2}$$

式中:r 为质点半径,η 为介质黏度,ν 为质点移动速度,当质点在电场中做稳定运动时,$F = F'$ 即 $QE = 6\pi r\eta\nu$。

可见,球形质点的迁移率,首先取决于自身状态,即与所带电量成正比,与其半径及介质黏度成反比。除了自身状态的因素外,电泳体系中其他因素也影响质点的电泳迁移率。

电泳法可分为自由电泳(无支持体)和区带电泳(有支持体)两大类。前者包括 Tiseleas 式微量电泳、显微电泳、等电聚焦电泳、等速电泳及密度梯度电泳。区带电泳则包括滤纸电泳(常压及高压)、薄层电泳(薄膜及薄板)、凝胶电泳(琼脂、琼脂糖、淀粉胶、聚丙烯酰胺凝胶)等。

自由电泳法的发展并不迅速,因为其电泳仪构造复杂、体积庞大,操作要求严格,价格昂贵等。而区带电泳可用各种类型的物质作支持体,其应用比较广泛。本节仅对常用的几种区带电泳分别加以叙述。

影响电泳迁移率的因素主要有以下4个。

1. 电场强度

电场强度是指单位长度(cm)的电位降,也称电势梯度。如以滤纸作支持物,其两端浸入电极液中,电极液与滤纸交界面的纸长为 20cm,测得的电位降为 200V,那么电场强度为 200V/20cm=10V/cm。当电压在 500V 以下,电场强度在 2～10V/cm 时为常压电泳;当电压在 500V 以上,电场强度在 20～200V/cm 时为高压电泳。电场强度大,带电质点的迁移率加速,因此省时,但因产生大量热量,应配备冷却装置以维持恒温。

2. 溶液的 pH 值

溶液的 pH 值决定被分离物质的解离程度和质点的带电性质及所带净电荷量。例如蛋白质分子,它是既有酸性基团(—COOH),又有碱性基团(—NH₂)的两性电解质,在某一溶液中所带正负电荷相等,即分子的净电荷等于零,此时,蛋白质在电场中不再移动,溶液的这一 pH 值为该蛋白质的等电点(isoelectric point, pI)。若溶液 pH 处于等电点酸侧,即 pH<pI,则蛋白质带正电荷,在电场中向负极移动。若溶液 pH 处于等电点碱侧,即 pH>pI,则蛋白质带负电荷,向正极移动。溶液的 pH 离 pI 越远,质点所带净电荷越多,电泳迁移率越大。因此在电泳时,应根据样品性质,选择合适的 pH 值缓冲液。

3. 溶液的离子强度

电泳液中的离子浓度增加时会引起质点迁移率的降低。其原因是带电质点吸引相反符合的离子聚集其周围,形成一个与运动质点符合相反的离子氛(ionic atmosphere)。离子氛不仅降低质点的带电量,而且增加质点前移的阻力,甚至使其不能泳动。然而离子浓度过低,会降低缓冲液的总浓度及缓冲容量,不易维持溶液的 pH 值,影响质点的带电量,改变泳动速度。离子的这种障碍效应与其浓度和价数相关,可用离子强度 I 表示。

4. 电渗

在电场作用下液体对于固体支持物的相对移动称为电渗(electro-osmosis)。其产生的原因是固体支持物多孔,且带有可解离的化学基团,因此常吸附溶液中的正离子或负离子,使溶液相对带负电或正电。如以滤纸作支持物时,纸上纤维素吸附 OH⁻ 带负电荷,与纸接触的水溶液因产生 H₃O⁺,带正电荷移向负极,若质点原来在电场中移向负极,结果质点的表现速度比其固有速度要快,若质点原来移向正极,表现速度比其固有速度要慢,可见应尽可能选择低电渗作用的支持物以减少电渗的影响。

第二节 醋酸纤维素薄膜电泳
(Section 2 Cellulose Acetate Membrane Electrophoresis)

一、原理及特点

醋酸纤维素薄膜电泳是以醋酸纤维薄膜为支持物的一种电泳,其中醋酸纤维素是纤维素的羟基乙酰化形成的纤维素醋酸酯,由该物质制成的薄膜称为醋酸纤维素薄膜。这种电泳法的特点是:①醋酸纤维薄膜对蛋白质样品吸附极少,无"拖尾"现象,染色后背景能完全脱色,各种蛋白质染色带分离清晰,因而提高了测定的精确性。②快速省时。由于醋酸纤维薄膜亲水性较滤纸小,薄膜中所容纳的缓冲液也较少,电渗作用小,电泳时大部分电流是由样品传导的,所以分离速度快,电泳时间短,一般电泳 45～60min 即可,加上染色、脱色,整个电泳完成仅需 90min 左右。③灵敏度高,样品用量少。血清蛋白仅需 2μL 血清,甚至加样体积少至 0.1μL,仅含 5μg 蛋白样品也可得到清晰的分离带。临床医学检验利用这一点,检测在病理情况下微量异常蛋白的改变。④应用面广。某些蛋白在纸上电泳不易分离,如胎儿甲种球蛋白、溶菌酶、胰岛素、组蛋白等用醋酸纤维薄膜电泳能较好地分离。⑤醋酸纤维薄膜电泳染色后,经冰乙酸、乙醇混合液或其他溶液浸泡后可制成透明的干板,有利于扫描定量,并长期保存。

二、操作要点

1. 膜的预处理

必须于电泳前将膜片浸泡于缓冲液,浸透后,取出膜片并用滤纸吸去多余的缓冲液,不可吸得过干。太干则样品不易进入薄膜的网孔内,而造成电泳起始点参差不齐,影响分离效果。吸水量以不干不湿为宜。为防止指纹感染,取膜时,应戴指套或用镊子。

2. 缓冲液的选择

醋酸纤维薄膜电泳常选用 pH8.6 巴比妥溶液,其浓度为 $0.05\sim0.09$mol/L。选择何种浓度与样品及薄膜的薄厚有关。缓冲液浓度过低,则区带泳动速度快,扩散变宽;缓冲液浓度过高,则区带泳动速度慢,且分布过于集中不易分辨。

3. 加样

样品用量依样品浓度、本身性质、染色方法及检测方法等因素决定。对血清蛋白质的常规电泳分析,每厘米加样线不超过 $1\mu L$,相当于 $60\sim80\mu g$ 的蛋白质。

4. 电泳

可在室温下进行。电压为 $25V/cm$,电流为 $0.4\sim0.6mA/cm$ 宽。电流强度高,尤其在温度较高的环境中,可引起蛋白质变性或由于热效应引起缓冲液中水分蒸发,使缓冲液浓度增加,造成膜片干涸。电流过低,则样品泳动速度慢且易扩散。

5. 染色

一般蛋白质染色常使用氨基黑和丽春红,糖蛋白用甲苯胺蓝或过碘酸-Schiff 试剂,脂蛋白则用苏丹黑或品红亚硫酸染色。

6. 脱色与透明

对水溶性染料最普遍应用的脱色剂是 5%醋酸水溶液。为了长期保存或进行光吸收扫描测定,可浸入冰醋酸:无水乙醇$=30:70(V/V)$的透明液中。

三、应用

醋酸纤维薄膜电泳操作简单、快速、廉价,已经广泛用于血清蛋白、血红蛋白、球蛋白、脂蛋白、糖蛋白、甲胎蛋白、类固醇及同工酶等的分离分析中,尽管它的分辨力比聚丙酰胺凝胶电泳低,但它具有简单,快速等优点。

第三节 聚丙烯凝酰胺胶电泳
(Section 3　Polyacrylamide Gel Electrophoresis)

聚丙烯酰胺凝胶电泳(polyacrylamide gel electrophoresis,PAGE),是以聚丙烯酰胺凝胶作为支持介质的一种常用电泳技术。聚丙烯酰胺凝胶由单体丙烯酰胺(Acr)和甲叉双丙烯酰胺(Bis)聚合而成,聚合过程由自由基催化完成。催化聚合的常用方法有两种:化学聚合法和光聚合法。化学聚合以过硫酸铵(AP)为催化剂,以四甲基乙二胺(TEMED)为加速剂。在聚合过程中,TEMED 催化过硫酸铵产生自由基,后者引发丙烯酰胺单体聚合,同时甲叉双丙烯酰胺与丙烯酰胺链间产生甲叉键交联,从而形成三维网状结构。

PAGE 根据其有无浓缩效应,分为连续系统和不连续系统两大类。连续系统电泳体系中缓冲液 pH 值及凝胶浓度相同,带电颗粒在电场作用下,主要靠电荷和分子筛效应;不连续系统中由于缓冲液离子成分、pH、凝胶浓度及电位梯度的不连续性,带电颗粒在电场中泳动不仅有电荷效应、分子筛效应,而且还具有浓缩效应,因而其分离条带清晰度及分辨率均较前者佳。

一、原理

聚丙烯酰胺凝胶是由丙烯酰胺(Acr)单体和少量交联剂甲叉双丙烯酰胺(Bis)通过化学催化剂(AP)、(TEMED)作为加速剂或光催化聚合作用形成的三维空间的高聚物。聚合后的聚丙烯酰胺凝胶形成网状结构,具有浓缩效应、电荷效应、分子筛效应。血清蛋白在聚丙烯酰胺凝胶电泳一般可分成 12~25 个组分,因此适用于不同相对分子质量物质的分离,且分离效果好。

聚丙烯酰胺凝胶电泳有两种形式:非变性聚丙烯酰胺凝胶和 SDS-聚丙烯酰胺凝胶(SDS-PAGE)。非变性聚丙烯酰胺凝胶,在电泳的过程中,蛋白质能够保持完整状态,并依据蛋白质的分子量大小、蛋白质的形状及其所附带的电荷量而逐渐呈梯度分开;而 SDS-PAGE 仅根据蛋白质亚基分子量的不同就可以分开蛋白质。该技术最初由 Shapiro 于 1967 年建立,他们发现在样品介质和丙烯酰胺凝胶中加入离子去污剂和强还原剂后,蛋白质亚基的电泳迁移率主要取决于亚基分子量的大小(可以忽略电荷因素)。

二、操作要点

1. 凝胶制备

制备凝胶应选用高纯度试剂,否则影响凝胶凝固和电泳效果。Acr 和 Bis 均为神经毒剂,对皮肤有刺激作用,操作时应戴手套和口罩,纯化应在通风橱中进行。勿用手接触灌胶面的玻璃,以防凝胶板和玻璃板剥离,产生气泡和滑胶,或者剥胶时凝胶板易断裂。凝胶完全凝固后,必须放置 30min 左右,使其充分"老化"后,才能轻轻取出样品梳,切勿破坏加样孔底部的平整,以免电泳后区带扭曲。

2. 样品预处理

根据样品分离目的不同,非变性 PAGE,一般无需在处理样品时加入十二烷基硫酸钠(SDS)等变性剂;变性 SDS-PAGE,主要有三种处理方法:还原 SDS 处理、非还原 SDS 处理和带有烷基化作用的还原 SDS 处理。

(1)还原 SDS 处理:在上样 buffer 中加入 SDS 和二硫苏糖醇(DTT)(或 β 巯基乙醇)后,蛋白质构象被解离,电荷被中和,形成 SDS 与蛋白相结合的分子,在电泳中,只根据分子量来分离。一般电泳均按这种方式处理,样品稀释适当浓度,加入上样 Buffer,离心,沸水煮5min,再离心加样。

(2)带有烷基化作用的还原 SDS 处理:碘乙酸胺的烷基化作用可以很好地并经久牢固地保护 SH 基团,得到较窄的谱带;另碘乙酸胺可捕集过量的 DTT,而防止银染时的纹理现象。100μL 样品缓冲液中 10μL 20% 的碘乙酸胺,并在室温保温 30min。

（3）非还原 SDS 处理：生理体液、血清、尿素等样品，一般只用在 1% SDS 沸水中煮 3min，未加还原剂，因而蛋白折叠未被破坏，不可作为测定分子量来使用。

3. 加样

一般加样前，应对样品含量进行定量，在做比较实验时，需要保证每个实验组样本的上样量一致。蛋白质定量可用 BCA 等方法，核酸定量可用紫外光分光光度法等。加样选择精密加样注射器或微量移液器等，加样时在加样孔中加入，避免触碰凝胶以免泳道变形造成样品外溢。同时，加样量不宜过大，否则会导致拖尾和弥散现象。

4. 电泳

电泳槽中加入适当浓度的缓冲液，注意在高离子强度的缓冲液中，电导很高并产热，会影响电泳的分离效果。接通电源后，当样品分别在浓缩胶和分离胶里泳动时，应选择不同电压或电流进行电泳。一般使用有颜色的指示剂提示电泳何时结束，避免样品跑出凝胶。

5. 显色

剥胶时可用适量水润滑，避免使用注射器等破坏胶体完整性。根据被分离物质的特性，有些小分子蛋白等在染色前需要固定。染色时，注意避免浸泡时间过短或过长，防止染色过浅无法显示目的条带或染色过深背景需要长时间脱色去除。

6. 保存与记录

脱色后的凝胶可以装在盛有 7% 醋酸的有塞试管或密封平皿中保存数年，也可以自然干燥后保存，在需要观察时再浸在 7% 醋酸中溶胀成原来形状。记录可以通过摄影完成，也可以用光密度计进行捕记。

三、应用

聚丙烯酰胺凝胶电泳，无论是非变性 PAGE（Native-PAGE）还是变性 SDS-PAGE，目前已被广泛应用于蛋白质和核酸分析。定量预备非变性连续 PAGE（QPNC-PAGE）的应用对象为分子量 6～200kDa 的酸性、碱性和中性金属蛋白。在测定血液或其他临床样品中独立的金属蛋白结构和功能关系方面具有重要应用，因为不正确的金属陪伴蛋白的折叠。例如超氧化物歧化酶（SOD）的铜陪伴蛋白出现在这些基质中或许预示着神经病变疾病，如肌萎侧索硬化病等。QPNC-PAGE、尺寸排阻色谱-电感耦合等离子体质谱（SEC-ICP-MS）和核磁共振（NMR）等技术的连用可以得到患者或潜在的患者液体基质中相关金属蛋白的生理状态的结构。这一技术可以提高蛋白质折叠相关疾病的诊断和治疗水平。SDS-PAGE 在测定蛋白质亚基分子量时有重要作用。PAGE 对蛋白质和核酸的分离、定性和定量分析，广泛适用于食品、药品检测、天然产物分析及特定物质的分离制备等。

第四节　印迹法（转移电泳）
（Section 4　Blotting）

印迹法（blotting）又称转移电泳，是一种将待分离物质转移到固相支持物（如硝酸纤维素膜或 PVDF 膜等）上，经过与相应探针作用的一种新方法。1975 年，Southern 创造了将 DNA 区带原位转移到硝酸基纤维素膜（NC 膜）上，再进行杂交的方法，被称为 Southern 印迹法。随后,Alwine 等(1977)将类似方法用于 RNA 印迹,被称为 Northern 印迹;1979 年 Towbin 等(1979)设计了将蛋白质从凝胶转移到硝酸纤维素膜的装置,将蛋白质转移到膜上,再与相应的抗体等配体反应,被称为 Western 印迹,这种装置将膜和凝胶、滤纸等制成夹心饼干状,用低电压高电流电泳完成转移。1982 年 Reinhart 等(1982)用电转移法将等电聚焦后的蛋白质区带从凝胶转移到特定膜上,称为 Eastern 印迹。

一、原理

生物大分子(如核酸或蛋白质)印迹到固相载体上,经过淬灭试剂处理后(即用一种与待测物不反应的物质封闭载体印迹区域意外的剩余吸附位点),可与相应探针反应,接着用适当的溶液漂洗,置含底物的溶液中孵育,即可显示条带。如所用探针是放射性同位素标记时,则应将漂洗后的载体进行放射性自显影,即可检测样品中的特异成分。

二、操作要点

目前国内外有多种核酸、蛋白质印迹转移的电泳装置出售,使印迹转移速度快、效率高、重复性好,应用更加广泛。聚丙烯酰胺凝胶也可用于印迹转移电泳,但转移蛋白质时,凝胶中不可含有 SDS、尿素等变性剂。用于转移电泳的支持膜亦有多种选择,近些年用尼龙膜较多,因为尼龙膜机械性能好,烘烤不变脆,使用时比硝酸纤维素膜更方便。另外还有聚偏二氟乙烯膜(PVDF 膜)等适用于蛋白质转移的固相支持物可供选择。

进行印迹转移电泳时,要注意缓冲液的离子强度要低,pH 要远离 pI,使蛋白质带有较多电荷,一般用稳定性较好的 Tris-缓冲体系。还要注意凝胶与支持膜之间是否有气泡。适当提高电压或电流可以提高转移速度,但亦会增加热效应,故电压或电流不可过高。

三、应用

1. 分析和制备特异成分

一般生物大分子物质如蛋白质等的粗制品经凝胶电泳后,常产生大量谱带。经过转移分析后,就可以从中找出所需要的特定某一组分。而这种特定组分又可从相应的凝胶区段回收。此法获得的物质纯度较高,步骤也较为简单。

2. 检测生物大分子物质之间的相互作用

用印迹法可检测出 DNA-RNA、DNA-蛋白质、RNA-蛋白质、糖蛋白-凝集素、激素-受体、酶-底物等物质之间的相互作用。同时也可用此法正确地寻找各种大分子物质的相应配体。利用印迹法也可作为某些疾病的诊断工具。如患红斑狼疮和甲状腺功能亢进等疾病的患者都存在自身抗体;患肾功能异常的患者在尿中存在 β2-微球蛋白等。用印迹法可见这些疾病患者和正常人之间在上述成分方面的差异,由此可对所患疾病的类型作出判断。

第五节　毛细管电泳
(Section 5　Capillary Electrophoresis)

毛细管电泳(capillary electrophoresis,CE)又称高效毛细管电泳(high performance capillary electrophoresis，HPCE），是一类以毛细管为分离通道，以高压直流电场为驱动力的新型液相分离技术。毛细管电泳实际上包含电泳、色谱及其交叉内容，它使分析化学得以从微升水平进入纳升水平，并使单细胞分析，乃至单分子分析成为可能。

一、原理

在进行分析时毛细管内充满了电解液，毛细管两端通高压电，使电解液内带电分子移到毛细管相反电荷的一端。在毛细管电泳中，为了维持电荷平衡，溶液中的正离子吸附至石英表面形成双电子层，当在毛细管两端施加电压后，这层正离子趋向负极移动，并带动毛细管中的溶液以液流形式移向负极（电渗）。由于毛细管的表面积与体积比大，加上电泳时使用了高压，电渗在毛细管电泳中具有两大特点：液体沿着毛细管壁均匀流动，其前沿是平的；携带不同电荷的分子朝一个方向移动，中性分子也能随着电渗一起移动而实现分离，因为不同分子的大小对电荷比不同，就以不同的速率在管中移动，达到毛细管终点也有快有慢。毛细管电泳即依此探测、分离不同分子。

二、操作要点

毛细管电泳的常规进样方式有两种：流体力学和电迁移进样。其中，电迁移进样是在电场作用下，依靠样品离子的电迁移和（或）电渗流将样品注入，故会产生电歧视现象，会降低分析的准确性和可靠性，但此法尤其适用于黏度大的缓冲液和毛细管凝胶电泳情况。流体力学进样是普适方法，可以通过虹吸、在进样端加压或检测器端抽空等方法来实现，但选择性差，样品及其背景同时被引入毛细管，对后续分离可能产生影响。也可以通过进样时间来改善分离效果，进样时间过短，峰面积太小，分析误差大；进样时间过大，样品超载，进样区带扩散，会引起峰之间的重叠，与提高分离电压一样，分离效果变差。

三、应用

毛细管电泳具有多种分离模式（多种分离介质和原理），故具有多种功能，因此其应用十分广泛，通常能配成溶液或悬浮溶液的样品（除挥发性和不溶物外）均能用 CE 进行分离和分析，小到无机离子，大到生物大分子和超分子，甚至整个细胞都可进行分离检测。它广泛应用于生命科学、医药科学、临床医学、分子生物学、法庭与侦破鉴定、化学、环境、海关、农学、生产过程监控、产品质检以及单细胞和单分子分析等领域。目前，CE 分析技术被药物分析工作者在药品检验领域迅速推广应用。药物分析大致可以分为两部分：①原药的定量、原药中杂质的测定、药剂分析以及对它们稳定性的评价等以药品质量管理为目的的测定方法。这些方法要求有良好的选择性、适当的分析灵敏度和可靠的准确度等；②对进入人体内的药物或代谢物的吸收、分布、代谢、排泄等体内动态的研究，即临床药物分析。这两部分的测定一般需要将分离和检测手段相结合。

第六节 琼脂糖凝胶电泳
(Section 6 Agarose Gel Electrophoresis)

琼脂糖凝胶电泳(agraose gel electrophoresis，AGE)是用琼脂糖作为支持物的一种电泳方法，主要用于研究核酸等生物大分子物质。

一、原理

利用琼脂糖电泳分离和分析核酸的基本原理是电荷效应和分子筛效应(分离小分子物质时无此效应)。当琼脂糖介质的浓度较低时，胶的筛孔较大，适用于分离大分子(70bp 以上)的核酸或蛋白质及其复合物。

二、操作要点

制胶时，凝胶溶液一定要加热煮沸，以保证琼脂糖的完全溶解。待溶液冷却至不烫手，感觉温暖舒适时加溴化乙锭(EB)，一定要在通风柜里操作。倒胶时，可用干净的纸巾拭去气泡。胶凝固后先倒入些电泳缓冲液以方便取梳子。保证缓冲液淹过胶的边沿，边沿部分常高出 1~2mm。有时需要大的上样孔，可用胶带把几个相邻的梳齿粘在一起。这种情况下，尽量让胶液冷一些再倒胶。要保存胶到第二天用，可以用保鲜膜包裹后放入 4℃冰箱。

加样时应先加入失踪染料，刚开始电泳时所加电压可调高些，当样品进入凝胶后，使其维持在 6V/cm 左右。分析核酸时，可在胶中加入 EB，也可以电泳结束后用 EB 溶液染色。拍照前应尽量洗去胶表面残留的 EB 溶液，以免背景太深。

三、应用

琼脂糖凝胶电泳可广泛用于分离、鉴定和纯化 DNA。如分离或回收目的 DNA 条带等。同时，也是 Southern 杂交 DNA 转印前不可缺少的分离步骤。

【思考题】

1. 简述聚丙烯凝胶电泳测定蛋白质分子量的原理和操作步骤。
2. 分离血清蛋白时选哪种电泳较为合适？如何观察分离结果？
3. 印迹法有哪些特点？为什么蛋白质经过 SDS 电泳后仍具有抗原性？
4. 如何利用琼脂糖电泳分析 DNA 酶切效果？
5. 毛细管电泳在医学实验中有哪些应用？

(龚朝辉)

第五章　分光光度法
（Chapter 5　Spectrophotometry）

第一节　基本原理
（Section 1　Basic Principle）

利用光作用于物质后所产生的发射光、吸收光、散射光等光谱学特性能够对物质进行定性、定量的分析，这一技术常被称为光学光谱分析法。随着光学、数学、电子学、计算机软硬件技术的发展，该方法越来越多地被应用于化学、生物学及医学等各个学科领域，并因其灵敏、准确、快速、选择性好等诸多优点备受青睐，成为重要的分析手段之一。根据激发光范围、光与物质相互作用的过程及原理，光学光谱分析法可分为许多不同的类型。本章着重介绍在生物化学与分子生物学及临床分析中广泛应用的紫外-可见光光度法和荧光光谱分析法。

一、光的基本性质

光是一种电磁波，具有波动性和粒子性。光的散射、反射、折射、衍射、偏振等均是光波动性的表现。描述波动性的重要参数是波长（λ，单位是 nm）和频率（ν，单位是 Hz）。不同的电磁波有不同的波长。真空中，波长与频率成反比。当一定频率的电磁波通过介质时，其波长有变化而频率不变。光还具有粒子性，即集中了能量的光子或光量子。光电效应、光的吸收和发射等均是光粒子性的表现。单个光子的能量 E 与光的频率 ν 成正比。可见波长越长，光子能量越小。

二、光与物质的相互作用

根据量子理论，原子、离子及分子有确定的能量，它们存在于不连续的能级上，并在稳定体系内，自发地趋于能量最低的状态，即基态。当光照射某物质时，如果光量子的能量与两能级间能量差相同，物质可能选择性地吸收此能量并被激发，从基态跃迁至较高能级的激发态。在此过程中物质的内能发生变动，表现出该物质对光的选择吸收。处于激发态的原子（或分子）会趋向于恢复到基态，它通常通过热的形式释放能量；也可通过荧光及磷光的形式释放能量；还可以通过发生化学变化，产生化学发光，回到基态。如果，光量子的能量与两能级间能量差不同，光不被吸收，仅瞬间保留，然后再发射出去，产生反射、散射、折射、透射等现象。当一定波长的光通过某一介质时，介质与光可并行发生上述各种相互作用。通过捕捉释放出来的荧光、磷光或化学发光，以及检测波长、频率或辐射能量的变化可以定量、定性地对物质进行分析。

三、吸收光谱和发射光谱

记录辐射强度随波长(或相应单位)变化的图谱即为光谱(spectrum),因此光谱有吸收光谱、发射光谱、散射光谱等很多种。光谱分析法就是借助不同的光谱图对物质进行分析的一种重要手段。物质选择性的吸收相应的电磁波能量而形成的光谱,即为吸收光谱。不同物质因各自结构不同表现出其独特的吸收光谱。利用物质的吸收光谱进行定性、定量及结构分析的方法称为吸收光谱法。表 5-1 给出了部分常见的吸收光谱法。物质经激发能量(光、热能、电能、化学能)作用而产生的光谱,称为发射光谱。如钨灯发出的光谱,物质受激发后发出的荧光光谱都属于发射光谱。发射光谱的过程正好与吸收光谱的相反。

表 5-1　部分常见的光学光谱法

方法名称	辐射源	作用物质	检测信号
紫外-可见光吸收光谱法	可见光 360~760nm	具有共轭结构的有机分子外层电子和有色无机物价电子	吸收后透过的紫外-可见光
	近紫外光 200~360nm		
	远紫外光 5~200nm		
原子吸收光谱法	紫外-可见光	气态原子外层电子	吸收后透过的紫外-可见光
荧光光谱法	紫外-可见光	具有共轭结构的有机物及具有刚性结构的金属螯合物	发射出的荧光

四、光谱分析仪器

吸收光谱和发射光谱往往不能够靠肉眼识别,所以借助光谱分析仪器来检测不易被人直接捕捉和理解的信号,并将其转化成为易于被人理解和分析的结果,借以对物质进行分析测试。测定不同的光谱有不同的光谱分析仪,但是各类光谱分析仪器都包括四个基本组成部分(见图 5-1):①电磁波(辐射能)信号发射系统;②分光系统(控制激发光的波长);③样品槽(辐射能与物质相互作用);④光谱信号检测系统。此外,还有换能系统、输出系统及计算机控制系统等。

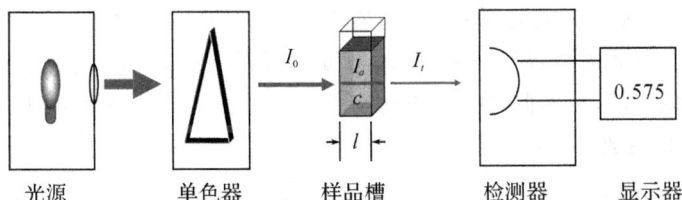

图 5-1　光谱分析仪器基本组成示意图

第二节　紫外-可见光光度法
(Section 2　Ultraviolet and Visible Spectrophotometry)

可见光的波长范围是从 360nm(紫色)到 760nm(红色),范围在 200~360nm 的光是近紫外光,研究物质在紫外-可见光区吸收光谱的分析方法称为紫外-可见光吸收光谱法(ultraviolet and visible absorption spectrometry),也称为紫外-可见光光度法(ultraviolet and visible spectrophotometry,UV-Vis)。通过测定分子对紫外-可见光的吸收,可以用于鉴定和定量测定大量的无机化合物和有机化合物。

一、光吸收的基本定律（朗伯-比尔定律）

朗伯(Lambert J. H.)和比尔(Beer A.)分别于 1760 年和 1852 年研究了单色光的吸收强度与溶液层厚度及浓度的定量关系,二者结合称为朗伯-比尔定律(Lambert-Beer Law),是光吸收的基本定律。

当一束平行的单色光通过溶液时,一部分入射光被吸收,一部分透过溶液,设入射光强度为 I_0,吸收光强度为 I_a,透射光强度为 I_t(见图 5-2),则

$$I_0 = I_a + I_t \qquad (5\text{-}1)$$

透射光强度与入射光强度之比为透光率(transmittance),用 T 表示,则

$$T = \frac{I_t}{I_0} \qquad (5\text{-}2)$$

图 5-2 溶液对光的吸收

溶液的透光率越大,溶液对光的吸收越少;反之,透光率越小,溶液对光的吸收越多。

透光率的负对数称为吸光度(absorbance,A),用来表示物质对光的吸收程度,则吸光度 A 与透光率 T 存在如下关系:

$$A = -\lg T = -\lg \frac{I_t}{I_0} = \lg \frac{I_0}{I_t} \qquad (5\text{-}3)$$

由此可见,A 值越大,溶液对光的吸收越强。

溶液对光的吸收程度与溶液的浓度(c)、溶液层厚度(l)及入射光波长(λ)等因素有关。保持入射光不变,则溶液对光的吸光度只与溶液的浓度和溶液层厚度有关:

$$A = \varepsilon c l \qquad (5\text{-}4)$$

式中:ε 为比例常数,亦称为吸光系数,与物质本身的性质、入射光波长及温度等因素相关。因此,在给定条件下(入射光波长及温度等),ε 是物质的特征常数。不同物质对同一波长的单色光具有不同的 ε 值,可据此对物质进行定性分析。当 c 的单位用 mol/L,l 的单位用 cm 时,ε 称为摩尔吸光系数。

式(5-4)就是朗伯-比尔定律的数学表达式。它指出:当一束单色光通过含有吸光物质的均匀透明的溶液时,溶液的吸光度与物质的浓度及溶液层厚度的乘积成正比。这正是利用分光光度法对物质进行定量分析的理论基础。

二、影响朗伯-比尔定律的因素

朗伯-比尔定律成立的前提条件为:①入射光是单色光;②溶液为均匀透明的稀溶液;③在入射光照射下溶液不会发生光化学反应,不发射荧光等。

入射波长是朗伯-比尔定律在实际应用中需要选择的重要参数。如前所述,物质因各自结构不同表现出其特征的吸收光谱。以波长为横坐标,吸光度为纵坐标,可以绘制出物质的

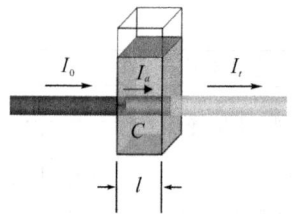

吸收光谱曲线。在实际测定中,为了使结果有较高的灵敏度,一般选择被测物质最大吸收峰值对应的波长作为入射光波长。此外为了尽量保证入射光的单色性,在分光光度计中选择使用较好的单色器,以及通过减小分光光度计的狭缝宽度得以实现。但是狭缝宽度不能太小,否则会使得入射光强度太弱。一般以不减少吸光度的最大狭缝宽度为宜。

符合朗伯-比尔定律的待测溶液需是均匀透明的稀溶液。如果待测溶液不均匀(如为浑浊液),入射光在通过待测溶液时会发生散射现象,减少透射光,使测定的吸光度偏大,造成偏离。由于分光光度计的读数分辨率会引起透光率测量的误差,当溶液透光率很大或很小时,所测得的浓度相对误差都较大。此外,当待测溶液浓度较大时,粒子间平均距离减少,使相邻粒子的电荷分布互相干扰,改变了它对光吸收的能力。一般在实际操作中,控制溶液的透光率在 20%～65% 之间,即吸光度在 0.2～0.8 之间。因此,当待测溶液浓度较高时,需先稀释到合适的浓度再测。

待测溶液的 pH 值、溶剂的性质、温度等也是影响朗伯-比尔定律的因素。因待测物的解离、缔合、发生化学反应及形成络合物等,均可导致溶液组成及各组分比例的改变,使得物质对入射光的吸收发生变化。在操作中,需注意溶剂的选择,尽量排除这些干扰因素,减小对测量结果的影响。

三、紫外-可见光光度法的应用

1. 定性分析

物质的结构和性质决定了其具有特征性吸收光谱曲线,不同的物质,其吸收光谱不同,相同的物质在相同条件下具有相同的吸收光谱。据此,利用紫外-可见光光度法可以绘制物质的特征吸收光谱曲线,确定最大吸收波长,对物质进行定性分析。在有机化合物领域还可以根据特征性的吸收光谱曲线鉴定共轭生色团,对物质进行结构分析,推断物质结构骨架。由于多数化合物的紫外-可见光光谱吸收峰较宽,因此,结合其他测定方法,如红外光谱、核磁共振谱等能更好地对物质作出更准确的定性分析。

2. 定量分析

紫外-可见光光度法最主要的应用是进行定量分析,因其灵敏度高、重现性好、操作简便等优点,它不仅可以测定常量组分,而且可以测定微量组分。根据朗伯-比尔定律,在一定波长条件下,吸光度和待测溶液浓度层正比,因此可以测定并计算出未知待测溶液的浓度,而且,既可以测定单组分化合物的含量,也可以对多组分混合待测物进行测定。

(1)标准曲线法

先将标准溶液配制成一系列浓度由大到小的梯度溶液,在最适合的发射波长下,分别测出它们的吸光度。以各管的浓度为横坐标,测得的吸光度为纵坐标,做出吸收光谱标准曲线。在一定浓度范围内,溶液的浓度与吸光度成正比,可以绘制出一条通过原点的直线(见图5-3)。在相同的测定条件下,测定待测溶液的吸光度,依照标准曲线,便可以得出该待测溶液的浓度。此法在测定大批待测溶液时更常用。一般测定中需要注意选择合适的发射波长,设置空白对照管减小误差,至少选择五个以上的梯度浓度进行测定,而且在测未知溶液时需在相同条件下进行。

(2)标准对照法

根据朗伯-比尔定律的数学公式(5-4)可得:

标准溶液：$A_标 = \varepsilon c_标 l_标$

待测溶液：$A_样 = \varepsilon c_样 l_样$

相同测试条件下，ε 相等，两种溶液的测试层厚度 l 相等，$l_标 = l_样$，则

$$\frac{A_标}{A_样} = \frac{c_标}{c_样} \tag{5-5}$$

配制一个与待测溶液浓度相近的标准溶液 $c_标$，在适宜的入射光条件下测出吸光度 $A_标$，然后测定同样条件下待测溶液的吸光度 $A_样$，就可以依据（5-5）式，求得待测溶液的浓度 $c_样$。此法适用于少量且 $A\text{-}c$ 线性关系良好的情况，实际操作中为减少误差标准溶液浓度尽量与待测液浓度接近。

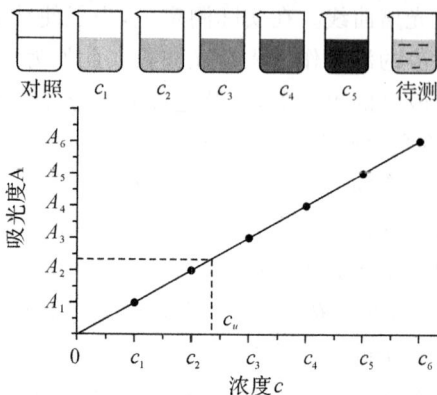

图 5-3　浓度-吸光度标准曲线

除此以外还有吸光系数法、差示分光光度法、双波长分光光度法、导数光谱法等单组分及多组分的定量分析方法。

第三节　荧光光谱分析法
（Section 3　Fluorescence Spectrophotometry）

一、荧光的产生

如前所述，物质吸收光量子能量后被激发，从基态跃迁至激发态，处于激发态的分子不稳定，可通过多种途径释放多余的能量返回基态，发射荧光是其中的一种途径。物质从激发态的最低振动能级回到基态时所发射出的光称为荧光（fluorescence）。荧光是一种光致发光现象。荧光的能量小于所吸收的光量子的能量，所以，发射的荧光波长总是大于入射光的波长。根据物质的荧光光谱位置及其强度对物质进行定性定量测定的方法称为荧光光谱分析法（fluorometry），又称荧光分析法。用于荧光分析的仪器称为荧光分光光度计。荧光分析法包括 X 射线荧光分析法、原子荧光分析法及分子荧光分析法。某些有机物分子在紫外-可见光激发时，可发射出荧光光谱，据此对物质进行分析的方法即是分子荧光分析法。在生命医学领域最常用到的是分子荧光分析法。

任何发射荧光的物质分子都有两种特征荧光光谱——激发光谱和发射光谱。指定检测波长，用不同波长的激发光激发物质分子而形成的荧光强度与激发光波长关系的曲线就是激发光谱。通过激发光谱可以获得最强荧光的激发光波长。用固定波长的光激发物质，记录全波长荧光及其强度，就得到该物质的发射光谱。同一物质在同样入射光激发下，可发射出相同波长的荧光，表现出特异性，而且所发射荧光的强度会随着浓度的增大而增强。利用这样的性质可对物质进行定性定量分析。

二、荧光与分子结构的关系

由于物质的结构与性质的不同,发射出的荧光的波长也因其结构而表现出特征性。因此,可以通过物质结构判定其荧光性质。能够发射荧光的物质一般都有强的紫外-可见光吸收和释放荧光的能力,所以具有共轭体系的分子可能具有荧光性。绝大多数能产生荧光的物质含有芳香环或杂环的结构,如苯、蒽、萘等,因为这类分子具有共轭平面。此外,含有长共轭双键的脂肪烃呈刚性平面结构,也可能产生荧光,如维生素 A。在同样的长共轭分子中,刚性及分子的共平面性越大,荧光越强,如联苯等。同时共轭体系上的取代基对荧光强度也有较大影响。如果原来共平面性较好的分子取代了一个较大基团,由于空间位阻,破坏了共平面性,则会使得荧光强度下降。如果取代基能增加分子的电子共轭程度,如—NH_2,—OH,—CN,—OCH_3 等,则取代后的分子荧光将得到增强。

影响荧光光谱的因素有很多。在一般情况下,荧光强度会随着温度的升高而降低。不同溶质的极性、黏度等也会对荧光光谱造成影响。当物质本身是弱酸或弱碱时,溶液的 pH 值则会对其荧光强度有较大的影响。此外,荧光还有淬灭现象,即当荧光物质分子与溶剂分子或溶质分子相互作用引起强度降低或荧光强度与浓度偏离线性关系的现象。重金属离子、硝基化合物、卤素离子、重氮化合物等一类物质都能引起淬灭的发生,被称为淬灭剂。

三、荧光分析法的应用

并不是所有物质都有荧光光谱,加上许多化合物发射的波长相近,故荧光分析法较少用于定性分析。

在一定范围内,利用荧光强度与浓度的正比例关系,利用荧光光谱及荧光强度的变化特性,荧光分析法可以分析三种情形:本身具有荧光性质的物质,可以直接测定荧光光谱;有些物质本身并不能发射荧光,但是与荧光分子反应后就可以转变为荧光物质,然后用荧光分光光度计进行测定;还有些物质本身并不能发射荧光,也不能通过反应转变成荧光物质,但是他们具有荧光淬灭能力,通过与一些发光物质反应能改变这些发光物质荧光强度,使其淬灭,根据发光物质的荧光改变就可以间接地对这类物质进行分析。荧光分析法具有较高的灵敏度及选择性,测试样用量少,操作简单,能提供较多的物理参数,能用于测定生物体内微量的有机物及代谢产物(如某些维生素、组胺、儿茶酚胺、蛋白质、酶及辅酶、部分药物浓度等),因而在医学检验及生命科学研究中有较广泛的应用。

【思考题】

1. 请写出朗伯-比尔定律的公式,并说明各符号代表的意义。

2. 分光光度法对物质进行定性测定的原理是什么?

3. 利用紫外-可见光光度法对物质进行定性、定量测定时应该注意哪些问题? 为什么?

4. 紫外-可见光光度法中如何选择空白溶液?

5. 如何判断某种物质是否具有荧光特性?

6. 影响荧光强度及其测定的因素有哪些?

(李庆宁)

第六章　分子克隆技术
(Chapter 6　Molecular Cloning Techniques)

19 世纪 G. J. Mendel 通过豌豆杂交试验提出"遗传因子",20 世纪初 T. Morgan 通过果蝇试验确定"基因"的存在,20 世纪 40 年代 O. T. Avery 通过肺炎链球菌转化试验确定生物遗传物质的化学本质是 DNA。20 世纪 60 年代晚期到 70 年代初期质粒和限制性内切酶的发现为基因工程奠定了最为重要的技术基础。1973 年 Stanley Cohen 等人首次获得体外重组 DNA 的分子克隆,这是基因工程史上的第一个克隆并取得成功的例子。随后的体外基因克隆、转基因动物模型的建立和克隆羊"多莉"(1997 年 2 月)的诞生,均预示和证明了人类具有操作基因的能力。上述成就都是以重组 DNA 技术为基础的。20 世纪 80 年代开始,以重组 DNA 技术生产的胰岛素、促红细胞生成素、重组人白介素、重组人干扰素、重组人生长激素、重组人乙型肝炎疫苗(CHO 细胞)等药物陆续应用于临床治疗,这一切均说明重组 DNA 技术对人类的生活和生产具有重大影响。

第一节　基本原理
(Section 1　Basic Principle)

DNA 重组技术是在分子水平对基因进行体外操作,因而也称为分子克隆(molecular cloning)或基因克隆。所谓克隆是指通过无性繁殖过程所产生的与亲代完全相同的子代群体;而分子克隆是指在体外对 DNA 分子按照既定的目的和方案进行人工重组,将重组分子导入合适的受体细胞中,使其在细胞中扩增和繁殖,以获得 DNA 分子大量复制,并使受体细胞获得新得遗传特征的过程。利用分子克隆技术来操作目的基因,并改变生物的遗传性状的过程就称为基因工程。从某种意义上说,重组 DNA 技术也可直接理解为基因工程,但基因工程的涵义更广泛,还包括除 DNA 重组技术以外的改造生物基因组结构和功能的其他技术和方法,例如 20 世纪 80 年代衍生出的蛋白质工程、RNA 重组技术,等等。本小节及本章内其他小节将简单介绍分子克隆的基本过程以及所必须具备的材料(工具酶、载体、目的基因、原核或真核宿主细胞)等。

一、分子克隆的基本过程

分子克隆技术的基本过程可以总结为"分、切、接、转、筛"五个字,可简述如下。

(1)分:分离获得目的基因;

(2)切:将目的基因和相应载体应用适当的限制性内切酶进行切割;

(3)接:将经限制性内切酶酶切后具有匹配末端的目的基因和载体连接,形成重组子;

(4)转:将重组子转到适当的宿主细胞中;

(5)筛:筛选出含有正确重组子的宿主细胞,进行扩增。

二、分子克隆中常用的工具酶

分子克隆中对 DNA、RNA 分子的操作常涉及一系列酶促反应,这些酶是进行基因克隆时必备的基本工具。例如,使 DNA 分子内部发生断裂的核酸内切酶、将两种 DNA 分子连接在一起的 DNA 连接酶、以 mRNA 为模板合成 cDNA 的逆转录酶等。目前这些工具酶已商品化,广泛应用于分子生物学的各个领域。分子克隆中常用的工具酶大致可以分为3类,①使核酸降解的核酸酶类:核酸内切酶、核酸外切酶;②催化核酸合成的酶类:DNA 聚合酶 RNA 聚合酶、连接酶、逆转录酶;③核酸修饰酶类:甲基化酶、激酶、基团转移酶、磷酸酶等。本节将简单介绍基因工程中限制性内切酶、DNA 聚合酶和连接酶的特性和用途。

1. 限制性内切酶

20 世纪 30 年代初,微生物学家发现微生物的噬菌体不能交叉感染,如 E. coli K 株的噬菌体只能感染 E. coli K 株,不能感染其他菌株,反之亦然。这种现象被称为限制现象。相反,某些被菌体限制的噬菌体群中,有少数能幸存下来,并在菌体中繁殖,这种现象被称为修饰现象。1962 年 W. Arber 提出,菌体中含有 2 种以上功能不同的酶:①核酸内切酶,能识别切断外来 DNA 分子的某些部位,使其使去活性,限制外来噬菌体的繁殖——限制性核酸内切酶,属于菌体的防御系统;②修饰酶,也能识别限制性内切酶所识别的序列,并把某些 C 或 A 甲基化,使其不被限制性内切酶降解,属于菌体保护自身 DNA 系统。

限制性核酸内切酶(restriction endonuclease,RE)是由细菌自己产生的一种能识别双链 DNA 中的特定序列,并以内切方式水解核酸中磷酸二酯键的核酸内切酶。在细菌体内,这种内切酶可以分解外源性的 DNA 物质,例如噬菌体等;而细菌本身的 DNA 同一识别序列中的某些碱基被甲基化所保护。这种细菌内部的限制与修饰作用分别由核酸内切酶和甲基化酶完成,构成了类似免疫的防御系统。

按照限制性核酸内切酶对辅助因子的需求,以及切割 DNA 链的特点,将已发现的限制性内切酶分为 3 种类型:Ⅰ、Ⅱ、Ⅲ型。

Ⅰ型 RE:由三种不同的亚基组成。需 Mg^{2+}、S-腺苷甲硫氨酸(SAM)、ATP 为辅助因子;识别位点复杂,特异性差。通常在识别位点的 400～7000bp 范围内切割 DNA。现已报道 19 种。

Ⅲ型 RE:由两种亚基组成。需 Mg^{++}、ATP 为辅助因子,切割位点靠近识别序列但较难预测。一般在 25～27bp 范围内切割。现已报道 4 种。

Ⅰ、Ⅲ型 RE 酶同时具有限制(剪切)与修饰(甲基化)两种功能,依赖 ATP 限制,切割 DNA 链的位置远离识别序列,因此Ⅰ型和Ⅲ型酶在 DNA 重组技术中都不常用。

Ⅱ型限制性内切酶实际应用价值最大,这是因为:

(1)Ⅱ型酶只具有限制性活性,无甲基化修饰活性;

(2)对 DNA 的切割要求严格的序列作为靶位点,切割精确;

(3)此类酶作用时只需要 Mg^{2+} 参与,无需 ATP。

因此Ⅱ型限制性核酸内切酶是基因工程中剪切 DNA 分子的常用工具酶,被誉为分子生物学家的手术刀。

Ⅱ型酶切割双链DNA有严格的识别、切割的DNA序列,识别序列一般为4~6个碱基对,并以切割序列的正中作为轴心,成180°反向重复(inverted repeat)。这种结构也称为回文结构(palindrom)。Ⅱ型酶切割双链DNA后可产生两种不同的切口(见图6-1)。

(1) 平头末端(blunt end):即在识别序列的对称轴上进行切割,例如 HaeⅢ识别序列为5′-GGCC-3′,其切点在G与C之间;

(2) 黏性末端(cohesive end):即在识别序列的两个对称点切开DNA双链,产生末端带有单链尾巴的切口。黏性末端又可分为两种,从DNA分子5′端切割产生5′端突出的黏性末端称为5′黏性末端。如EcoRⅠ,从3′端切割产生3′端突出的黏性末端称为3′黏性末端,如PstⅠ。

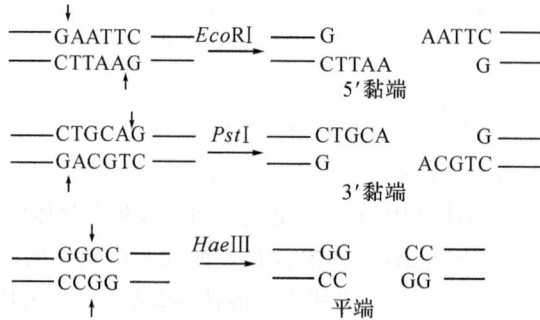

图6-1 Ⅱ型酶切割双链DNA后产生黏性末端和平头末端

目前,限制性内切酶除作为基因工程中剪切DNA的工具外,还广泛应用于分子生物学研究的各个领域内:①绘制基因的物理图谱及基因同源性比较。②测定基因的核苷酸序列、基因组DNA分析。③基因突变与遗传性疾病的诊断等。例如DNA分子如具有某种限制性酶切位点,该酶就能对之剪切,产生特异片段;而不同的DNA分子由于序列不同,酶切产生的片段也就不同,由此就能获得该DNA分子的物理图谱。④改造及重组质粒。⑤DNA克隆及亚克隆的建立。

2. DNA聚合酶

分子克隆常用的DNA聚合酶包括:依赖DNA的大肠杆菌DNA聚合酶Ⅰ、Klenow片段、T4噬菌体DNA聚合酶、T7噬菌体DNA聚合酶、经修饰的T7噬菌体DNA聚合酶(测序酶)、耐热DNA聚合酶、依赖RNA的DNA聚合酶(逆转录酶)。其中 Taq DNA聚合酶广泛应用于聚合酶链反应(polymerase chain reaction,PCR)。

Taq DNA聚合酶是一种依赖DNA的单亚基耐热DNA聚合酶,分子量约为65KD。该酶最初由极端嗜热水生菌 Thermus aquaticus 中提取并纯化,目前已能通过基因工程方式大量生产。Taq DNA聚合酶主要用于PCR中,能以DNA为模板,从结合在模板上的引物出发,以dNTP为原料,按碱基配对方式,从5′-3′方向合成新的DNA链。Taq DNA聚合酶在70~75℃时具有最佳的生物活性,随着温度的降低,酶活性明显下降。同时此酶缺乏3′-5′外切酶活性,因而无校正功能,因此在PCR扩增DNA片段的过程中可能掺入错误的碱基。

3. DNA连接酶

催化双链DNA中相邻碱基的5′磷酸和3′羟基间磷酸二酯键形成的酶,称为DNA连接酶(DNA ligase)。DNA 连接酶主要有两种：T4 噬菌体 DNA 连接酶和大肠杆菌 DNA 连接酶。

T4 DNA 连接酶最早是从 T4 噬菌体感染的大肠杆菌中发现并分离的，分子量 68kDa。主要功能及用途包括：①连接双链 DNA 中一条链上的缺口催化；②连接存在互补黏性末端的 DNA 片段；③连接 DNA 分子间的平头末端。有报道称 T4 DNA 连接酶可以用于 RNA 连接，但效率低。大肠杆菌 DNA 连接酶可以：①修复双链 DNA 中的单链切口，并可催化互补黏性末端的连接，主要用于 cDNA 第二链的合成；②在正常反应条件下该酶不能连接平端，但如果在反应体系中加入体积排阻剂聚乙二醇时能促进平端连接，但效率仍很低；③此酶在非平端连接时可代替 T4 DNA 连接酶，它产生的背景低，准确性高。

第二节　基因片段制备
（Section 2　Preparation of Gene Fragments）

常见的分子克隆中所需的基因片段制备方法包括通过基因组文库分离、筛选基因，cDNA文库分离、筛选基因，人工合成基因和应用 PCR 获取目的基因等。

一、通过基因组文库分离、筛选基因

基因组文库(genomic library)是指用基因克隆的方法保存在适当宿主中的 DNA 重组分子的集合，所有重组子所含的插入片段的总和代表某种生物基因组全部核酸序列。基因组文库的构建是将细胞中的基因组 DNA 切割成一定大小的片段，与合适的载体(如 λ 噬菌体、质粒、人工酵母染色体 YAC 系统等)进行重组，并转化宿主细胞。

要从如此庞大的文库中筛选某一特定基因十分困难，尤其是单拷贝基因。随着分子生物学技术的发展，如分子杂交及探针技术的应用等，从基因组文库中筛选出特定基因已无大的困难。在进行任一基因筛选时达到 99% 以上的概率，这种方法类似于霰弹打鸟，因此也称为鸟枪法。

二、cDNA 文库分离、筛选基因

cDNA 文库(cDNA library)是指利用基因克隆的方法保存在宿主细胞中的 DNA 重组体的群体，每一重组子只含一种 mRNA 信息，这些重组子的总和包含某种生物的全部 mR-NA 序列。cDNA 文库是以 mRNA 为模板在逆转录酶的作用下合成 cDNA，与合适的载体重组并导入宿主细胞而形成的。由于 cDNA 文库中的插入片段是由 mRNA 逆转录生成，可直接指导转录和翻译，也就是说针对不同的组织或细胞所建立的 cDNA 文库代表各自特定的 mRNA 表达谱，例如要制备胰岛素的 cDNA 只能用从胰岛素细胞中提取的 mRNA 建立的 cDNA 文库中筛选。

三、人工合成基因

通过人工方法合成基因必须知道目的基因的结构与核苷酸序列及其他相关的基因信息。该方法对于短片段(20～30bp)的合成效率较高，对于较长的基因片段的合成，必须先按照已知的 DNA 序列将其划分为较短的片段，由合成仪逐一合成再拼接成大片段。

四、应用 PCR 反应获取目的基因

这是目前应用比较广泛、技术比较成熟的一种获取目的基因的方法，可以选择不同的 DNA 分子为模板，通过 PCR 扩增以获取包括外显子、内含子以及相应调控元件的完整基因片段；还可以用 RNA 分子为模板，通过逆转录 PCR 扩增生成 cDNA 以获得大量的不含内含子及调控序列，只含有结构基因的 DNA 片段。通过 PCR 技术获取的 DNA 片段可直接用于后续的基因克隆、探针制备、cDNA 文库的建立等众多的分子生物学研究中。

第三节　质粒 DNA 制备
（Section 3　Preparation of Plasmid DNA）

所谓载体（vector）是指能在连接酶作用下和外源 DNA 片段或基因连接，并运送 DNA 分子进入受体细胞的 DNA 分子。目前用于分子克隆的载体种类繁多，包括在大肠杆菌中使用的质粒（pBR322、pUCl8/pUCl9）、噬菌体载体（λ 噬菌体、M13）、酵母人工染色体载体 YAC，以及动、植物病毒载体（SV40）等。本节将简单介绍质粒及其 DNA 的制备。

载体可以根据其作用分为克隆载体和表达载体两种。无论哪种，一个好的载体必须具备以下基本条件：

（1）载体必须有自身的复制子，能借助自身的复制和调控系统对携带的目的基因进行复制和增殖；

（2）载体分子必须具备多种限制性内切酶的识别位点（多克隆位点），易于外源 DNA 分子与载体连接及重组；

（3）载体及宿主细胞应具有多个利于选择和筛选的遗传表型或标志，包括抗药性、营养缺陷型、噬菌斑形成及显色反应等；

（4）载体必须有足够的容量以容纳外源 DNA 片段，同时载体分子应具有拷贝数高、易与宿主细胞的 DNA 分子分离并易提取、抗剪切力强等特点；

（5）表达型载体还应具备与宿主细胞相适应的启动子、前导序列、增强子等调控元件。

质粒（plasmid）是分子克隆中应用得比较广泛的载体。具体而言，质粒是细菌染色体外的遗传单位，是一种双链环状的 DNA 分子，大小在 $1 \sim 200 kb$ 之间。质粒自身含有复制起始点，与相应的顺式调控元件组成一个复制子（replicon），能利用细菌的酶系统进行独立的复制及转录。用于基因克隆的质粒载体具有以下特点：

（1）分子较小，一般约数 kb 左右，比较稳定，具有较高的拷贝数。

（2）含有高效的复制子，能在细菌的蛋白质合成受阻，染色质 DNA 合成停止时，利用细菌的酶系统进行质粒自身的复制。因此在实验中常利用氯霉素以阻止细菌蛋白质的合成，而使质粒的拷贝数增加至数千。

（3）质粒具有多种遗传选择标记，包括各种抗药基因或营养代谢基因等。常用的遗传选择标记有：

1）氨苄西林抗性（ampicillin resistance，Amp^r）基因：此基因编码 β 内酰胺酶，该酶能水

解氨苄西林 β-内酰胺环,使之失效而使细菌产生耐药。

2) 四环素抗性(tetracycline resistance,Tet^r)基因:该基因编码一种膜相关蛋白以阻止四环素进入细胞。

不同的质粒具有不同的抗药基因,质粒的 Amp^r、Tet^r 基因若被外源基因插入而失活,就失去了耐药性,因此抗药基因常作为基因工程的筛选标志。

3) 大肠杆菌 *LacZ* 基因:*LacZ* 基因编码半乳糖苷酶,能分解一种有色基团 X 与半乳糖以糖苷键结合成的无色化合物 X-gal。用含有 X-gal 的培养基培养细菌时,在细菌的乳糖操纵子(Lac operon)诱导物异丙基硫代半乳糖苷(isopropylthiogalactoside,IPTG)的作用下,细菌合成半乳糖苷酶,分解 X-gal,菌落变为蓝色;如果 *LacZ* 基因被外源 DNA 分子插入而遭到破坏,则不能生成相应的半乳糖苷酶,菌落为白色。通过观察菌落的颜色,能方便地进行基因克隆的筛选工作。

pBR322 是研究得最清楚应用也最广泛的质粒,全长 4363bp,由 3 种野生质粒成分构建而成,含有 Amp^r 和 Tet^r 两个抗药基因标记,一个复制起始点(ori),复制子为 *Col*EI。其中 ori 来自 pM9,Amp^r 来自 pRSF2124,Tet^r 来自 pSCl01。在 Amp^r 和 Tet^r 基因中共含有 8 个限制性酶切位点,以供外源 DNA 片段的插入。其中在 Amp^r 基因中的单一酶切位点有 *Pst* I、*Pvu* II 等;在 Tet^r 基因中的位点有 *Bam*H I、*Hind*III、*Sal* I 等(见图 6-2)。

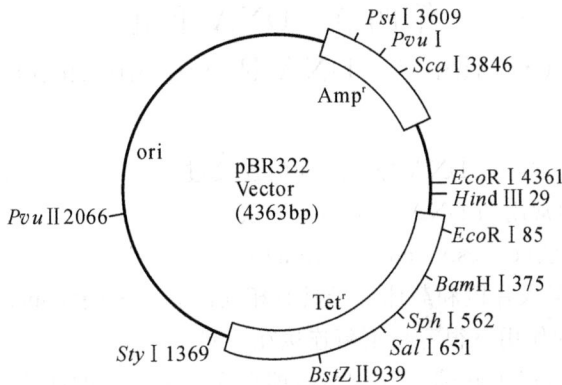

图 6-2　pBR322 质粒图谱

pUC 系列质粒是由大肠杆菌 pBR 质粒和 M13 噬菌体改建而成的质粒载体(图 6-3 所示的是 pUC18/19 质粒图谱)。全长 2674bp,具有氨苄西林抗性基因,一个复制起始点,复制子为 Col EI。pUC 系列质粒带有一段大肠杆菌 Lac 操纵子 DNA 片段,能编码 β-半乳糖苷酶氨基端的一部分,同时与大肠杆菌的 gal-基因互补。当 pUC 质粒转化到 gal- 的宿主菌后,在含有诱导物 IPTG 和生色底物 X-gal 的培养基上形成蓝色菌落;如果外源 DNA 片段克隆到 pUC 的 Lac 基因区域时,造成 Lac 基因失活,在含有 IPTG、X-gal 的培养基上将生成白色菌落。

质粒 DNA 的制备方法是依据质粒 DNA 分子比染色体 DNA 小,且具有超螺旋共价闭合环状的特点,从而将质粒 DNA 与染色体 DNA 分离。质粒 DNA 提取的方法一般包括 3 个步骤:培养细菌扩增质粒,收集、裂解细菌,分离和纯化质粒 DNA。目前实验室常用的方法有以下几种:碱裂解法、溴乙锭-氯化铯密度梯度离心法、DNA 质粒释放法、羟基磷灰石

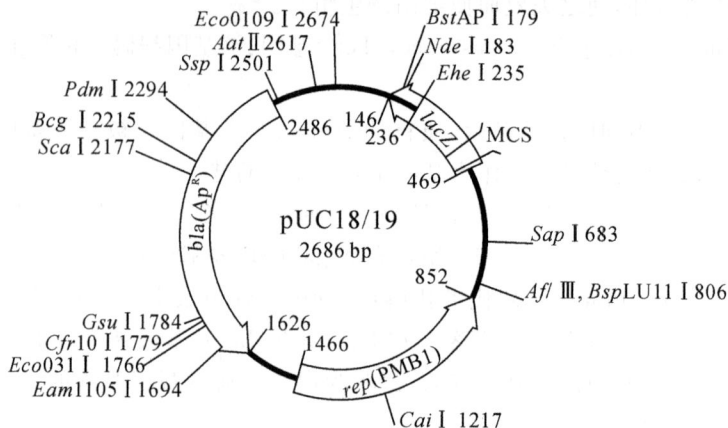

图 6-3　pUC18/19 质粒图谱

柱层析法及酸酚法。其中碱裂解法应用最为普遍，具有操作简便、快速、得率高的优点，提取的质粒 DNA 可用于酶切、连接与转化。

第四节　DNA 重组
（Section 4　DNA Recombination）

DNA 分子的体外重组是 DNA 分子之间的连接过程。这是一个 DNA 连接酶催化的生物化学反应，目前几种常用的 DNA 分子连接方法有：

1. 黏性末端连接法（cohesive end ligation）

这种方法适用于插入片段和载体分子具有相同的黏性末端（cohesive end），相同的黏性末端在 DNA 连接酶的作用下很容易重新连接在一起。

但是该连接法具有以下缺陷：①高背景，即存在一定数量的载体自身环化分子，去除 5′端磷酸基团以防止载体自身环化连接。②双向插入，可采用定向克隆方式，即对载体和插入片段均使用两种内切酶进行处理；并采用内切酶图谱对阳性重组子进行筛选。③多拷贝插入，将造成表达困难。适当调整插入片段与载体分子的比例能减少多拷贝插入的产生，一般采用 2∶1（插入片段摩尔数∶载体摩尔数）。此外，加大 T4 DNA 连接酶浓度、降低 ATP 浓度、载体去磷酸化等措施以尽量减少其可能性。

2. 平头末端连接法（blunt end ligation）

平头结构，在 T4 DNA 连接酶的作用下同样能进行连接，但是这种连接方式的效率较低。这时应适当增加酶量，提高反应中底物的浓度并延长反应时间。

3. 人工接头法（artificial linker）

人工接头主要用于在 DNA 分子的平头末端上添加新的内切酶位点以产生黏性末端，以提高连接效率。人工接头大小一般为 8～12 个碱基对。

4. 同源多聚尾序（homopolymeric tails）连接法

末端脱氧核苷酸转移酶（TdT）能催化脱氧核苷酸逐个添加到单、双链 DNA 分子的 3′-

OH 末端上。目的 DNA 分子与载体分子可通过多聚尾巴的同源互补连接在一起。

末端脱氧核苷酸转移酶（TdT）的最适底物是具有 $3'$ 端突出的双链 DNA。同源多聚尾序连接法要求 DNA 分子内部必须完整，即两个 DNA 链间不存在缺口；否则末端脱氧核苷酸转移酶也会在 $3'$-OH 上加入多聚尾巴，破坏了 DNA 分子活性。另外，由于在重组分子中加入了新的核苷酸序列，从而影响了 DNA 片段表达的真实性，而且外源 DNA 片段一般难以从载体上完整切下并回收。

定向克隆是指将外源 DNA 片段定向插入载体中的方法。要做到定向插入则要求载体 DNA 分子的两端不能互补，同时外源 DNA 分子的末端是不相互补的黏性末端，或者一端为黏性末端，另一端为平头末端。

【思考题】

1. 什么是分子克隆技术和基因工程？
2. 分离目的基因的方法有哪些？
3. 基因工程常用的工具酶有哪些？试简述各自的功能。
4. 质粒用做克隆载体需具备哪些性质？
5. 试简述重组 DNA 技术中所用的术语：克隆（cloning）和载体（vector 或 vehicle）。
6. 外源性目的基因与载体的连接有几种方式？
7. 以质粒作为载体的重组体转染宿主后如何筛选？
8. 试讨论基因工程的生理意义。

（季林丹）

第七章　克隆化基因的表达与检测技术
(Chapter 7　Expression and Detection of Cloned Gene)

第一节　基本原理
(Section 1　Basic Principle)

　　克隆基因在细胞中表达对于理论研究和实际应用都是十分重要的。在理论研究中,通过原核和真核系统表达并纯化的蛋白质可用于研究蛋白质的结构与功能、蛋白与蛋白、蛋白与核酸的相互作用、制备抗体和突变研究等表达才能探索和研究相关基因的功能以及基因表达调控的机理。此外,所编码的蛋白质可用于结构与功能的研究。在实际应用中,有些在医学、工业上很有应用价值的具有特定生物活性的蛋白质,可以通过克隆其基因使之在宿主细胞中大量表达而获得。

　　典型的表达载体包含知道大量合成相应 mRNA 的启动子、允许其在宿主体内自主复制的序列、编码辅助筛选含载体的细胞遗传性状的序列、能增强 mRNA 翻译效率的序列。在外源基因与表达载体恰当连接后,可以通过原核细胞及真核细胞等表达系统(见图 7-1)进行大量表达,两者各自具有优缺点,基因工程中以原核表达系统应用较多。在外源基因的克隆表达过程中,需要通过一系列的筛选试验(见图 7-2),以及在蛋白表达后提取的蛋白经SDS-PAGE 和(或)活性分析进行检测或做蛋白印迹,用抗体识别表达蛋白等方法来确定该基因的准确表达。

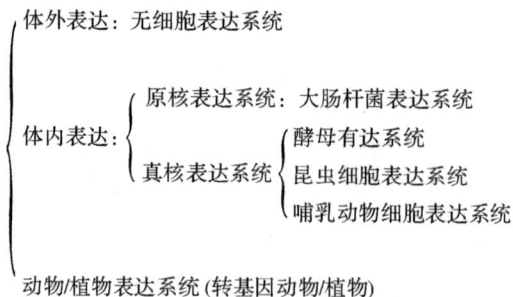

体外表达：无细胞表达系统

体内表达：
　原核表达系统：大肠杆菌表达系统
　真核表达系统：
　　酵母有达系统
　　昆虫细胞表达系统
　　哺乳动物细胞表达系统

动物/植物表达系统 (转基因动物/植物)

图 7-1　外源基因常用的表达系统

　　第 1 步和第 2 步为遗传表型筛选,属被动筛选过程,包括抗生素平板筛选、α 互补筛选、插入表达筛选、噬菌斑筛选。第 3 步为主动筛选鉴定过程,主要方法有菌落原位杂交鉴定、小剂量制备质粒限制性内切酶分析鉴定、PCR 鉴定、DNA 序列测定等。

连接产物
转化入
受体细胞
{
非转化子(不含质粒)

转化子(含质粒)
{
不含外源基因的重组子

含外源基因的重组子
{
不含外源基因的重组子

含正确序列基因的重组子
}
}

第1步　　　　　　第2步　　　　　　第3步

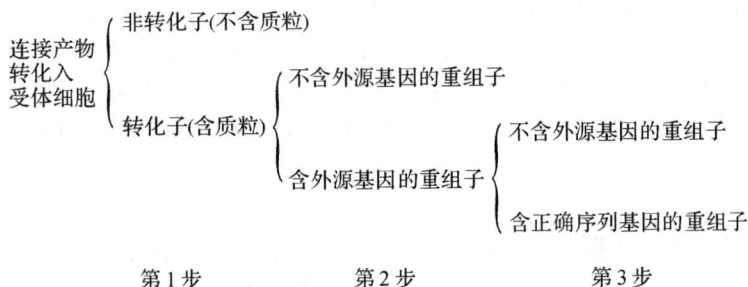

图 7-2　外源基因表达过程中的筛选方法

一、遗传表型筛选

1. 抗生素平板筛选

大多数克隆载体均带有抗生素抗性基因,常见的有抗氨苄西林基因(Amp^r)、抗四环素基因(Tet^r)、抗卡那霉素基因(Kan^r)等。如果外源 DNA 片段插入载体的位点在抗药性基因之外,不导致抗药性基因的插入失活,仍能编码抗药性基因,这种含有重组子的转化细胞能够在含有相应药物的琼脂平板上生长成菌落。反之,则不能。

但是除阳性重组子以外,自身环化的载体、未酶解完全的载体以及非目的基因插入载体形成的重组子均能转化细胞而能生长,故本法仅是阳性重组子的初步筛选。

同样还可应用插入失活双抗生素对照筛选法,在含有两个抗药性基因的载体中,通过插入失活其中一个基因,可用两个分别含有同药物的平板对照筛选阳性重组子。如 pBR322质粒含有 Tet^r、Amp^r 双抗药性,插入失活 Tet^r 后,Tet^r、Amp^r 为含载体的阴性菌落,Tet$^-$、Amp^r 表型的菌落为阳性,Tet$^-$、Amp$^-$ 的表型不能生长,对未转化的受体细胞,该方法筛选出阳性重组子的几率较高(Tet^r:四环素抗性;Amp^r:氨苄西林抗性;Tet$^-$:对四环素敏感;Amp$^-$:对氨苄西林敏感)。

2. α互补筛选

利用 β-半乳糖苷酶基因构建的载体如 pUC 系列的质粒常采用 α 互补筛选。β-半乳糖苷酶(β-galactosidase)是一种把乳糖分解成葡萄糖和半乳糖的酶,最常用的 β-半乳糖酶基因来自大肠杆菌的 Lac 操纵子,它们使载体中带有大肠杆菌 Lac 操纵子的调节序列和编码 β-半乳糖苷酶 N 末端 146 个氨基酶的序列。用异丙基-β-D-β 硫代半乳糖苷(IPTG)可诱导这个氨基末端片段的合成,合成的片段能与宿主编码的 β-半乳糖苷酶缺陷型进行基因内互补,恢复该酶的活性,这一过程称 α-互补。

因此当载体带有 LacZ 调节序列和编码 β 半乳糖苷酸 N 末端 146 个氨基酸的序列,而宿主中该部分序列缺陷,其他部分完整时,虽然宿主编码质粒编码的片段本身都没有活性,但它们互相协助则可在大肠杆菌内形成一个具有酶活性的蛋白质。故在诱导物 IPTG 存在下,细菌在含色素底物 5-溴-4-氯-3-吲哚-β-D-半乳糖苷(X-gal)培养基的平板上可形成蓝色菌落。当在质粒多克隆位点中插入外源 DNA 时,可使 β-半乳糖苷酶的氨基末端失活,从而不能进行 α 互补,因此带有重组质粒的细菌产生白色菌落。

3. 插入表达筛选

有些载体设计时,在筛选标志基因前面连接一段负调控序列,当插入失活该负调控序列时，其下游的筛选标志基因才能表达，如 pTR262 质粒其 Tet^r 基因上游存在 CI 基因的负调控序列，CI 基因可以抑制 Tet^r 基因的表达，当外源 DNA 片段插入 CI 基因的 Hind Ⅲ 或 Bgl Ⅰ 位点时，Tet^r 基因阻碍解除而表达，阳性重组子为 Tet^r 表型，而质粒本身为 Tet$^-$ 表型，故转化细菌在 Tet^r 平板中，只有含外源 DNA 插入片段的阳性重阻子的转化菌才能生长成菌落。

4. 噬菌斑筛选

对于以 λ 噬菌体载体系统，外源 DNA 插入 λ 噬菌体载体后，重组 DNA 分子大小必须在野生型 λ DNA 长度的 78%～105% 范围内，才能在体外包装成具有感染活力的噬菌体颗粒，感染细菌后，形成清晰的噬菌斑。没有外源 DNA 片段插入的载体不能包装成噬菌体颗粒，不能感染细胞并形成噬菌斑，从而达到初步筛选的作用。

二、应用限制性内切酶酶切分析筛选

对于初步筛选鉴定具有重组子的菌落，应小量培养后，再分离出重组质粒或重组噬菌体 DNA，用相应的内切酶（1 种或 2 种）切割重组子释放出插入片段，对于可能存在双向插入的重组子还要内切酶消化鉴定插入方向，然后凝胶电泳检测插入片段和载体的大小。

三、核酸探针筛选

为了进一步确定 DNA 插入片段的正确性，在内切酶消化重组子凝胶电泳分离后，通过 Southern 印迹转移将 DNA 移至硝酸纤维膜上，再用放射性核素或非放射性标记的相应外源 DNA 片段作为探针，进行分子杂交，鉴定重组子中的插入片段是否是所需的靶基因片段。

四、PCR 筛选

PCR 技术具有高度的灵敏度和特异性，能在极短的时间内将目的基因扩增至数百万倍，通过电泳，可直接观察到产物的存在。

一些载体的外源 DNA 插入位点两侧，存在恒定的序列，通过与插入片段两侧的 SP6 及 T7 启动子互补的引物，对小量抽提的质粒 DNA 进行 PCR 分析，不仅可迅速扩增插入片段，而且可以直接进行 DNA 序列分析。对于原核或真核系统表达型重组子，其插入片段的序列正确性是非常关键的，故有必要对重组子进行序列测定。也可利用已知的外源 DNA 的核酸序列，设计特异的引物直接用 PCR 进行扩增，并检测产物。

五、菌落原位杂交技术

迄今最为通用的筛选重组子技术仍为菌落或噬菌斑原位杂交技术。它是先将转化菌直接铺在硝酸纤维素薄膜或琼脂平板上，再转移至另一硝酸纤维素薄膜上，用核素标记的特异 DNA 或 RNA 探针进行分子杂交，然后挑选阳性克隆菌落。本方法能进行大规模操作，一次可筛选 $5 \times 10^5 \sim 5 \times 10^6$ 个菌落或噬菌斑，对于从基因文库中挑选目的重组子，是一项首选的方法。

六、SDS-PAGE 检测

几乎所有蛋白质电泳分析都在聚丙烯酰胺凝胶上进行，而所用条件总要确保蛋白质解离成单个多肽亚基并尽可能减少其相互间的聚集。变性的多肽与 SDS 结合并因此而带负电荷,由于在多肽结合 SDS 的量几乎总是与多肽的分子量成正比而与其序列无关,因此 SDS 多肽复合物在聚丙烯酰胺凝胶电泳中的迁移率只与多肽的大小相关。借助已知分子量的标准参照物,则可测算出多肽链的分子量。然而,对多肽主链所进行的修饰,例如 N-糖基化或 O-糖基化,将显著影响其表观分子量。因此,糖基化蛋白的表观分子量不能正确反映其多肽链的实际分子量。

七、蛋白质印迹法

蛋白质印迹法(Western blot)是分子生物学、生物化学和免疫遗传学中常用的一种实验方法。其基本原理是通过特异性抗体对凝胶电泳处理过的细胞或生物组织样品进行着色,通过分析着色的位置和着色深度获得特定蛋白质在所分析的细胞或组织中的表达情况的信息。因与 Southern 或 Northern 杂交方法类似,单向电泳后的蛋白质分子的印迹分析称为 Western 印迹法,与 Southern 或 Northern 杂交方法不同,Western blot 所采用的是聚丙烯酰胺凝胶电泳,被检测物是蛋白质,"探针"是抗体,"显色"用标记的二抗。由于结合了凝胶电泳的高分辨率和固相免疫测定的特异敏感等多种优点,Western blot 可检测到低至 1~5ng(最低可到 10~100pg)中等大小的靶蛋白。

八、Northern 杂交

检测细胞中是否含有特定的 mRNA,测定特定 mRNA 在总 RNA 中的比例,由此获得目的 mRNA 的转录情况。

九、斑点杂交

用特异性探针检查 mRNA,并估计表达过程中 mRNA 的转录强度。

十、免疫学方法

利用特异性抗体与目的蛋白质进行反应,经免疫沉淀、酶联免疫吸附测定(ELISA)等免疫学方法,检测表达蛋白质。例如,免疫沉淀法可用于检测并定量分析多种蛋白质混合物中的靶抗原。这种方法很敏感,可检测出 100pg 的放射性标记蛋白质。当与 SDS-聚丙烯酰胺凝胶电泳并用时,即可用于分析外源基因在原核和真核宿主细胞中的表达情况。

第二节　外源基因在原核系统中的表达
(Section 2　Expression of Foreign Gene in Prokaryotic System)

原核表达系统中外源基因的诱导表达的基本原理为:将外源基因克隆到表达载体中,转化到宿主菌-大肠杆菌中表达。先让宿主菌生长,*Lac* I 产生的阻遏蛋白与 *Lac* 操纵基因结合,从而不能进行外源基因的转录和表达,此时宿主菌正常生长。随后向培养基中加入 *Lac* 操纵子的诱导物 IPTC(异丙基硫代-β-D-半乳糖),阻遏蛋白不能与操纵基因结合,则外源基因大量转录并高效表达。

原核细胞表达系统常用的宿主菌为大肠杆菌。大肠杆菌表达外源基因具有下述优势：①序列清楚（全基因组测序，共有 4405 个开放阅读框），基因组较小，便于操作；②基因克隆表达系统成熟、完善；③繁殖迅速、培养简单、操作方便、遗传稳定。但是它仍存在下述不可忽视的缺点：①缺乏对真核生物蛋白质的复性功能；②缺乏对真核生物蛋白质的修饰加工系统；③内源性蛋白酶易降解空间构象不正确的异源蛋白；④细胞周质内含有种类繁多的内毒素。

目前较常用的表达载体是具有可诱导的 T7 启动子的表达载体，大部分蛋白均可获得表达而且表达量较高，表达量可占细菌总蛋白的 25％以上。T7-RNA 聚合酶的活性高于大肠杆菌 RNA 聚合酶，它只识别自己的启动序列，不能启动大肠杆菌 DNA 的转录，对抑制大肠杆菌 RNA 聚合酶的抗生素如利福平有抗性，因而可在利福平存在的条件下，使目的基因得到大量扩增。还有受温度变化诱导的具有 λ 噬菌体 PL 启动子调控的载体等。

常见的商业化表达系统有：

（1）pET system and pETBlue™ system（Novagen 公司）：pET system and pETBlue™ system 是原核蛋白表达中应用最多的系统。具有可溶性蛋白生产、二硫键形成、蛋白外运和多肽生产等专用载体和宿主菌。目前共有包括 40 多种载体、15 种不同宿主菌和配套齐全的用于有效检测和纯化目标蛋白的相关产品。

（2）pBAD 表达系统（Invitrogen 公司）：可控制蛋白质的生产水平低于其成为不溶性蛋白的域值。通过与硫氧还蛋白的融合来增加溶解度。

（3）QIAexpress Expression System（Qiagen 公司）：在原核细胞中表达外源基因时，可产生融合型、非融合型蛋白。外源基因在大肠杆菌中表达的一种简便方法是使其表达为融合蛋白，也就是说要表达的外源基因连接在一段原核基因的下游，蛋白质的 N 末端由原核 DNA 序列或其他 DNA 序列编码，C 端由外源 DNA 的完整序列编码，这样的蛋白质由一条短的原核多肽或具有其他功能的多肽和外源蛋白质结合在一起，故称为融合蛋白。融合蛋白的转录和翻译起始从正常的大肠杆菌序列开始，故通常可以产生高水平的融合蛋白。其次，融合蛋白往往比天然的外源蛋白更加稳定。再次，产生的融合蛋白较大，容易从蛋白质凝胶电泳中区别出来，而且融合蛋白带可以从凝胶上切下，经冷冻干燥，磨成粉末后即可作为抗原。有些融合蛋白带有信号肽，可以分泌到细胞外。这有助于蛋白质的分离和纯化。

但是融合表达的蛋白，在分离纯化过程中往往需要去除表达时额外引入的融合片段。因此需要用不同方法将其裂解，通常有：

（1）化学裂解法：特异识别特定的氨基酸残基或一组氨基酸残基。但化学裂解法裂解位点的特异性低，有时可能对目标蛋白产生不必要的修饰。

（2）酶解法：反应条件温和，具有高度的特异性。常用的酶有 Xa 因子、凝血酶、肠激酶、凝乳酶、胶原酶等。但酶解法成本高，反应时间长，更重要的是蛋白酶本身不可避免地混入目标蛋白中，造成新的污染，增加纯化的复杂性。

（3）IMPACT（intein mediated purification with an affinity chitin-binding Tag）系统。该系统是由枯草杆菌来源的几丁质结合域（5 kD，chitin binding domain，用于亲和纯化）和酵母蛋白质剪接元件 intein 组成一个双效的融合标签。intein 在较低的温度和还原条件下

发生自身介导的 N 端裂解,释放出与之相连的目的蛋白。因此融合蛋白无需蛋白酶裂解即可实现目的蛋白与融合标签(fusion tag)的精确切割。但含有较多二硫键的蛋白不适合这一系统。

非融合型蛋白指在细菌内表达的蛋白质以真核蛋白质 mRNA 的起始密码子(AUG)为起始,在其氨基端不含任何细菌多肽序列。它的优点是表达产物的生物学功能接近于生物体内天然蛋白质,缺点是容易被细菌蛋白酶破坏。

表达的蛋白质经常是不溶的,会在细菌内与细菌杂蛋白、核酸等成分形成不溶性聚合体即包含体(inclusion body),尤其当表达目的蛋白量超过细菌体总蛋白量 10% 时,就很容易形成包含体。生成包含体的原因可能有是蛋白质合成速度太快,多肽链相互缠绕,缺乏使多肽链正确折叠的因素,导致疏水基因外露等。包含体的形成有利于防止蛋白酶对表达蛋白的降解,并且非常有利于分离表达产物。但包含体形成后,表达蛋白不具有生物活性,因此必须溶解包含体,并对表达蛋白进行复性。

第三节　外源基因在真核系统中的表达
(Section 3　Expression of Foreign Gene in Eukaryotic System)

真核表达系统与原核表达系统有相似之处,但是与其相比,真核表达系统也具有自己的特点。真核表达载体通常还有选择标记、启动子、转录翻译终止信号、mRNA 加 poly A 信号或染色体整合位点等。真核表达载体通常未穿梭载体,有两套复制原点及选择标记,分别在大肠杆菌和真核细胞中起作用。

真核表达系统包括酵母、昆虫和哺乳类动物细胞三类表达体系,如哺乳类动物细胞,不仅可以表达克隆的 cDNA,而且还可以表达真核基因组 DNA。哺乳类细胞表达的蛋白质通常总是被适当修饰(如甲基化、乙酰化等),而且表达的蛋白质会恰当地分布在细胞内一定区域并累积。但是外源基因在真核系统内的表达操作技术困难、费时且不经济。其中,如何将克隆的重组基因转染到真核细胞是关键步骤。常用的转染方法有:磷酸钙转染(calcium phosphate transfection)、DEAE 葡聚糖介导转染(DEAE dextranmediated transfection)、电穿孔(electroporation)、脂质体转染(liposome transfection)和显微注射(microinjection)。转染的方法可根据细胞的种类、特性及表达载体性质而定。

一、酵母表达系统

酵母表达系统基因背景了解清楚,上游操作简单,生长迅速,非常适于大规模发酵。具有一定的加工及修饰能力,如二硫键的正确形成、前体蛋白的水解加工,因此酵母表达系统的表达产物与天然蛋白相同或类似。可将异源蛋白基因与 N-末端前导肽等信号肽融合,指导新生肽的分泌,在分泌中可对表达的蛋白进行糖基化修饰,但其修饰糖链与高等真核细胞并不相同。可移去起始甲硫氨酸,避免作为药物使用可能引起的免疫反应问题。但是酵母表达系统产糖量过多因而损坏蛋白质的生物活性、安全性等,并且糖基化修饰与高等真核细胞并不相同。

酵母表达系统载体均为大肠杆菌和酵母菌的"穿梭"质粒,有附加体型载体和整合体型载体两种。常用启动子有 GAL1、AOX1、AUG1、TEF1 等。

(1)整合型载体:导入酵母宿主细胞后与酵母细胞染色体基因组 DNA 整合,稳定性高,但基因拷贝数低。

(2)附加体型载体:在酵母宿主中拷贝数量大,但在传代过程中易丢失,影响重组菌的稳定性和表达量。

酵母表达系统常见宿主有酿酒酵母、裂殖酵母、克鲁维酵母、巴氏毕赤酵母等。目前,毕赤酵母表达系统是应用最广泛的酵母表达系统。它以甲醇作为唯一的碳源,产量较高,翻译后的加工更接近哺乳动物。

二、昆虫细胞表达系统

昆虫细胞表达系统是以杆状病毒为载体,昆虫细胞为宿主的表达系统。具有如下优点:①表达效率高:重组蛋白的表达水平最高可达到细胞总蛋白的 50%。②体外修饰作用:具有糖基化作用、脂肪酸酰基化作用、氨基末端乙酰化作用以及磷酸化,有利于表达产物形成天然的高级结构,保持原有的生物活性与功能。③容量大:杆状病毒能容纳较大的外源基因而不影响其本身的增殖。④安全性高:杆状病毒属于昆虫病毒,具有高度特异的宿主范围,对脊椎动物和植物均无致病性。病毒重组因失去多角体保护,在自然界的生存能力很弱,因此比较安全。⑤应用晚期多角体蛋白基因启动子表达外源基因可表达毒性蛋白。⑥杆状病毒表达载体通用性广,可表达来自病毒、细菌、真菌、植物和动物几乎所有的蛋白,并且能表达带有内含子的外源基因。⑦重组杆状病毒除在体外昆虫培养细胞表达外源基因外,还能感染昆虫活体,在体内高效表达外源蛋白。

但是昆虫细胞表达系统的宿主细胞生长慢、培养基昂贵、含有免疫宿主蛋白、杆状病毒感染会导致宿主死亡,因此每一轮蛋白合成均需重新感染。另外昆虫细胞内的糖基化方式与脊椎动物细胞内的糖基化方式有一定的差异,其糖蛋白的糖链结构多为简单的不分支结构。

三、哺乳动物细胞表达系统

哺乳动物细胞表达系统是生产天然蛋白的理想表达系统,是目前应用最广泛的动物细胞表达系统。其优点和缺点都极其显著。产物的抗原性、免疫原性和功能与天然蛋白质最接近,糖基化等后加工最精确。一般会产生正确加工的、有活性的蛋白。但该表达系统的表达水平较低、培养基昂贵、生长缓慢、含有过敏物质等缺点在实际应用过程中较难避免。哺乳动物细胞表达系统通常用来生产用常规方法无法获得的真核细胞蛋白,如促红细胞生成素(erythropoietin,EPO)、TNF 受体、基因工程单抗等。中国仓鼠卵巢(CHO)是目前重组糖蛋白生产的首选体系。

哺乳动物细胞表达系统的载体包括病毒性载体系统(包括逆转录病毒载体及其他 DNA 病毒载体)和质粒性载体系统。病毒性载体系统能够高效导入外源基因,但是包装时对其基因组的长度有严格的限制,插入外源基因一般较短。质粒性载体系统适用于多种细胞,比较安全;但是导入外源基因的效率不如逆转录病毒。

第四节　蛋白质 Western Blot 检测
（Section 4　Western Blot Detection of Proteins）

　　蛋白质印迹法是 Western blot 分子生物学、生物化学和免疫遗传学中常用的一种实验方法。其基本原理是通过特异性抗体对凝胶电泳处理过的细胞或生物组织样品进行着色，通过分析着色的位置和着色深度获得特定蛋白质在所分析的细胞或组织中的表达情况的信息。因与 Southern 或 Northern 杂交方法类似，单向电泳后的蛋白质分子的印迹分析称为 Western 印迹法，双向电泳后蛋白质分子的印迹分析称为 Eastern 印迹法。与 Southern 或 Northern 杂交方法不同，Western blot 所采用的是聚丙烯酰胺凝胶电泳，被检测物是蛋白质，"探针"是抗体，"显色"用标记的二抗。由于结合了凝胶电泳的高分辨率和固相免疫测定的特异敏感等多种优点，Western blot 可检测到低至 $1\sim5$ng（最低可到 $10\sim100$pg）中等大小的靶蛋白。

　　Western blot 可以分为直接法和间接法两种。直接法的基本原理为直接标记一抗，再用底物显色。与用二抗的间接法相比它的优点有：①快速（一种抗体）；②没有二抗交叉反应引起的非特异性条带。但是它的缺点也很明显：①免疫反应性降低；②无信号二级放大；③抗体标记费时昂贵，使用不方便。所以一般情况下都采用间接法进行检测。

　　Western blot 间接法基本原理和基本流程为：

　　（1）蛋白质准备及 SDS 聚丙烯酰胺凝胶电泳分离。首先利用 SDS-PAGE 对蛋白质样品进行分离。

　　（2）转膜。转移到固相载体（例如硝酸纤维素膜，即 NC 膜）上，固相载体以非共价键形式吸附蛋白质，且能保持电泳分离的多肽类型及其生物学活性不变。转移后的 NC 膜就称为一个印迹（blot），用于对蛋白质的进一步检测。

　　（3）封闭。印迹首先用蛋白溶液（如 5％的 BSA 或脱脂奶粉溶液）处理以封闭 NC 膜上剩余的疏水结合位点。

　　（4）一抗杂交。用所要研究的蛋白质的抗体（一抗）处理，印迹中只有待研究的蛋白质能与一抗特异结合形成抗原抗体复合物；清洗除去未结合的一抗。

　　（5）二抗杂交。进一步用适当标记的二抗处理，二抗是指一抗的抗体，如一抗是从鼠中获得的，则二抗就是抗鼠 IgG 的抗体。处理后，带有标记的二抗与一抗结合形成抗体复合物可以指示一抗的位置，即是待研究的蛋白质的位置。

　　（6）底物显色。目前最常用的是酶连二抗，印迹用酶连二抗处理后，当酶催化底物显色时，产生可见区带，指示所要研究的蛋白质位置。

　　间接法具有较多的优点：①免疫特异性不受标记影响；②信号放大灵敏度高（多个二抗结合位点）；③多种标记的二抗可供选择；④可选择不同的标记物（marker）。不可避免，间接法仍存在着如下缺点：①交叉反应引起的非特异性条带；②额外的二抗孵育以及条件优化。

【思考题】

1. 什么是基因表达调控？有何生物学意义？
2. 原核生物与真核生物基因表达调控有何不同？
3. 简述蛋白质印迹（Western blot）的基本原理。

（季林丹）

第八章　核酸分子杂交
(Chapter 8　Molecular Hybridization of Nucleic Acids)

第一节　基本原理
(Section 1　Basic Principle)

一、基本原理

核酸是以核苷酸为基本组成单位的生物大分子,具有复杂的结构和重要的生物功能。核酸可分为脱氧核糖核酸(deoxyribonucleic,DNA)和核糖核酸(oxyribonucleic,RNA)两类。DNA 由含有 A、G、C 和 T 碱基的脱氧核糖核苷酸组成;而 RNA 由含有 A、G、C 和 U 碱基的核糖核苷酸组成。核酸的一级结构是核苷酸或脱氧核苷酸的排列顺序。由于核苷酸之间的差异在于碱基的不同,因此核酸的一级结构也就是它的碱基排列序列。DNA 对遗传信息的贮存便是利用碱基序列的变化得以实现的。DNA 的二级结构是反向平行、右手螺旋的互补双链,双链之间靠碱基间形成的氢键进行互补配对,A 与 T 配对,C 与 U 配对。

核酸的化学成分和结构特征决定了它本身一些特殊的理化性质。这些理化性质被广泛用于基础研究及疾病诊断中。在某些理化因素(温度、pH、离子强度等)作用下,DNA 双链互补碱基对之间的氢键会发生断裂,使双链解离为单链,这种现象称为 DNA 变性(dena,turation)。变性只涉及碱基间氢键断裂,不破坏共价键,因此不改变核酸的一级结构。当变性条件缓慢去除后,两条解离的互补链可以重新配对,恢复原来的双螺旋结构,这一现象称为复性(renaturation)。例如,热变性的 DNA 经缓慢冷却后可以复性,这一过程也被称为退火(annealing)。在 DNA 复性过程中,如果将不同种类的 DNA 单链或 RNA 放入同一溶液中,只要两种单链分子之间存在一定程度的碱基配对关系,他们就有可能形成 DNA-DNA、DNA-RNA 或 RNA-RNA 的不同杂化双链(heteroduplex),杂交过程是高度特异的,这种现象称为核酸分子杂交(nucleic acid hybridization)(见图 8-1)。核酸分子杂交是分子生物学研究中一项最基本的实验技术。

利用 DNA 变性和复性这一基本性质,可以进行 DNA 或 RNA 定性或定量分析,可以用来进行基因定位、核酸分子间序列相似性鉴定、特定序列检测,等等。Southern 印迹、Northern 印迹以及近年来迅速发展的基因芯片核酸检测技术等都是利用了核酸分子杂交的原理。

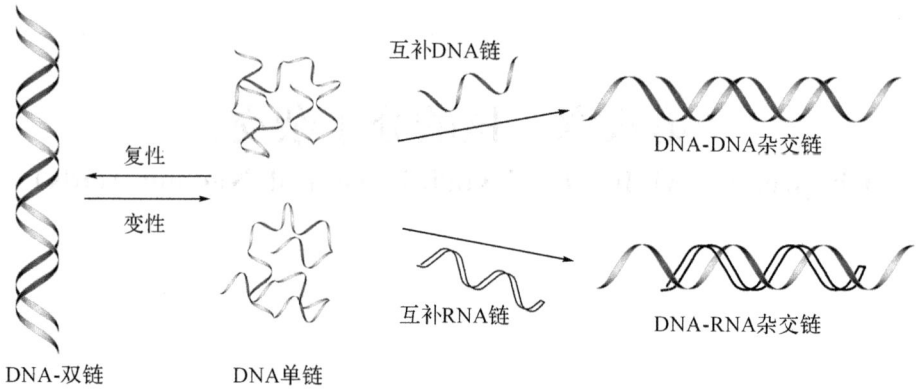

图 8-1　核酸分子杂交原理

二、基本类型

核酸分子杂交可按作用环境大致分为固相杂交和液相杂交两种类型。固相杂交是将参加反应的一条核酸链先固定到固体支持物上，另一条反应核酸链游离在溶液中。固体支持物有硝酸纤维素滤膜、尼龙膜、溶胶颗粒、磁珠和微孔板等。在固相杂交中，未杂交的游离片段可以很容易地被漂洗除去，膜上仅留下杂交双链，具有便于检测、防止靶 DNA 进行自我复制的优点，是比较常用的杂交方法。将一条核酸链固相化到固体支持物上常用到印迹技术。印迹技术（blotting）就是利用各种物理方法使电泳凝胶中的生物大分子转移到固体支持物上，使待检测分子在固体支持物上的位置与其在凝胶中的位置一一对应。常见的固相杂交方法有菌落原位杂交、斑点杂交、狭缝杂交、Southern 印迹杂交、Northern 印迹杂交、组织原位杂交和夹心杂交等。本章着重阐述 Southern 印迹杂交和 Northern 印迹杂交。

固相杂交所使用的固体支持物一般需要满足下列要求：①具有较强的结合核酸的能力，一般每平方厘米结合核酸的量不小于 $10\mu g$；②与核酸的结合比较稳定，可耐受杂交时的温度变化和洗膜时缓冲液酸碱的变化；③非特异性吸附少。目前，核酸分子杂交中常用的固体支持物主要有硝酸纤维素膜（nitrocellulose filter membrane，简称 NC 膜）和尼龙膜。

NC 膜呈白色，有正反两面，浸泡时应把正面对着液面，转印时也应把正面紧贴于凝胶的上面。使用 NC 膜进行核酸分子固定化时，单链 DNA 及 RNA 能在疏水作用、离子作用及氢键共同作用下和 NC 膜有较强的结合。这种结合能因温度升高而减弱，因盐浓度增加而增强，所以 DNA 印迹时常采用很高的盐浓度的缓冲液进行核酸转移。NC 膜的不足主要体现在，吸附的单链 DNA 及 RNA 经真空烤干后，依靠疏水性作用结合在 NC 膜上，这种结合作用不是十分牢固，因此一般不能进行重复杂交；对小于 200bp 的 DNA 片段结合能力不强。此外，烤干后 NC 膜比较脆，操作须十分小心。

尼龙膜（nylon membrane）也是一种理想的核酸固相支持物，它有很多类型，有网眼大小的不同及正电荷修饰等。这种修饰后的尼龙膜对核酸的结合能力更强，可达每平方厘米结合 $305\sim500\mu g$ 的双链或单链 DNA 及 RNA。因此，可以使 DNA 的变性、转印和固定可以一步完成，也可以进行反复杂交使用。尼龙膜的韧性较强，操作较方便，而且对小分子核酸片段也有较强的结合能力，在低离子强度条件下也可以较好地结合 DNA，可以用于电转移印迹。但是使用尼龙膜往往存在杂交信号背景较高的现象。

液相杂交中,所参加反应的两条核酸单链都游离在溶液中,杂交就在溶液中进行。液相杂交是一种研究最早且操作简便的杂交类型,但液相杂交后过量的未杂交探针在溶液中除去较难且误差较高,这使得它的应用没有固相杂交广泛。

三、影响核酸分子杂交的因素

核酸分子杂交中的影响因素很多。可引起DNA变性的常见因素有加热、强酸强碱、尿素、酰胺、甲醛、二甲基亚砜等有机溶剂。影响核酸复性过程的常见因素除了外界因素(如温度、时间等)外,还和核酸自身特性有关。核酸浓度较高,核酸分子相互碰撞结合配对的机会越大;核酸序列复杂性越低越利于复性的发生;核酸分子量过大,难以保证正确的配对,复性速率较慢;离子强度过低也不利于复性等;核酸探针的选择、浓度、反应温度、反应时间等;核酸杂交前的转印膜及杂交后的漂洗都将会影响到检测的特异性和灵敏性等。

四、在医学中的应用

核酸分子杂交技术具有快速、特异性强、灵敏度高等优点,被广泛应用于特异DNA或RNA的定性及定量检测。例如,待检测样品中未知的核苷酸序列通过碱基互补配对的原理与一已知的DNA或RNA探针结合,形成杂交双链,再经显影或显色等方法,将结合的未知核苷酸序列的位置和大小显示出来。借此可以测定特异DNA的拷贝数,测定特定DNA区域的限制性内切酶图谱,检测点突变,定量检测特异RNA,判定是否有基因缺失、插入等,进行RNA结构的粗略分析,等等。随着分子生物学的发展,核酸分子杂交技术日益广泛应用于医学研究和疾病诊断的许多方面,比如,进行遗传病的基因诊断,疾病基因的相关性分析,基因遗传连锁的分析,检测病原体基因,性别分析,亲子鉴定,研究疾病发病机理。近年来,核酸分子杂交技术取得了重大突破,发展了核酸芯片技术。它可以同时检测数千种基因的表达情况,也可以在未知细胞中进行基因的检测,成为颇具应用价值的基因分析方法,特别是在肿瘤及遗传病的基因诊断方面有广阔的应用前景。

第二节 核酸探针的制备和标记
(Section 2 Preparation and Labeling of Nucleic Acid Probes)

为了定性或定量检测目的核酸,在进行核酸杂交时,将一段已知序列的核酸作上标记,去探测或追踪所要研究的目的核酸,这段带有标记的核酸分子被称为探针(probe)。探针的标记是核酸分子杂交技术中重要的环节之一。理想的核酸探针分子一般具有如下特点:①高度特异性,至于靶核酸序列特异性杂交;②可被标记,标记方法简便、安全;③单链核酸分子;④长度一般是十几个到几千个碱基;⑤一般为基因的编码序列;⑥标记后具有稳定、高灵敏的特性。

一、核酸探针的种类

根据探针的性质及检测目的的不同,核酸探针可以分为DNA探针、RNA探针、cDNA

探针及寡核苷酸探针等。实验中根据不同的目的选择不同的探针。

基因组 DNA 探针是核酸分子杂交中最常用的探针，一般是几百碱基以上的单链或双链 DNA 分子。这类探针多为某一基因的全部或部分序列，或某一非编码序列。这类探针不但制备方法简便、标记方法成熟、不易降解，而且可以克隆在质粒中，无限繁殖，取之不尽。

RNA 探针中不存在高度重复序列，因此非特异性杂交较少。与 DNA 探针相比，RNA 探针与靶序列的结合速率高几个数量级。但是，也因其是单链分子，存在易被降解和标记方法较复杂等缺点。

以 mRNA 为模板在反转录酶的作用下可以产生互补的 cDNA 链。用这种技术获得的 cDNA 探针不含内含子序列及其他高度重复序列，尤其适用于基因表达的检测。

前三种都是克隆探针，寡聚核苷酸探针是人工合成的 DNA 探针，一般长度为 18～50nt，可根据具体研究的靶分子序列进行设计。克隆探针具有更强的特异性，因此，一般情况下，优先选用克隆探针。

二、标记物及其检测

作为探针的核酸分子必须在其分子中作上标记才能检测到目的核酸的存在。理论上理想的标记物应具有高灵敏度、高稳定性，可长期保存，不影响核酸的性质及杂交反应的进行，标记及检测方法简便、无污染、价格低廉等。目前常用的标记物有放射性核素和非放射性标记物。

放射性核素是最早采用也是应用最广泛的标记物，这源于它的几个优点：①灵敏度极高。在最适条件下，可检测出样品中少于 1000 个分子的核酸含量。②核酸的化学组成中具有与放射性核素相同的元素，除中子数目不同外，质子数和电子数相同，因此不影响核酸的碱基配对及化学性质。③对放射性核素的检测具有很高的特异性，假阳性结果少。

根据核酸的化学组成，核酸探针中常用的放射性核素一般有 ^{32}P、^{14}C、^{125}I、^{131}I、^3H 和 ^{35}S 等。各种放射性核素的适用范围及其检测是由其物理特性决定的。杂交反应中用放射性核素标记后，利用放射线在 X 射线胶片上的曝光、成影作用来检测杂交信号，称为放射自显影。同时可以用液体闪烁计数器、盖革计数管等设备进行辐射探测。放射性核素的检测一般需要在特定的专业工作间进行。

放射性核素也存在很多缺点。如具有放射性污染，对操作者有一定程度的伤害；存在半衰期限制，半衰期短的核素不能长时间存放，需现用现配，给实验操作带来诸多不便等。

近年来，人们在寻找非放射性标记物方面取得了很大进展，但仍没有任何一种标记物可以完全代替放射性核素在核酸分子杂交中的地位。目前比较常用的非放射性标记物有以下几类：①半抗原。如生物素、地高辛，可以利用这些半抗原的抗体进行免疫检测。②配体。生物素还是一种抗生物素蛋白和链霉素菌类抗生物素蛋白的配体，可以利用亲和反应进行检测。③荧光化合物。如异硫氰酸荧光素（fluorescein isothiocyanate，FITC），可以被紫外线激发出荧光进行观察。④酶类。如辣根过氧化物酶 HRP、碱性磷酸酶、半乳糖苷酶等，常用显色反应进行检测。⑤化学发光物质。一类在化学反应过程中能伴随发光的物质，如辣根过氧化物酶催化 luminol 的反应。⑥金属。如 Hg，可利用其电子密度不同通过电镜或光镜观察。

三、核酸探针的标记

核酸探针的标记有很多方法，主要介绍如下几种。

1. 切口平移法（nick translation）

切口平移法利用了 DNase Ⅰ 的水解特性，和 *E. coli* DNA pol-Ⅰ 具有 $5'\to3'$ 聚合酶活性及 $5'\to3'$ 外切酶活性的特点，在这两类酶的协同作用下实现的。先用 DNase Ⅰ 在模板双链 DNA 分子的一条链上随机形成切口，以形成 $3'$-OH 末端，然后，*E. coli* DNA pol-Ⅰ 能从切口的 $5'$ 端除去核苷酸，同时在切口的 $3'$-OH 末端不断补上新的核苷酸，从而使切口沿着 DNA 链由 $5'\to3'$ 移动。如果用放射性核苷酸代替原来的无放射性核苷酸，就将放射性同位素掺入新合成的 DNA 双链中。最合适的切口平移片段一般为 50～500nt。该法快速、简便，可产生高比活性的 DNA 探针，被广泛使用。

2. 随机引物法（random priming）

随机引物是随机合成一系列寡聚核苷酸片段的混合物，能与任意核酸序列杂交。将 DNA 探针变性后与随机引物杂交，在 Klenow 片段的催化下，合成 DNA 探针的互补链。如果反应液中含有标记物标记过的核苷酸，即可掺入 DNA 探针的新链中。合成产物的大小、产量、比活性依赖于反应中模板、引物 dNTP 和酶的量。通常，产物平均长度为 400～600nt。随机引物法是一种简单且重复性好的方法，有如下主要优点：①Klenow 片段没有 $5'\to3'$ 外切酶活性，反应稳定，可以获得大量的有效探针；②对模板的要求不严格，用微量制备的质粒 DNA 也能进行反应；③反应产物比活性高；④随机引物反应还可以在低熔点琼脂糖中直接进行。

3. 单链 DNA 探针的制备

单链 DNA 探针的制备借助了 M13 噬菌体载体，并以通用引物或寡聚核苷酸为引物。例如在 $[\alpha\text{-}^{32}P]$-dNTP 存在下，可由 Klenow 片段催化合成放射性标记的探针，反应完毕后得到部分双链分子。在克隆序列内或下游用限制性内切酶切割这些产物，然后通过变性凝胶电泳将单链的 DNA 探针和模板分开。

4. RNA 探针的制备

将探针序列克隆到质粒载体的 SP6、T7 或 T3 启动子下游的多克隆位点中，用适当的限制性内切酶将质粒线性化以提供体外转录的 DNA 模板。SP6、T7 或 T3 RNA 聚合酶对该载体启动子序列具有高度的亲和性，启动其下游序列的转录，在掺有放射性核素四种 NTP 存在的条件下，产生单链的 RNA 探针。RNA 探针具有高放射活性，主要用于原位杂交、Northern 杂交等，但其杂交背景较高，而且易被 RNA 酶降解。

5. 末端标记法

利用 T4 DNA 聚合酶、T4 多核苷酸激酶、Klenow 片段、末端转移酶等可以将 $[\gamma\text{-}^{32}P]$ ATP 上标记的磷酸转移到 DNA 探针的 $5'$ 端。该方法标记活性较低，主要用于 DNA 测序，很少用于核酸分子杂交，故不作详细介绍。

6. PCR 合成 DNA 探针

根据 PCR 反应的原理，在 PCR 循环中，*Taq* DNA 聚合酶可以将标记物标记过的 dUTP 掺入 DNA 链中，得到标记的 DNA 探针。用此法制备的探针通常灵敏度高、数量大。

7. 化学标记方法

非放射性标记物除了可以同放射性核素标记一样用多种酶促方法进行探针标记外，还可以用化学方法进行标记。化学标记方法就是利用标记物分子上的化学活性基团与待标记核酸分子上的基团发生化学反应，以此进行标记的方法。例如，光敏生物素水溶液与待标记的核酸水溶液混合,在一定条件下,用强光照射 10～20min,光敏生物素即与核酸共价相连。又如,生物素可以先和某些高分子化合物(如细胞色素 c、组蛋白 H 等)结合,这些标记了生物素的高分子与聚乙烯亚胺交联而带上大量正电,变极易与带负电的 DNA 探针相互作用,然后在交联剂的作用下,与 DNA 探针共价相连。

第三节　Southern 印记
（Section 3　Southern Blot）

分子生物学研究中常常要对电泳分离后的 DNA 进行分子杂交,但琼脂糖凝胶机械强度不高,容易断裂,DNA 片段容易在凝胶中扩散,不适于进行杂交操作。1975 年,苏格兰爱丁堡大学 E. M. Southern 首先提出了将 DNA 区带原位转印到硝酸纤维素膜上,再进行杂交的方法,被称为 Southern 杂交(Southern blot)。Southern 印迹杂交技术广泛应用在遗传病检测、基因诊断、DNA 指纹分析和 PCR 产物判断等研究中。

Southern 印迹杂交的基本过程是:将 DNA 标本用限制性内切酶消化,经琼脂糖凝胶电泳分离各酶解片段,然后经碱变性、在 Tris 缓冲液中,经浓盐溶液的推动下,通过毛细管作用,将变性的单链 DNA 从琼脂糖凝胶中转印至固相支持物(如硝酸纤维素膜)上,烘干固定后即可用于杂交。用标记过的核酸探针与膜上的单链 DNA 杂交,具有同源序列的 DNA 片段会和核酸探针互补配对,在固相 DNA 的位置上显示出杂交信号。通过洗膜洗掉没有杂交上的游离 DNA 探针,然后,利用放射自显影等技术确定与核酸探针互补的每一条 DNA 条带的位置,从而可以在众多消化产物中判断被检测的 DNA 样品中是否有与探针同源的片段以及该片段的长度。Southern 印迹杂交的具体方法参见第十四章"实验二十七 Southern 杂交"。

Southern 印迹杂交的转印装置是将膜、凝胶、滤纸组成夹心饼干状,用低电压高电流进行转印,转印示意图见图 8-2。将核酸从凝胶上转印到固相支持物(如硝酸纤维素膜或尼龙膜)上的方法主要有:毛细管转移、电转移、真空转移。

核酸杂交发展的初期,核酸分子转印的方法是利用毛细管虹吸作用将核酸分子转印到固相支持物上。该方法操作简单、重复性好、不需要特殊设备,因此现在仍是实验室中最常用的转印手段之一。核酸分子转移的速率主要取决于核酸分子的大小及凝胶的厚度。一般来说,DNA 片段越小,凝胶越薄,凝胶浓度越低,转移的速率越快。但是该方法最大的不足是耗时长,一般需要 12h,而且转移后杂交信号不强。近年发展起来的电转移方法主要是利用电场作用将核酸分子转移的固相支持物上。核酸转移的速率取决于核酸分子的大小、凝胶孔径大小及外加电场的强度,耗时较短,一般仅需 2～3h。特别是对于不适合毛细管转移的聚丙烯酰胺凝胶中的核酸及大片段核酸的转移更为适宜。一般在电转移中不选用高离子强度的缓冲液,因此需选用尼龙膜而不是硝酸纤维素膜作为固相支持物。电转移方法中常因电流较大使得缓冲液温度升高,因此在实验中需采取一定的冷却措施。近年来兴起的真空转移是一种简单、快速、高效的转印方法。其原理是利用真空作用在将缓冲液从上层容器中通过凝胶抽到下层真空中,同时带动核酸片段转移到凝胶下面的杂交膜上。

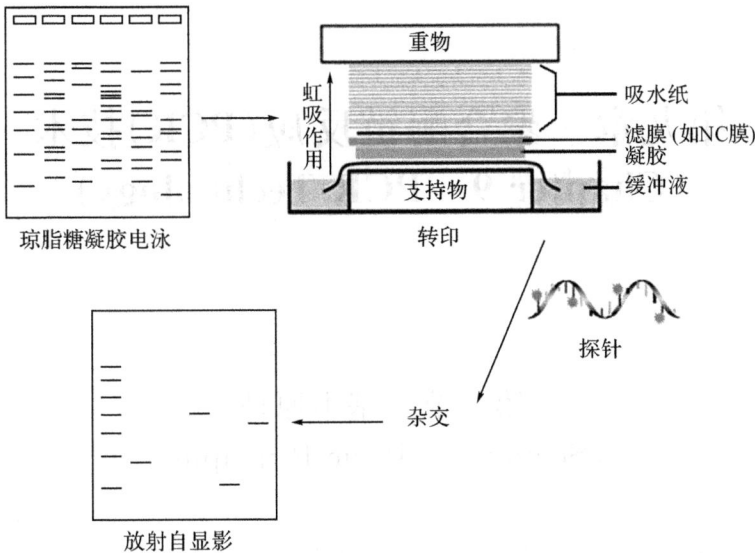

图 8-2　核酸分子杂交过程示意图

第四节　Northern 印记
（Section 4　Northern Blot）

将 RNA 从琼脂糖凝胶中转印到硝酸纤维素膜上杂交,用于检测特异性 RNA 的 RNA 印迹技术正好与 DNA 印迹技术相对,故被称为 Northern 印迹杂交(Northern blot)。

Northern 印迹杂交的基本过程是:首先,获得 RNA,然后将 RNA 样品通过变性琼脂糖凝胶电泳加以分离。分离出来的 RNA 被转至硝酸纤维素膜或尼龙膜上,Northern 印迹杂交中 RNA 的转印和 Southern 印迹杂交中 DNA 的转印方法相似。用一个放射性同位素或酶标记的 DNA 或 RNA 探针对固定在支持物上的 RNA 进行杂交。如果核酸探针与 RNA 序列同源,探针片段会和这段 RNA 互补配对,通过放射自显影术或酶促颜色检测方法就能在 RNA 的位置上显示出杂交信号。Northern 印迹杂交的具体方法参见第十四章"实验二十八 Northern 杂交"。

由于 RNA 酶存在于所有生物体中,所以实验操作中应尤为注意防止 RNA 酶的分解作用,将试剂及溶液用 DEPC(焦碳酸二乙酯)处理可有效抑制 RNA 酶的活性。

Northern 印迹杂交可以提供来自一个基因的不同 RNA 转录产物的数目、大小及丰度等信息,常用于定性和定量分析特异 RNA 的表达,进而可以进行不同组织细胞中某基因表达的比较。

【思考题】

1. 核酸分子杂交的本质是什么?
2. 核酸探针的标记方法有哪些? 其基本原理是什么?
3. 核酸分子杂交中,如何选择转印膜?

（李庆宁）

第九章　聚合酶链反应(PCR)技术
(Chapter 9　PCR Technology)

第一节　基本原理
(Section 1　Basic Principle)

聚合酶链反应(polymerase chain reaction，PCR)是在模板 DNA、引物和四种脱氧核糖核苷酸存在下，依赖于 DNA 聚合酶的酶促合成反应。DNA 聚合酶以单链 DNA 为模板，借助一小段双链 DNA 来启动合成，通过一个或两个人工合成的寡核苷酸引物与单链 DNA 模板中的一段互补序列结合，形成部分双链。在适宜的温度和环境下，DNA 聚合酶将脱氧单核苷酸加到引物 3'-OH 末端，并以此为起始点，沿模板 5'→3'方向延伸，合成一条新的 DNA 互补链(见图 9-1)。

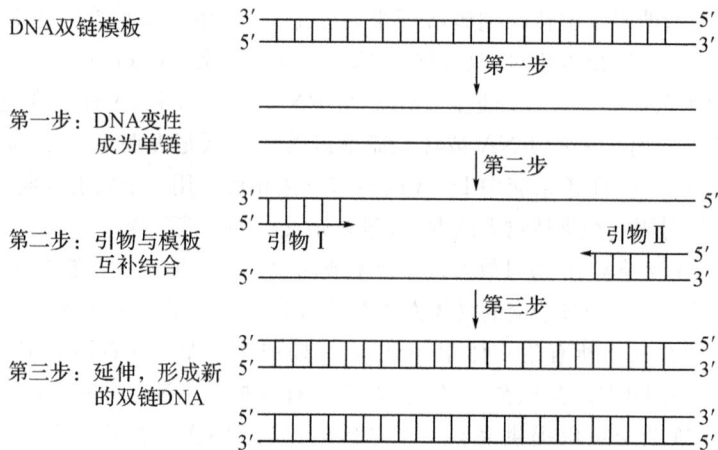

图 9-1　PCR 原理示意图

PCR 反应的基本成分包括：模板 DNA(待扩增 DNA)、引物、4 种脱氧核苷酸(dNTPs)、DNA 聚合酶和适宜的缓冲液。类似于 DNA 的天然复制过程，其特异性依赖于与靶序列两端互补的寡核苷酸引物。PCR 由变性-退火-延伸三个基本反应步骤构成：①模板 DNA 的高温变性。模板 DNA 经加热至 93℃左右一定时间后，使模板 DNA 双链或经 PCR 扩增形成的双链 DNA 解离，使之成为单链，以便它与引物结合，为下轮反应作准备。②模板 DNA 与引物的低温退火(复性)。模板 DNA 经加热变性成单链后，温度降至 55℃左右，引物与模板 DNA 单链的互补序列配对结合。③引物的适温延伸:DNA 模板——引物结合物在 *Taq* DNA 聚合酶的作用下,以 dNTP 为反应原料,靶序列为模板,按碱基配对与半保留复制原理,合成一条新的与模板 DNA 链互补的半保留复制链重复循环变性-退火-延伸三过程,就可获得更多的"半保留复制链",而且这种新链又可成为下次循环的模板。每完成一个循环需 2~4min,2~3h 就能将待扩目的基因扩增放大几百万倍。

基于常规 PCR 的其他各种类型 PCR 发展,以下仅就生命医学领域应用较为广泛的原位 PCR、逆转录 PCR、定量 PCR 和甲基化 PCR 等作简要阐述。

第二节　原位 PCR
(Section 2　*In Situ* PCR)

一、基本原理

原位 PCR 技术的基本原理就是将 PCR 技术的高效扩增与原位杂交的细胞定位结合起来,从而在组织细胞原位检测单拷贝或低拷贝的特定的 DNA 或 RNA 序列。

进行原位 PCR 的待检标本一般先经化学固定,以保持组织细胞的良好形态结构。细胞膜和核膜均具有一定的通透性,当进行 PCR 扩增时,各种成分,如引物、DNA 聚合酶、核苷酸等均可进入细胞内或细胞核内,以固定在细胞内或细胞核内的 RNA 或 DNA 为模板,于原位进行扩增。扩增的产物一般分子较大,或互相交织,不易穿过细胞膜或在膜内外弥散,从而被保留在原位。这样原有的细胞内单拷贝或低拷贝的特定 DNA 或 RNA 序列在原位以呈指数极扩增,扩增的产物就很容易被原位杂交技术检查。

二、基本方法

原位 PCR 实验用的标本是新鲜组织、石蜡包埋组织、脱落细胞、血细胞等。其方法根据标记探针分直接法和间接法两种。直接法:进行原位 PCR 扩增以前,把同位素或非同位素(常用)标记的核苷(如 dig-dUTP 及 Biotin-dUTP)标记的底物或引物 5′ 末端连接标记物加入 PCR 反应液中,随着扩增的进行,标记的核苷或引物直接掺入 PCR 产物中,然后免疫组化直接进行检测。间接法:先进行细胞内目的 DNA 基因原位扩增,然后用标记的探针进行核酸分子原位杂交以定位检测扩增的 DNA 的技术,步骤相对较多,需时长,但结果可靠。以间接法为例,其主要实验步骤分以下 5 步。

(1)固定组织或细胞:将组织细胞固定于预先用四氟乙烯包被的玻片上,并用多聚甲醛处理,再灭活除去细胞内源性过氧化物酶。

(2)蛋白酶 K 消化处理:用 $60\mu g/mL$ 的蛋白酶 K 将固定好的组织细胞片 55℃ 消化处理 2h 后,96℃ 2min 灭活蛋白酶 K。

(3)PCR 扩增:在组织细胞片上,加 PCR 反应液,覆盖并加液体石蜡后,直接放在扩增仪的金属板上,进行 PCR 循环扩增。有的基因扩增仪带有专门用于原位 PCR 的装置。

(4)杂交:PCR 扩增结束后,用标记的寡核苷酸探针进行原位杂交。

(5)显微镜观察结果。

三、应用范围

原位 PCR 主要应用于：①检测外源性基因片段，提高检出率，集中在病毒感染的检查上，如 HIV、HPV、HBV、CMV 等；②观察病原体在体内分布规律；③检测内源性基因片段，如人体的单基因病、重组基因、易位的染色体、Ig 的 mRNA 片段、癌基因片段等；④检测导入基因情况；⑤遗传病基因检测，如 β-地中海贫血等。

第三节　逆转录 PCR
（Section 3　Reverse Transcription PCR）

一、基本原理

由一条 RNA 单链转录为互补 DNA（cDNA）称作"逆转录"，由依赖 RNA 的 DNA 聚合酶（逆转录酶）来完成。随后，DNA 的另一条链通过脱氧核苷酸引物和依赖 DNA 的 DNA 聚合酶完成，随每个循环倍增，即通常的 PCR。原先的 RNA 模板被 RNA 酶 H 降解，留下互补 DNA。

逆转录 PCR（reverse transcription PCR，RT-PCR）技术是普通 PCR 的一种广泛应用形式，它利用逆转录酶的特性，经历逆转录和常规 PCR 两个主要过程。根据其经历的实验步骤，可分为一步法 RT-PCR 或二步法 RT-PCR。一步法 RT-PCR 即在同一试管中实现反转录、PCR 扩增两个步骤，一般在病毒、病原体检测中应用，其特点是操作简单、不易污染；而二步法 RT-PCR 主要应用于 mRNA 表达量的检测，应用随机引物或 oligo 引物可以得到 cDNA 库，便于保存。

二、基本方法

与常规 PCR 相比，RT-PCR 通常以 RNA 为起始模板，因此 RNA 抽提和 cDNA 合成是其关键步骤。作为模板的 RNA 可以是总 RNA、mRNA 或体外转录的 RNA 产物。要得到理想的实验结果，关键要保证 RNA 模板中无 RNA 酶和基因组 DNA 污染。其中 RNA 制备可参考第一章"生物大分子样品制备"相关内容。

参与逆转录反应的酶主要有两种，即鸟类成髓细胞性白细胞病毒（avian myeloblastosis virus，AMV）逆转录酶和莫罗尼鼠类白血病病毒（moloney murine leukemia virus，MMLV）逆转录酶。cDNA 合成主要通过逆转录反应完成，其引物可以是随即引物（适用于长的或具有发卡结构的 RNA）、Oligo dT（适用于具有 polyA 尾巴的 RNA）或基因特异性引物（适用于目的序列已知的 RNA 分子）。以 cDNA 为模板的常规 PCR 需事先灭活逆转录酶，余下方法与普通 PCR 相同。

三、应用范围

RT-PCR 常用于基因表达分析和病毒等疾病的检测，如条件处理后基因表达在 mRNA 水平的变化，某些 RNA 病毒的基因检测。对于痕量 RNA 的基因检测，RT-PCR 常与定量 PCR 相结合。

<h1>第四节　实时定量 PCR</h1>
<h2>(Section 4　Real-Time Quantitative PCR)</h2>

一、基本原理

常规 PCR 是对终产物进行定量和定性分析,而定量 PCR(quantitative PCR,QPCR)是对扩增反应中每一个循环的产物进行定量和定性分析。广义概念的 QPCR 技术是指以外参或内参为标准,通过对 PCR 终产物的分析或 PCR 过程的监测,进行 PCR 起始模板量的定量。狭义概念的 QPCR 技术(严格意义的 QPCR)是指用外标法(荧光杂交探针保证特异性)通过监测 PCR 过程(监测扩增效率)达到精确定量起始模板数的目的,同时以内对照有效排除假阴性结果(扩增效率为零)。

所谓的实时定量 PCR 就是通过对 PCR 扩增反应中每一个循环产物荧光信号的实时检测从而实现对起始模板定量及定性的分析。在实时荧光定量 PCR 反应中,引入了一种荧光化学物质,随着 PCR 反应的进行,PCR 反应产物不断累计,荧光信号强度也等比例增加。每经过一个循环,收集一个荧光强度信号,我们可以通过荧光强度变化监测产物量的变化,从而得到一条荧光扩增曲线。利用荧光信号的变化实时检测 PCR 扩增反应中每一个循环扩增产物量的变化,通过 C_t 值(每个反应管内的荧光信号到达设定的域值时所经历的循环数)和标准曲线的分析对起始模板进行定量分析。

典型的荧光定量 PCR 反应过程如图 9-2 所示:

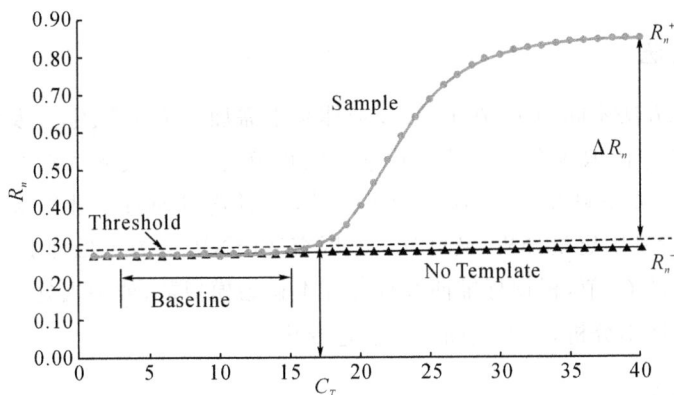

图 9-2　典型荧光定量 PCR 反应过程

荧光定量 PCR 技术的定量基础如图 9-3 所示(相同模板在同一台 PCR 仪上进行 96 次扩增的扩增曲线图终点处检测产物量不恒定;C_t 值则极具重现性),研究表明,每个模板的 C_t 值与该模板的起始拷贝数的对数存在线性关系,起始拷贝数越多,C_t 值越小。

利用已知起始拷贝数的标准品可作出标准曲线(见图 9-4),其中横坐标代表起始拷贝数的对数,纵坐标代 C_t 值。因此,只要获得未知样品的 C_t 值,即可从标准曲线上计算出该样品的起始拷贝数。

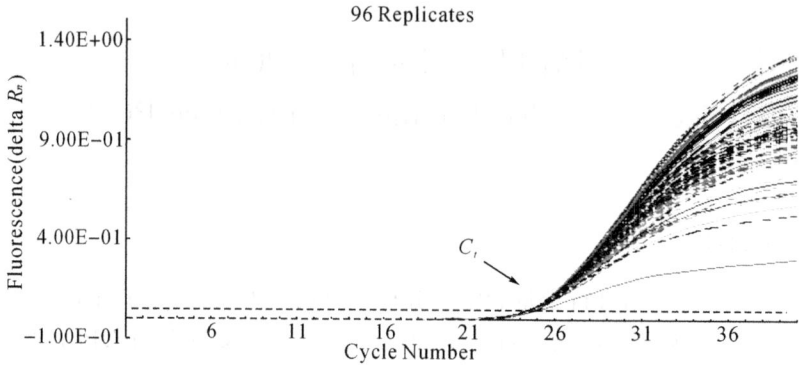

图 9-3　荧光定量 PCR 定量基础

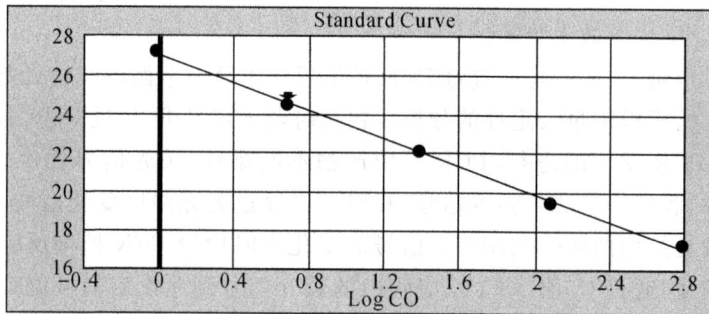

图 9-4　荧光定量 PCR 标准曲线

二、基本方法

与常规 PCR 方法不同的是，在 PCR 反应体系中需加入荧光基团，以及进行后期数据处理。其中，荧光定量 PCR 所使用的荧光化学基团可分为两种：荧光探针和荧光染料。代表性产品为 SYBR 荧光染料和 Taq Man 荧光探针，两者均可通过商业购买获得。Taq Man 荧光探针既可进行基因定量分析，又可分析基因突变（SNP）。数据处理上，主要以内参为对照，分析不同标本的 C_t 值，根据标准曲线计算样本初始模板数；或根据处理前后以及不同标本间 C_t 值进行统计学分析，从而判断基因表达变化。

三、应用范围

实时荧光 PCR 是分子诊断的热点技术，它将先进的定量 PCR 与实时 PCR 技术相结合，由于其极高的灵敏度、极宽的检测范围，以及精确定量、方便快速、无窗口期等优点，目前荧光定量 PCR 仪和基因扩增仪都被广泛应用于临床及生物学、医学研究。诸如，①临床疾病诊断：各型肝炎、艾滋病、禽流感、结核、性病等传染病诊断和疗效评价，地中海贫血、血友病、性别发育异常、智力低下综合征、胎儿畸形等优生优育检测，肿瘤标志物及肿瘤基因检测实现肿瘤病诊断，遗传基因检测实现遗传病诊断；②动物疾病检测：禽流感、新城疫、口蹄疫、猪瘟、沙门菌、大肠埃希菌、胸膜肺炎放线杆菌、寄生虫病、炭疽芽孢杆菌；③食品安全：食源微生物、食品过敏源、转基因、乳品企业阪崎肠杆菌等检测;④科学研究:医学、农牧、生物相关分子生物学定量研究。其应用行业包括各级各类医疗机构、大学及研究所、疾控中心、检验检疫局、兽医站、食品企业及乳品厂等。

第五节　甲基化 PCR
(Section 5　Methylation Specific PCR)

一、基本原理

DNA 甲基化是指 CpG 二核苷酸中的胞嘧啶第 5 位碳原子被甲基化。DNA 甲基化是一种基因外修饰,不改变 DNA 的一级结构;它在细胞正常发育、基因表达模式以及基因组稳定性中起着至关重要的作用。全基因组低甲基化,维持甲基化模式酶的调节失控和正常非甲基化 CpG 岛的高甲基化是人类肿瘤中普遍存在的现象。DNA 高甲基化是导致抑癌基因失活的又一个机制。

甲基化特异性 PCR 是分析 DNA 甲基化的一种强有力方法,模板 DNA 经过亚硫酸氢盐处理后,发生甲基化的基因启动子区域 CpG 岛内 CpG 位点 5′-端胞嘧啶(C)保持不变,而没有甲基化的胞嘧啶(C)转化为尿嘧啶(U)。针对修饰前后的序列差异,用 MethPrimer 软件设计甲基化与未甲基引物,进行 PCR 扩增(见图 9-5)。如果我们的目的基因 DNA 是甲基化的,用甲基化特异性 PCR 就不能扩增出来,用未改变的基因序列设计出来的引物反倒能扩增出。这就达到了识别基因组 DNA 甲基化与否的目的。

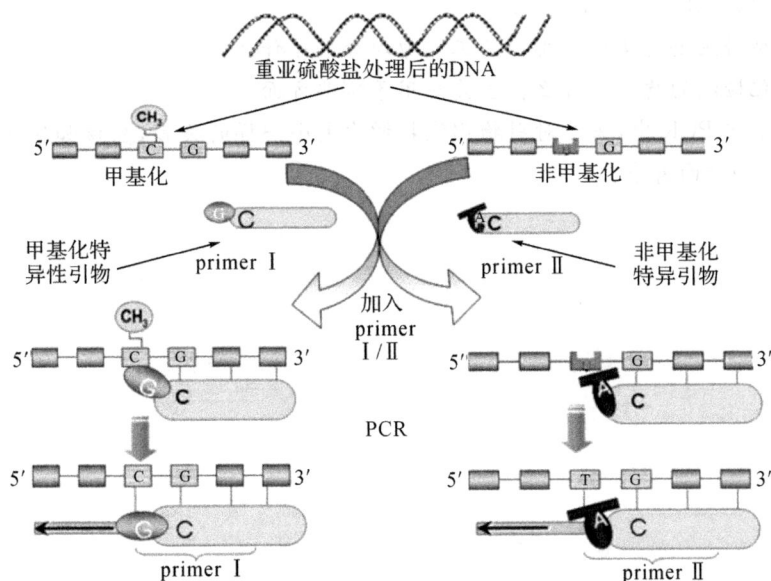

图 9-5　甲基化 PCR 原理示意图

二、基本方法

与常规 PCR 不同的是,甲基化 PCR 需要对模板 DNA 进行预处理,即亚硫酸氢钠处理。一般采用 $3.0\sim3.9$ mol/L 亚硫酸氢钠(pH5.0)在 $50\sim55℃$ 保温 $10\sim16$h,模板 DNA 量控制在 $2\mu g$ 左右。另外一个不同点的是,甲基化引物的设计。其设计的原则是:引物序列中至少含有 1 个以上 CpG 位点,最好是含有多个 CpG 位点,这样可保证引物的特异性,同时可以提高 DNA 启动子甲基化碱基的检出率。引物必须按亚硫酸氢钠处理后的 DNA 序列设计,同时也应该尽可能与普通 PCR 的引物设计原则相符合。按甲基化特异性引物的要求,任意 DNA 序列在作 PCR 扩增时,至少要合成 2 对引物,即甲基化引物与未甲基化引物。在甲基化特异性 PCR 的未甲基化引物序列中前导引物不含鸟嘌呤碱基,反向引物不含胞嘧啶碱基。其他方法与普通 PCR 相同。

三、应用范围

由于 DNA 的甲基化对维持染色体的结构、X 染色体的失活、基因印记和肿瘤的发生发展都起着重要作用,因此甲基化 PCR 常用于基因结构和基因型分析、甲基化水平分析、白血病和乳腺癌等疾病的基因诊断。

【思考题】

1. 原位 PCR 有哪些临床应用价值?

2. 逆转录引物有哪几种? 各自应用于何种情形?

3. 基线、阈值、C_t 值分别是什么?

4. 荧光染料主要有哪些分类? 其工作原理分别是什么?

5. 甲基化检测的意义是什么? 主要应用于哪些方面?

6. 在甲基化 PCR 中,若 2 对引物都能扩增出大小一样的条带,应该如何优化体系和条件? 主要从哪些方面着手?

（段世伟）

第二篇（Part Ⅱ）

基 础 实 验 操 作

（Basic Experimental Operations）

第十章 蛋白质
（Chapter 10　Proteins）

实验一　从牛奶中分离酪蛋白
（Experiment 1　Casein Isolation from Milk）

一、目的和要求

1. 掌握从牛奶中分离酪蛋白的基本原理和操作方法。
2. 了解蛋白质等电点的性质和应用。

二、基本原理

牛奶中含丰富的蛋白质，其中主要是酪蛋白。蛋白质在其等电点 pI 溶液中溶解度最低。据此原理，将牛奶的 pH 调至 4.7，即酪蛋白的等电点时，酪蛋白即沉淀出来。酪蛋白不溶于乙醇和乙醚，利用乙醇除去酪蛋白沉淀中不溶于水的磷脂类物质脂肪，用乙醚除去脂肪类物质，得到纯的酪蛋白。

三、材料与试剂

1. 实验材料：牛奶。
2. 实验试剂：
(1) 0.2mol/L 乙酸-乙酸钠缓冲液（pH4.7）。
(2) 无水乙醇。
(3) 乙醇-乙醚混合液（乙醇 ：乙醚）＝1：1（V/V）。
(4) 乙醚。

四、实验器材

1. 恒温水浴锅。
2. pH 试纸。
3. 布氏漏斗。
4. 表面皿。

五、实验方法

1. 在 100mL 牛奶中缓慢加入 pH 为 4.7 的 0.2mol/L 乙酸-乙酸钠缓冲溶液，不停搅拌，直到 pH 值达到 4.7，可用精密 pH 试纸检查，此过程温度应保持在 40～45℃。

2. 将上述悬浊液冷却至室温，3000rpm 离心 15min，弃上层，得酪蛋白粗制品。

3. 加入 10mL 蒸馏水，用玻璃棒将沉淀充分搅匀，3000rpm 离心 10min，弃上层。重复此过程一次。

4. 在沉淀中加入 20mL 无水乙醇，搅拌片刻，将全部悬浊液转移至布氏漏斗中抽滤。

5. 用乙醇-乙醚混合液洗涤沉淀 2 次（每次加洗涤液 10mL，加洗涤液时将抽气系统断开），抽干。

6. 乙醚洗涤沉淀 2 次，抽干。

7. 将沉淀摊开在表面皿上，风干，得酪蛋白纯品。

8. 准确称重，计算出每 100mL 牛奶制备出的酪蛋白的含量（g/100mL）。

六、思考题

1. 实验中用无水乙醇、乙醇-乙醚混合液和乙醚洗涤蛋白质的顺序是否可以变换？为什么？

2. 试设计一个利用蛋白质的其他性质提取蛋白质的实验。

实验二　蛋白质的定量测定
（Experiment 2　Quantitative Determination of the Protein）

蛋白质的定量分析是生物化学和其他生命学科最常涉及的分析内容。蛋白质测定的方法很多（见表 10-1），需要在了解各种方法的基础上根据不同情况选用恰当的方法，以满足不同的要求。下面介绍 Folin-酚试剂法、紫外分光光度法、考马斯亮蓝 G-250 染色法等几种最常使用的方法。

表 10-1　常用蛋白质含量测定的方法比较

方　法	测定范围（µg/mL）	不同种类蛋白的差异	最大吸收波长（nm）	特　点
Folin-酚试剂法	20～500	大	750	灵敏，费时较长，干扰物质多
紫外分光光度法	100～1000	大	280	灵敏，快速，不消耗样品，核酸类物质有影响
考马斯亮蓝 G-250	50～500	大	595	灵敏度高，稳定，误差较大，颜色会转移
凯氏定氮法	/	小	/	准确，操作麻烦，费时，灵敏度低，适用于标准的测定
双缩脲法	1000～10000	小	540	重复性、线性关系好，灵敏度低，测定范围窄，样品需要量大
BCA	50～500	大	562	灵敏度高，稳定，干扰因素少，费时较长

一、Folin-酚试剂法(Lowry 法)

(一)目的和要求

1. 掌握 Folin-酚试剂法测定蛋白质含量的基本原理。

2. 了解 Folin-酚试剂法测定蛋白质含量的优缺点。

(二)基本原理

蛋白质中含有酚基的酪氨酸和色氨酸,在碱性铜条件下可与酚试剂中的磷钼钨酸作用产生深蓝色的化合物,颜色深浅与蛋白含量成正比。此法的特点是灵敏度高,反应约在 15min 有最大显色,并最少可稳定几个小时,其不足之处是干扰因素较多,有较多种类的物质都会影响测定结果的准确性。

(三)材料与试剂

1. 实验材料:血清样本(用 0.9% NaCl 溶液稀释 500 倍)。

2. 实验试剂:

(1)碱性铜溶液:

A 液:2% Na_2CO_3(用 0.1N NaOH 配制)

B 液:0.5%$CuSO_4$ · $5H_2O$(用 1%酒石酸钠或 1%酒石酸钾配制)

碱性铜溶液:A 液 50mL,B 液 1mL 混合。此液只能临用前配制。

(2)酚试剂:称取 100g Na_2WO_4 · $2H_2O$ 和 25g Na_2MoO_4 · $2H_2O$,溶于 700mL 蒸馏水中,再加 50mL 85% H_3PO_4 和 100mL 浓 HCl,将上物混合后,置 1500mL 圆底烧瓶中缓慢加热回流 10 小时,再加硫酸锂(Li_2SO_4 · H_2O)150g,水 50mL 及溴水数滴,继续沸腾 15min 以除去剩余的溴,冷却后稀释至 1000mL,然后过滤,溶液应呈黄色(如带绿色者不能用),置于棕色瓶中保存。使用标准 NaOH 滴定,以酚酞为指示液,而后稀释约 1 倍,使最后浓度为 1N。

(3)蛋白质标准液(0.1mg/mL):准确称取 10mg 牛血清蛋白,在 100mL 容量瓶中加生理盐水至刻度。溶解后分装,放于-20℃冰箱保存。

(4)生理盐水(0.9% NaCl)。

(四)实验器材

1. 分光光度计。

2. 坐标纸。

3. 试管。

4. 吸管。

(五)实验方法

1. 标准曲线的制作:取 6 支干燥洁净的试管,编号,并按照表 10-2 依次加入下列试剂,混匀,室温放置 20min。

表 10-2　标准曲线制作所需加样

编　号	1	2	3	4	5	6
蛋白质标准液(mL)	0	0.2	0.4	0.6	0.8	1.0
0.9% NaCl(mL)	1.0	0.8	0.6	0.4	0.2	0
碱性铜试剂(mL)	5.0	5.0	5.0	5.0	5.0	5.0

　　各管加入 0.5mL 酚试剂，立刻摇匀。30min 后，以第 1 管为空白，在 500nm 波长处读出吸光度。以标准蛋白浓度为横坐标，吸光度为纵坐标，绘出标准曲线。

　　2. 血清蛋白质含量测定：准确吸取 1mL 稀释后的血清，置于干燥洁净的试管中，按表 10-3 操作。

表 10-3　血清蛋白质测定所需加样

编　号	样品管	空白管
稀释标本(mL)	1.0	/
0.9% NaCl(mL)	/	1.0
碱性铜液(mL)	5.0	5.0

　　混匀后室温放置 20min。各管加入 0.5mL 酚试剂，立刻摇匀。30min 后，在 500nm 波长处以空白管调零，测定样品管吸光度。

　　3. 对照标准曲线和稀释倍数计算血清中的蛋白质含量。

　　(六)注意事项

　　1. Tris 缓冲液、蔗糖、硫酸胺基化物、酚类、柠檬酸以及高浓度的尿素、胍、硫酸钠、三氯乙酸、乙醇、丙酮等均会干扰 Folin-酚反应。

　　2. 加入酚试剂后，应迅速摇匀(加一管摇一管)以免出现浑浊。

　　3. 由于这种呈色化合物组成尚未确立，它在可见光红外光区呈现较宽吸收峰区。可选用不同波长，如 500nm、540nm 或 640nm 等。

二、紫外分光光度法

　　(一)目的和要求

　　1. 掌握紫外分光光度法测定蛋白质含量的基本原理和操作方法。

　　2. 了解紫外分光光度计的使用。

　　(二)基本原理

　　蛋白质溶液在波长 280nm 附近有强烈的吸收，这是由于蛋白质中的酪氨酸、色氨酸以及苯丙氨酸残基的芳香族结构引起的。当蛋白质的质量浓度在 0.1～1.0g/L 之间时，其紫外吸光值与浓度呈正比，故可用作蛋白质的含量测定。因不同蛋白质所含芳香族氨基酸的量不同，故需以同种蛋白质作对照。

　　(三)材料与试剂

　　1. 蛋白质标准液(200mg/L)：用 0.9% NaCl 溶液配制。

　　2. 样品(用 0.9% NaCl 溶液稀释到测定范围)。

　　3. 0.9% NaCl。

　　(四)实验器材

　　1. 紫外分光光度计。

2. 坐标纸。

3. 试管。

4. 吸管。

(五)实验方法

1. 标准曲线的制备:取 6 支干燥洁净的试管,编号,并按照表 10-4 加入试剂,混匀。

表 10-4　标准曲线制作所需加样

编　号	1	2	3	4	5	6
蛋白质标准液(mL)	0	0.5	1.0	2.0	4.0	5.0
0.9% NaCl(mL)	5.0	4.5	4.0	3.0	1.0	0
蛋白质含量(mg/L)	0	20	40	80	160	200

以第 1 管为空白对照,在 280nm 波长处读出吸光度。以标准蛋白浓度为横坐标,吸光度为纵坐标,绘出标准曲线。

2. 样品蛋白质测定:准确吸取样品稀释液,置于干燥洁净的试管中,按表 10-5 操作。

表 10-5　样品蛋白质测定所需加样

编　号	样品管	空白管
标本稀释液(mL)	5.0	/
0.9% NaCl(mL)	/	5.0

以空白管调零,在 280nm 波长处读出样品管吸光度。

3. 对照标准曲线和稀释倍数计算样品中的蛋白质含量。

三、考马斯亮蓝 G-250 染色法

(一)目的和要求

1. 掌握考马斯亮蓝 G-250 染色法测定蛋白质含量的基本原理和操作方法。

2. 了解考马斯亮蓝 G-250 染色法的优缺点。

(二)基本原理

考马斯亮蓝 G-250 通过疏水作用与蛋白质结合后,最大吸收波长从 465nm 转移到 595nm 处,在一定的范围内,蛋白质含量与 595nm 的吸光度增加成正比,测定 595nm 处光密度值的增加即可进行蛋白质的定量。用该方法测定蛋白质含量灵敏度较高,可检测到微量蛋白,操作简便、快速,试剂配制极简单,重复性好,但干扰因素多。

(三)材料与试剂

1. 考马斯亮蓝 G-250 染色液:称取 100mg 考马斯亮蓝 G-250 溶解于 50mL 95% 的乙醇中,加入 100mL 85% 的磷酸(W/V),加入蒸馏水稀释到 1L。

2. 蛋白质标准液(0.1mg/mL):准确称取 10mg 牛血清白蛋白,在 100mL 容量瓶中加 0.9% NaCl 至刻度,溶解后分装,−20℃ 冰箱保存。

3. 样品(用 0.9% NaCl 溶液稀释到测定范围)。

4. 0.9% NaCl。

(四)实验器材

1. 可见分光光度计。

2. 微量移液器。

（五）实验方法

1. 标准曲线的制作：取 6 支干燥洁净试管，按表 10-6 操作分别加入各种溶液，混匀后室温放置 15min。

表 10-6　标准曲线制作所需加样

编　号	1	2	3	4	5	6
蛋白标准液（μL）	0	20	40	60	80	100
0.9% NaCl（μL）	100	80	60	40	20	0
染色液（mL）	3	3	3	3	3	3

以第 1 管为空白对照，在 595nm 波长处读出其他各管吸光度。以各管的标准蛋白质浓度为横坐标，吸光度为纵坐标，绘出标准曲线。

2. 样品蛋白质测定：准确吸取 100μL 样品稀释液，置于干燥洁净的试管中，按表 10-7 操作加样。

表 10-7　待测样品所需加样

编　号	样品管	空白管
样本稀释液（μL）	100	/
0.9% NaCl（μL）	/	100
染色液（mL）	3.0	3.0

混匀后室温放置 15min。以空白管为对照，在 595nm 波长处读出样品管的吸光度。

3. 对照标准曲线和稀释倍数计算样品中的蛋白质含量。

（六）注意事项

1. 有些常用试剂在测定中会有不同程度的干扰。如 Tris、巯基乙醇、蔗糖、甘油、EDTA 及少量去垢剂有较少影响，而 1% SDS、1% Triton X-100 及 1% Hemosol 的干扰较严重。

2. 显色结果受时间与温度影响较大，须注意保证样品液与标准液的测定控制在同一条件下进行。

3. 考马斯亮蓝 G-250 染色能力很强，颜色的吸附对测定的影响很大。特别要注意比色杯的清洗，可将比色杯置于 0.1mol/L HCl 中浸泡数小时后冲洗干净再使用。

实验三　血清蛋白质的电泳分离
（Experiment 3　Separating Serum Proteins by Disc-PAGE）

蛋白质是两性电解质。在 pH 值小于其等电点的溶液中，蛋白质带正电荷，在电场中向阴极移动；在 pH 值大于其等电点的溶液中，蛋白质带负电荷，在电场中向阳极移动。血清中含有数种蛋白质，它们所具有的可解离基团不同，在同一 pH 的溶液中，所带净电荷不同，故可利用电泳法将它们分离。下面主要介绍醋酸纤维素薄膜电泳和聚丙烯酰胺凝胶盘状电泳。

一、醋酸纤维素薄膜电泳

(一)目的和要求

掌握醋酸纤维素薄膜电泳法分离血清蛋白的原理和方法。

(二)基本原理

血清蛋白分为白蛋白、α-球蛋白、β-球蛋白、γ-球蛋白等。血清中蛋白质的等电点大部分低于 pH 值 7.5,所以在 pH8.6 的巴比妥缓冲液中,它们都电离成负离子,在电场中向阳极移动。各种蛋白质由于氨基酸组成、立体构象、相对分子质量、等电点及形状不同,在电场中迁移速度不同。将微量的血清点于薄膜上,电泳后将蛋白固定、染色,可将血清蛋白分成 5 条区带(见表 10-8)。在一定范围内,蛋白质的含量与结合的染料量成正比,故可将这些区带洗脱后用分光光度法定量,也可直接进行光密度扫描。

表 10-8　血清蛋白的组分特征

组分名称	等电点	相对分子质量
白蛋白	4.88	69,000
α_1-球蛋白	5.06	200,000
α_2-球蛋白	5.06	300,000
β-球蛋白	5.12	90,000～150,000
γ-球蛋白	6.85～7.50	156,000～300,000

(三)材料与试剂

1. 实验材料:新鲜血清(无溶血)。

2. 实验试剂:

(1)巴比妥缓冲液(0.06M pH8.6):巴比妥钠 12.76g,巴比妥 1.66g,蒸馏水加热溶解后,再加水至 1000mL。

(2)氨基黑 10B 染色液:氨基黑 10B 0.5g,甲醇 50mL,冰醋酸 10mL,蒸馏水 40mL。

(3)漂洗液:95%乙醇 45mL,冰醋酸 5mL,蒸馏水 50mL。

(4)透明液:冰乙酸 25mL,95%乙醇 75mL。

(四)实验器材

1. 电泳仪。

2. 电泳槽。

3. 醋酸纤维薄膜(2cm×8cm,厚度 120μm)。

4. 培养皿、镊子等。

5. 普通滤纸。

6. 盖玻片。

7. 分光光度计。

(五)实验方法

1. 薄膜处理:

(1)在薄膜的无光泽面距离一端 1.5cm 处用铅笔标记点样位置(见图 10-1)。

(2)将薄膜无光泽面向下,漂浮于巴比妥缓冲液面上,自然下沉,充分浸透,大约 30min。

(3)将薄膜小心取出,无光泽面向上,平放在滤纸上,吸去薄膜上多余的缓冲液。

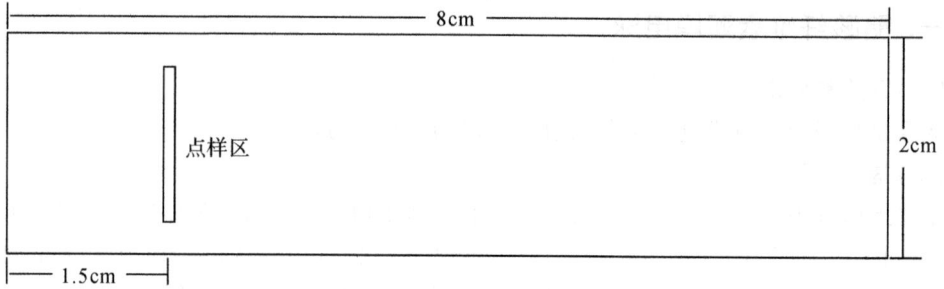

图 10-1　醋酸纤维素薄膜规格及点样位置

2．点样：

(1)用盖玻片在盛有血清的小烧杯中蘸一下，使玻片下端粘上适量血清。

(2)将蘸有血清的盖玻片下端轻按在标记过的点样线上并迅速提起，即在膜条上点上细条状的血清样品，呈淡黄色，让血清渗入膜内。

3．电泳：

(1)检查电泳仪、电泳槽和电源。

(2)在两个电极槽中，各倒入等体积的电极缓冲液。

(3)搭建滤纸桥。将滤纸条对折，翻过来，用电极缓冲液完全浸湿，架在电泳槽的四个膜支架上，使滤纸一端的长边与支架前沿对齐，另一端浸入电极缓冲液内。用玻璃棒轻轻挤压在膜支架上的滤纸以驱逐气泡，使滤纸的一端能紧贴在膜支架上。滤纸条是两个电极槽联系醋酸纤维素薄膜的桥梁，故称为滤纸桥(见图 10-2)。

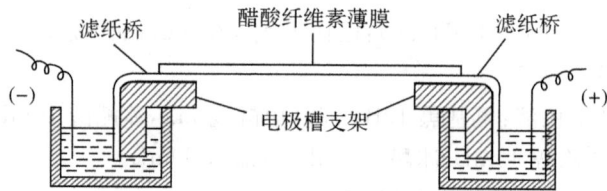

图 10-2　醋酸纤维素薄膜电泳装置示意图

(4)用镊子将点样端的薄膜平贴在阴极电泳槽支架的滤纸桥上(点样面朝下)，另一端平贴在阳极端支架上，用镊子将气泡赶出。要求薄膜紧贴滤纸桥并绷直，中间不能下垂。如一电泳槽中同时安放多张薄膜，中间应间隔几毫米。

(5)盖上电泳槽盖。平衡 5min 后通电，调节电压到 90V，预电泳 10min，再调电压至 110V，电泳时间 45～60min。

4．染色：电泳完毕立即用镊子取出薄膜，直接浸入氨基黑 10B 染色液中，染色 5min，然后取出。

5．漂洗：将染色完毕的薄膜自染液中取出，直接放入漂洗液中，更换漂洗液，直到薄膜背景几乎无色为止。

6．定量：取试管 6 支，编号依次为 0(空白)、A、α_1、α_2、β、γ，将电泳图谱亦按 A、α_1、α_2、β、γ蛋白区带剪开，分别装入相应号码试管中。再在图谱两端无蛋白部位剪一条宽约 α_1 带的空白带放入空白管中。各管中加 0.4mol/L NaOH 4.0mL，振摇数次，使染料色泽浸出，30min 后，在 620nm 波长下进行比色，以空白管校正零点，读取清蛋白及 α_1、α_2、β 及 γ 球蛋白各管的吸光度。

7. 计算：吸光度总和 T 为各种蛋白吸光度的总和：$T＝A＋\alpha_1＋\alpha_2＋\beta＋\gamma$。分别按下面算式计算各组分蛋白质的百分数。

白蛋白(％)＝$(A/T)×100％$

α_1 球蛋白(％)＝$(\alpha_1/T)×100％$

α_2 球蛋白(％)＝$(\alpha_2/T)×100％$

β 球蛋白(％)＝$(\beta/T)×100％$

γ 球蛋白(％)＝$(\gamma/T)×100％$

现在许多实验室采用光密度计定量法。待薄膜完全干燥后，浸于透明液中约 5～10min，取出平贴在玻璃板上，完全干燥后成为透明的膜。然后在光密度计上测定吸光密度，并可绘制成曲线，或者直接计算出各种蛋白质的百分含量。

(六)注意事项

1. 醋酸纤维素薄膜一定要充分浸透后才能点样。点样后电泳槽一定要密闭。

2. 点样时样品一定要点在无光泽面，否则很难吸入，点样量不宜过多(血清样品最适宜 $3\mu L$)。点样应细窄、均匀、集中。

3. 两电泳槽内缓冲液面应在同一水平面，否则会因虹吸影响电泳效果。

4. 电流不宜过大，以防止薄膜干燥，电泳图谱出现条痕。

【临床意义】

1. 参考值(见表 10-9)：

表 10-9　血清蛋白质参考值

组分	占总蛋白的百分数(％)
白蛋白	57～72
α_1 球蛋白	2～5
α_2 球蛋白	4～9
β 球蛋白	6.5～12
γ 球蛋白	12～20

2. 临床意义：血清蛋白质醋酸纤维薄膜电泳在临床上常用于分析血、尿等样品中的蛋白质，供临床上诊断肝、肾等疾病参考。如肾病综合征患者，血浆蛋白中小分子量的白蛋白漏出随尿液排出体外，导致醋酸纤维素薄膜电泳图谱中白蛋白区带明显变小变浅。又如，慢性肝炎和肝硬化患者，由于肝细胞受损，肝脏合成血浆蛋白质的能力大大下降，使血浆白蛋白显著降低，γ 球蛋白相对显著增加。多发性骨髓瘤患者血清蛋白质醋酸纤维素薄膜电泳图谱中可见不正常的球蛋白条带。

二、聚丙烯酰胺凝胶盘状电泳

(一)目的和要求

1. 掌握聚丙烯酰胺凝胶电泳的原理，了解其操作方法。

2. 了解血清脂蛋白各组分的分离情况。

（二）基本原理

血清蛋白质聚丙烯酰胺凝胶具有机械强度好、弹性大、透明、化学稳定性高、无电渗作用、设备简单、用样量少和分辨率高等优点，并可通过控制单体浓度或单体与交联剂的比例聚合成孔径大小不同的凝胶，用于蛋白质、核酸等物质的分离、定性和定量分析。

盘状电泳是在直立的玻璃管中，利用不连续的缓冲液 pH 值进行电泳，样品混合物分开形成的带很窄，呈圆盘状（见图 10-3）。不连续盘状电泳具有很高分辨力，这是由于有以下三种效应存在。

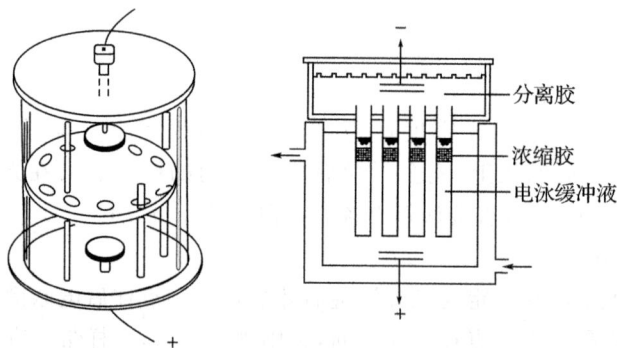

图 10-3　盘状电泳装置

1. 浓缩效应：

管中装有三种不同的凝胶层。上层为样品胶，第二层为浓缩胶，这两层均为大孔胶，其缓冲为 Tris-HCL 缓冲液，pH 值为 6.7；第三层为分离胶，该层为小孔胶 Tris-HCl 缓冲液，pH8.9。在上下电泳槽中充分以 Tris-甘氨酸缓冲液，pH 值为 8.3。这样造成凝胶孔径、pH 值、缓冲液的不连续性。在此条件下，HCl 几乎全部电离为 Cl^-，甘氨酸有极少部分的分子解离成 $NH_2CH_2COO^-$，一般酸性蛋白质也能解离而带负电荷。当电泳系统通电后，这三种负离子同向正极移动。根据有效泳动率的大小，最快的称为离子或先行离子（这里指 Cl^-），最慢的称为慢离子或随后离子（这里是 $NH_2CH_2COO^-$）。电泳开始后，快离子在前，在它之后形成一离子浓度低的区域，即低导区。电导与电压梯度成反比，所以低导区就有了较高的电压梯度。这种高电压梯度使蛋白质和慢离子在快离子后面加速移动。待快离子和慢离子的移动速度相等的稳定状态建立后，在快离子和慢离子之间形成一个不断向阳极移动的界面，由于蛋白质的有效泳动率恰好位于快、慢离子之间，因此蛋白质样品被夹在其中浓缩成一狭窄层，这种浓缩效应可使蛋白质浓缩数百倍。

2. 电荷效应：

不同蛋白质 pI 不同，在相同 pH 值下所带电荷不同，因此在相同电场强度作用下，在电场中的移动（泳动）速度不同。在进入分离胶时电荷效应仍起作用。

3. 分子筛效应：

当被浓缩的蛋白样品从浓缩胶进入分离胶时，pH 值和凝胶孔径突然改变，选择分离胶的 pH 值 8.9（电泳时实际测量是 9.5），使接近甘氨酸的 pK_a（9.7～9.8），这样慢离子解离度增大，因而其泳动率也增加，此时慢离子泳动率超过所有蛋白质的有效泳动率，高电压梯度不复存在。此时各种蛋白质不仅由于其分子量或构型不同，在一个均一的电压梯度和

pH 条件下通过一定孔径的分离胶时所受摩擦力不同,受阻滞的程度不同,表现泳动率不同而被分开。

(三)材料与试剂

1. 实验材料:新鲜血清(无溶血)。

2. 实验试剂:

(1) 分离胶缓冲液(pH8.9):取三羟甲基氨基甲烷(Tris)36.3g 加入 1mol/L HCl 48mL,再加蒸馏水到 100mL。

(2) 单体交联剂:取丙烯酰胺 29.2g,N-N-亚甲基双丙烯酰胺 0.8g,加蒸馏水到 100mL。

(3) 浓缩胶缓冲液(pH6.7):取三羟甲基氨基甲烷(Tris)5.98g 加 1mol/L HCl 48mL,加蒸馏水到 100mL。

(4) 加速剂:四甲基乙二胺 (TEMED)。

(5) 催化剂:10%过硫酸铵,临用前现配。

(6) 电极缓冲液(pH8.3):称取三羟甲基氨基甲烷(Tris)6g,甘氨酸 28.9g 溶解后加蒸馏水到 100mL,用时稀释 10 倍。

(7) 染色液:取考马斯亮蓝 R-250 0.5g,溶于 90mL 乙醇中,加冰乙酸 10mL,使用时用蒸馏水稀释 2 倍。

(8) 脱色液:冰醋液 10mL,乙醇 45mL,蒸馏水 45mL。

(9) 样品稀释液:浓缩胶(或分离胶)缓冲液 25mL,加蔗糖 10g 及 0.05%溴酚兰5mL,加水至 100mL。

(四)实验器材

1. 电泳仪。

2. 盘状电泳槽(见图 10-3)。

3. 电泳玻璃管(10cm×0.6cm)。

4. 移液器。

5. 培养皿、镊子等。

6. 10mL 注射器和 18 号长针头。

7. 橡皮塞、洗耳球。

8. 封口膜。

(五)实验方法

1. 凝胶柱的制备:

(1)取 10cm×0.6cm 的玻管,从一端量取 7cm、7.5cm 两处,分别用玻璃铅笔画线,起端管口用封口膜包封好,插入橡皮垫,垂直立于试管架上。

(2)取小烧杯,按表 10-10 配制分离胶。

(3)用滴管吸取配置好的分离胶,沿管壁注入玻璃管至刻度(离底端约 7cm),轻轻叩打玻璃管,排除气泡。立即在分离胶液面上覆以 0.5cm 厚度的水层,将此玻璃管垂直放在试管架上,静置约半小时。凝胶聚合完成后,用滤纸吸去覆盖的水层,即得分离胶。

(4)按表配制浓缩胶,摇匀,用滴管吸此液沿管壁注入玻璃管加于分离胶上层,至 7.5cm 处。同样覆盖 0.5cm 厚水层,垂直放于试管架上。聚合后,用滤纸吸去水层,这是浓缩胶。

表 10-10　分离胶和浓缩胶配方

试　剂	分离胶(mL)	浓缩胶(mL)
分离胶缓冲液	5.0	/
单体交联剂	5.0	1.0
浓缩胶缓冲液	/	2.5
蒸馏水	9.8	6.4
催化剂	0.2	0.1
加速剂	0.01	0.01

2. 样品配制：取血清 0.1mL，加入样品稀释液 1.9mL，充分混匀后备用。

3. 电泳：

(1)将制备好的凝胶柱分别插入电泳槽底的小孔中，凝胶管垂直在上槽和下槽中，作好标记；加好上、下槽电极缓冲液；将上电泳槽的电极接至电泳仪负极，下电泳槽的电极接至电泳仪的正极。

(2)接通电源，调节电流为 2mA/管，预电泳 5min。切断电源。

(3)用移液器吸取样品 $50\mu L$，移液器枪头深入浸没在电泳缓冲液中的玻璃管中，沿管壁加在浓缩胶上。

(4)接通电源，将电流调至 2 毫安/管，当溴酚蓝追踪剂进入分离胶时，调节电流为 4 毫安/管，待示踪剂迁移到下管口约 0.5cm 处，停止电泳，切断电源（电泳时间约为 2h 左右）。

4. 剥胶：取下凝胶管，用带有 10cm 长针头注射器，内盛蒸馏水作润滑剂，将针头插入胶柱与管壁之间，边注水边旋转玻璃管，直至胶柱与管壁分开，用洗耳球轻轻在一端加压，使胶柱从玻璃管中慢慢滑出。

5. 染色与脱色：

1. 从管中取出凝胶柱浸入染色液中，一般染色约半小时。

2. 取出凝胶，用水冲去多余的染料，放入脱色液中脱色，浸洗，保存。

(六)注意事项

1. 丙烯酰胺与 N、N-亚甲基双丙烯胺是神经性毒剂，对皮肤有刺激作用，操作时应避免与皮肤接触。大量操作时应在通风橱中进行。

2. 丙烯酰胺和甲叉双丙烯酰胺溶液应装在棕色瓶中，置冰箱内(4℃)保存，可贮存 1～2 个月。测定 pH 值(4.9～5.2)可检查其是否失效。失效液不能聚合。

3. TEMED 要密封保存，过硫酸铵溶液最好当天配制，以防止氧化失效。

(七)思考题

1. 正常空腹血清脂蛋白电泳可出现哪些区带？

2. 聚烯酰胺凝胶电泳分离出的各种血清脂蛋白是否为均一物质？为什么？

Experiment 3 Separating Serum Proteins by Disc-PAGE

1. Purpose

(1) Master the principles of disc-polyacrylamide gel electrophoresis (disc-PAGE) and understand the methods of disc-PAGE;

(2) Understand the separating and components of serum proteins.

2. Principles

Polyacrylamide gel has many advantages of good mechanical strength, elasticity, transparency, high chemical stability, non-electroosmosis, simple equipment, small sample and high resolution. Pore size is determined by controlling the concentrations of acrylamide and bis-acrylamide powder used in creating a gel. Gels can be used for the separating, qualitative and quantitative analysis of proteins, nucleic acids and other substances.

Dis-electrophoresis is performed in a vertical glass tube. By using the discontinuous pH buffer, the sample mixture is separated to be a very narrow round discoid band. The discontinuous disc-electrophoresis has a high resolution, which is due to the existence of three effects:

(1) Stacking effect.

The tube is equipped with three different layers of gels. The upper is sample gel and the second layer is stacking gel. These two layers are with larger pore size; the buffer is Tris-HCl (pH 6.7). The third layer is the resolving gel with smaller pores and the buffer is also Tris-HCl (pH 8.9). In the upper and lower electrophoresis tanks are full of Tris-glycine buffer (pH 8.3). This will make the gel pore size, pH value and buffer discontinuous. Under these conditions, HCl is mainly ionized to Cl^- and glycine is partially dissociated into $NH_2CH_2COO^-$. Generally, the acidic protein is dissociated and negatively charged. When electrophoresis begins, these three kinds of negative ions will migrate in an electric field towards an electrode with an opposite sign. According to the ability of the effective mobility, the fastest ion is known as the first ion (in this case it is the Cl^-), the slowest one is called slow ion or subsequent ion (here is $NH_2CH_2COO^-$). After electrophoresis starting, the fastest ion is in the former. The latter is a low ion concentration region that is called low conductive area. The conductance is inversely proportional to the voltage gradient. So the low conductive area has a higher voltage gradient. This high voltage gradient makes the proteins and slow ions to move quickly behind the fast ion. When the steady state of the equal speed of the fast ions and the slow ions is established，an interface constantly moving to the anode forms between the fast ions and the slow ions. Due to the effective mobility of protein is located just between the fast ions and the slow ions，the protein samples are sandwiched and concentrated into a narrow layer，and this stacking effect allows protein to concentrate hundreds of times.

(2) Charge effect.

In the same pH buffer，the different proteins with different pIs are diversely charged. Thus the mobile speeds of the proteins are different even under the same electric field strength. Charge effect is still working in the separating gel.

(3) Molecular sieving effect.

When the concentrated protein samples run from the stacking gel into the separating gel，the pH value and the pore size of the gel is changed. The pH value of the separating gel is 8.9 (When electrophoresis begins，the actual measurement is 9.5)，which is close to the pK_a value of glycine (9.7－9.8). Thus the slow ions are greatly dissociated and the mobility also increased. Meanwhile，the mobility of the slow ions exceeds the effective mobility of all proteins，the high voltage gradient no longer exists. Due to not only the different molecular weight or conformation，but also the different friction in a certain separating gel under a coherent voltage gradient and pH value，various proteins are separated by the different mobility.

3. Materials and Resolutions

(1) Normal human serum.

(2) Separating gel buffer (pH 8.9)：Add 36.3 g of Tris in 48 mL of 1 mol/L HCl. Adjust the pH to 8.9 and make up the final volume to 100 mL.

(3) 30% Polyacrylamide solution：Add 29.2 g of acrylamide and 0.8 g of bisacrylamide in 50 mL of water，dissolve completely using a magnetic stirrer，make the volume up to 100 mL. Keep the solution away from sunlight.

(4) Stacking gel buffer (pH 6.7)：Add 5.98 g of Tris in 48 mL of 1 mol/L HCl. Adjust the pH to 6.7 and make up the final volume to 100 mL.

(5) TEMED.

(6) 10% Ammonium persulfate：Add 0.1g of ammonium in 1mL of water. It should be freshly prepared.

(7) 10×Running buffer (pH 8.3)：Add 6g of Tris and 28.9 g of glycine，dissolve them using distilled water and make up to 100 mL. (Working standard is 1×buffer).

(8) Staining solution：Weigh 0.25 g of Coomassie brilliant blue R-250 in a beaker. Add 90 mL methanol：water (1∶1 V/V) and 10 mL of glacial acetic acid，mix properly using a magnetic stirrer. (When properly mixed，filter the solution through a Whatman No. 1 filter to remove any particulate matter and store in an appropriate bottle).

(9) Destaining solution：Mix 90 mL methanol：water (1∶1 V/V) and 10 mL of glacial acetic acid using a magnetic stirrer and store in an appropriate bottle.

(10) Loading buffer: Add 10 g of sucrose, 25 mL of stacking gel buffer and 5 mL of 0.05% bromophenol blue in a bottle and use distilled water to make a final volume of 100 mL.

4. Equipments

(1) Disc-electrophoresis unit (Fig. 10.3) and power supply.

(2) Glass tubes (10 cm×0.6 cm)

(3) Pipette.

(4) Dishes(Φ10~15 cm).

(5) Tweezers.

(6) 10 mL injectors and 18# needles.

(7) Rubber stoppers and aurilaves.

(8) Sealing membrane (Parafilm).

5. Methods

(1) Preparation of gel column.

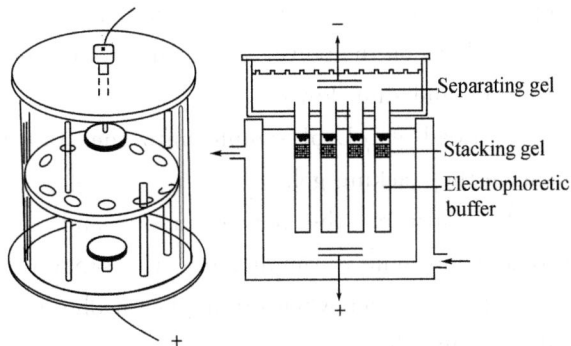

Fig. 10.3　The device for dis-PAGE

1) Take a glass tube (10 cm × 0.6 cm) and mark two lines at the 7 cm and 7.5cm from one end by pencil. Seal up the original end (bottom) of the tube by parafilm. After the tube is inserted into the rubber stopper, the tube should stand vertically on the tube rack.

2) Take a small beaker and prepare the separating gel according to Table 10-10.

Table 10-10　Formula for the separating and stacking gels

Resolution (mL)	Separating gel (mL)	Stacking gel (mL)
Separating gel buffer (pH 8.9)	5.0	/
30% Polyacrylamide solution	5.0	1.0
Stacking gel buffer (pH 6.7)	/	2.5
Distilled water	9.8	6.4
10% Ammonium persulfate	0.2	0.1
TEMED	0.01	0.01

3) Add the prepared separating gel above into the glass tube to the mark (about 7 cm from the bottom) by using the pipette. Gently knock the glass tube to remove air bubbles from the gel and then cover with 0.5-cm-thick of water on the gel surface. Place this glass tube vertically on the tube rack for about 30 min. After gel polymerization is complete, remove the water with filter paper.

4) Prepare the stacking gel according to the above table and shake equably. Load the gel solution onto the separating gel to the mark (about 7.5 cm from the bottom) with a dropper. Cover with 0.5-cm-thick of water on the gel surface and stand the tube vertically on the tube rack. When the stacking gel polymerization is complete, remove the water with filter paper gently.

（2）Preparation of samples.

Mix 0.1 mL of serum and 1.9 mL of loading buffer well and store at 4 ℃.

（3）Electrophoresis.

1）Remove the sealing membrane from the bottom of the tube and insert the tube into the electrophoresis tank. Fill the upper and below tanks with $1 \times$ Running buffer. Make sure the electrodes and the stacking gel are immersed in running buffer. Then link the upper electrode to the anode and the below one to the cathode of the power supply.

2）Turn on the power supply and adjust the current to 2 mA/tube. Pre-electrophorese for 5 min and shut down.

3）Load 50 μL of sample onto the stacking gel surface with a pipette. DO NOT damage the stacking gel.

4）Turn on the power supply and adjust the current to 2 mA/tube. When bromophenol blue is running into the separating gel, adjust the current to 4 mA/tube. Turn off the power when bromophenol blue reaches at the 0.5 cm from the bottom of the tube (about 2 h).

（4）Skiving.

Take the glass tube out of the electrophoresis tank and make the gel flexible in the tube by injecting water with a 10 mL injector. Make sure the long needle does NOT break the gel. Pull the gel column out of the tube using an aurilave and place the gel into a clean dish.

（5）Staining and destaining.

Add adequate staining solution into the dish and immerse the gel for 30 min. Take the gel into a new dish and wash at least three times with the destaining solution. Generally, destain the gel until the bands are properly seen.

6．Notes

（1）Acrylamide is a toxic substance，so take care and wear gloves while handling solutions that contain it. Use in a well-ventilated area，and report any spills. Stock solutions should be kept in a fume hood.

（2）An erlenmeyer flask is good for mixing acrylamide，since the narrow neck can be stoppered to prevent toxic fumes from excaping. The wide bottom allows for a large surface area，so that oxygen can be quickly removed from the solution when it is placed under a vacuum.

（3）TEMED should be stored hermetically.

（4）Ammonium persulfate solution should be prepared freshly to avoid oxidation.

7．Questions

（1）What kind of lipoprotein bands of normal human serum will be presented in disc-PAGE?

（2）Is the separated lipoprotein homogeneous? Why?

实验四　SDS-PAGE 测定蛋白质相对分子量
（Experiment 4　Relative Molecular Weight Determination of a Protein by SDS-PAGE）

一、目的和要求

1. 掌握 SDS-PAGE 测定蛋白质分子量的原理。
2. 了解垂直板电泳的操作方法。

二、基本原理

SDS-聚丙烯酰胺凝胶（SDS-PAGE）电泳，是在聚丙烯酰胺凝胶系统中引进十二烷基磺酸钠（SDS）。SDS 能断裂分子内和分子间氢键，破坏蛋白质的二级和三级结构，使半胱氨酸之间的二硫键断裂。蛋白质在一定浓度的含有强还原剂的 SDS 溶液中，与 SDS 分子按比例结合，形成带负电荷的 SDS-蛋白质复合物，这种复合物由于结合大量的 SDS，使蛋白质丧失了原有的电荷状态形成仅保持原有分子大小为特征的负离子团块，从而降低或消除了各种蛋白质分子之间天然的电荷差异。由于 SDS 与蛋白质的结合是按重量成比例的，因此在进行电泳时，蛋白质分子的迁移速度取决于分子大小。当分子量在 15kDa 到 200kDa 之间时，蛋白质的迁移率和分子量的对数呈线性关系，符合下式：

$$\log MW = K - bX \tag{10-1}$$

式中：MW 为分子量，X 为迁移率，K、b 均为常数。

若将已知分子量的标准蛋白质的迁移率对分子量对数作图，可获得一条标准曲线，未知蛋白质在相同条件下进行电泳，根据它的电泳迁移率即可在标准曲线上求得分子量。

三、材料与试剂

1. 实验材料：
（1）低分子量标准蛋白试剂盒：

兔磷酸化酶 B	$MW = 97400$
牛血清白蛋白	$MW = 66200$
兔肌动蛋	$MW = 43000$
牛碳酸酐	$MW = 31000$
胰蛋白酶抑制剂	$MW = 20100$
鸡蛋清溶菌酶	$MW = 14400$

（2）蛋白质样品。

2. 实验试剂：

（1）30％聚丙烯酰胺单体交联剂：取丙烯酰胺 29.2g、N-N-亚甲基双丙烯酰胺 0.8g，加蒸馏水到 100mL。过滤后置棕色瓶中，4℃贮存可用 1～2 个月。

（2）10％ SDS（十二烷基磺酸钠）。

（3）1.5mol/L pH8.8 Tris-HCl 缓冲液：称取三羟甲基氨基甲烷（Tris）18.2g，加水

50mL，用 1mol/L 盐酸调 pH8.8，最后用蒸馏水定容至 100mL。

（4）1.0mol/L pH6.8 Tris-HCl 缓冲液：称取三羟甲基氨基甲烷（Tris）12.1g，加水 50mL，用 1mol/L 盐酸调 pH6.8，最后用蒸馏水定容至 100mL。

（5）0.05mol/L pH8.0 Tris-HCl 缓冲液：称取三羟甲基氨基甲烷（Tris）0.6g，加水 50mL，用 1mol/L 盐酸调 pH8.0，最后用蒸馏水定容至 100mL。

（6）10% 过硫酸铵（AP）。

（7）四甲基乙二胺（TEMED）。

（8）2× 样品溶解液：称取 SDS 100mg、溴酚蓝 2mg、甘油 2g 加入巯基乙醇 0.1mL、0.05mol/L pH8.0 Tris-HCl 2mL，最后用蒸馏水定容至 10mL。

（9）固定液：取 50% 甲醇 454mL，冰乙酸 46mL 混匀。

（10）染色液：称取考马斯亮蓝 R-250 0.125g，加上述固定液 250mL，过滤后备用。

（11）脱色液：冰乙酸 75mL，甲醇 50mL，加蒸馏水定容至 1000mL。

（12）称取 Tris 6.0g，甘氨酸 28.8g，加入 SDS 1g，加蒸馏水使其溶解后定容至 1000mL。

四、实验器材

1. 垂直板电泳装置（见图10-4）。
2. 直流稳压电源。
3. 微量移液器。

五、实验方法

（一）垂直板电泳装置安装
1. 将玻璃板用蒸馏水洗净晾干。
2. 按照仪器说明书将玻璃板在灌胶支架上固定好，同时安装好其他组件。

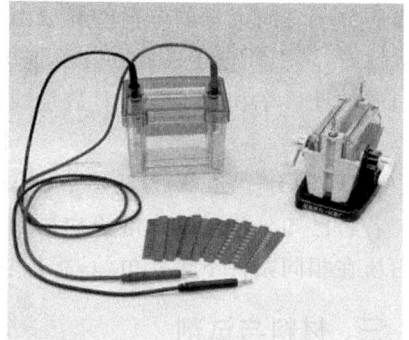

图 10-4 垂直板电泳装置

（二）SDS-PAGE 凝胶制备
1. 按表 10-11 比例配好分离胶，将分离胶快速加入玻璃板间，至大约 7cm 左右（若胶板总长为 10cm），立刻加少许蒸馏水，静置 45min。

2. 分离胶凝固后，倒出水并用滤纸把剩余的水分吸干，按比例配好浓缩胶，将其连续、平稳地加入玻璃板间，迅速插入梳子，静置 40min。

表 10-11 分离胶和浓缩胶配方

试 剂	分离胶（mL）	浓缩胶（mL）
1.5M Tris-HCl 缓冲液（pH8.8）	3.3	/
30% 聚丙烯酰胺单体溶液	8.0	1.5
1.0M Tris-HCl 缓冲液（pH6.8）	/	1.25
10% SDS	0.2	0.1
蒸馏水	8.3	7.15
10% 过硫酸铵（AP）	0.2	0.1
四甲基乙二胺（TEMED）	0.01	0.01

（三）样本处理

分别取 $10\mu L$ 标准蛋白和蛋白质样品溶液于两个洁净 1.5mL 离心管内，再分别加入 $10\mu L$ 2×样品缓冲液，充分混匀。上述样品均在沸水中加热 3min，去掉亚稳态聚合。

（四）电泳

1. 将制好的凝胶置于垂直电泳槽中，上下槽中加入适量电极缓冲液。小心拔出梳子，去除气泡。

2. 用微量移液器在点样孔中加样 $10\mu L$，尽量选用中部的加样孔。

3. 接通正负极，电流恒定在 10mA，当指示剂进入分离胶后电流改为 20mA。当溴酚蓝距凝胶边缘约 5mm 时，停止电泳。

（五）染色与脱色

1. 电泳结束后，取出并撬开玻璃板，剥胶时要小心，并将标记后的凝胶放在大培养皿内，加入染色液，染色 1h 左右。

2. 染色后的凝胶用脱色液漂洗 3～4 次，直到蛋白质区带清晰可见。

（六）制作标准曲线

1. 用直尺分别测量出标准蛋白质、待测的蛋白质样品区带中心及溴酚蓝前沿距分离胶顶端的距离，按下式计算相对迁移率（R_f）：相对迁移率＝样品迁移距离（cm）/指示剂迁移距离（cm）。

2. 以每个已知蛋白标准的分子量对数和它的相对迁移率作图得标准曲线。

3. 测量出未知蛋白的迁移率，从标准曲线上查出其分子量对数，再换算成相对分子量。

六、注意事项

1. 丙烯酰胺单体是一种烈性的累积毒素，操作时务必戴上手套。

2. 加热到沸点，会导致蛋白质聚集，无法达到 SDS-PAGE 电泳的目的。加热不足，会导致一些蛋白质不完全变性。这需要合理变性蛋白，以达到最佳效果。

3. 变性后的蛋白质样品可以放在室温下，直到使用时再来加载它们。如果当天不使用，则需要将变性后的蛋白质样品放入冰箱冻存。

4. 注意蛋白质的来源是多种多样的，许多完全不同的蛋白质具有相似的分子量，因此在鉴定时需要特别注意。

5. 与曲线拟合要非常小心，坐标值是相对分子量的对数。

6. SDS-PAGE 测定未知蛋白质相对分子量是一种可靠的方法。然而，如何更精确测定其分子量，应最终得到质谱确认。质谱分析的准确程度较高，因为它可以分析每一种蛋白质的氨基酸。然而，蛋白质的结构、翻译后修饰、氨基酸组成等因素，都可能会影响电泳迁移率。

七、思考题

1. 在不连续体系 SDS-PAGE 中，当分离胶加完后，需在其上加一层水，这是为什么？

2. 试述电极缓冲液中甘氨酸的作用。

3. 在分离胶与浓缩胶中均含有 TEMED 和 AP，试述其作用。

4. 样品液为何在加样前需在沸水中加热几分钟？

Experiment 4　Relative Molecular Weight Determination of a Protein by SDS-PAGE

1. Purposes

(1) Master the principles of the molecular weight determination of a protein by SDS-PAGE.

(2) Understand the operations of the vertical slab gel electrophoresis.

2. Principles

Sodium dodecyl sulfate (SDS) is induced in polyacrylamide gel electrophoresis (PAGE), which called SDS-PAGE. SDS can destroy the intramolecular and intermolecular hydrogen bond, the secondary and tertiary structure of proteins, the disulfide bond between cysteines. SDS is an anionic detergent, meaning that when its molecules are dissolved, there is a net negative charge within a wide pH range. A polypeptide chain or protein binds amounts of SDS in proportion to its relative molecular mass. The negative charges on SDS destroy most of the complex structure of proteins, and are strongly attracted toward an anode (positively-charged electrode) in an electric field. The migration rate of protein depends on its molecular weight. As the molecular weight ranges from 15 kDa to 200 kDa, a linear relationship exists between the logarithm of the molecular weight of an SDS-denatured polypeptide, and its R_f. The R_f is calculated as the ratio of the distance migrated by the molecule to that migrated by a marker dye-front. This relationship is based on the following formula: $\log MW = K - bX$ (MW is molecular weight, X for the mobility, K and b are both constant). A simple way of determining relative molecular weight by electrophoresis is to plot a standard curve of distance migrated vs. $\log MW$ for known samples, and read off the $\log MW$ of the sample after measuring distance migrated on the same gel.

3. Materials and Solutions

(1) Unknown protein sample.

(2) Known low molecular weight standard protein:

Rabbit phosphorylase B	$MW = 97,400$
Bovine serum albumin	$MW = 66,200$
Rabbit muscle move eggs	$MW = 43,000$
Bovine carbonic anhydrase	$MW = 31,000$
Trypsin inhibitor	$MW = 20,100$
Egg white lysozyme	$MW = 14,400$

（3）30% Polyacrylamide solution：Add 29. 2 g of acrylamide and 0. 8 g of bi-sacrylamide in 50 mL of water，dissolve completely using a magnetic stirrer，make the volume up to 100 mL. Keep the solution away from sunlight.

（4）10% SDS：Add 10 g of SDS and dissolve them in appropriate distilled water with heat treatment. Make the final volume to 100 mL.

（5）1. 5 M Tris-HCl buffer（pH 8.8）：Add 36. 3 g of Tris in 48 mL of 1 mol/L HCl. Adjust the pH to 8.8 and make up the final volume to 100 mL.

（6）1. 0 M Tris-HCl buffer（pH 6.8）：Add 5. 98 g of Tris in 48 mL of 1 mol/L HCl. Adjust the pH to 6.8 and make up the final volume to 100 mL.

（7）TEMED.

（8）10% Ammonium persulfate：Add 0. 1 g of ammonium in 1 mL of water. It should be freshly prepared.

（9）Running buffer（pH 8.3）：Add 6 g of Tris and 28. 9 g of glycine，dissolve them in distilled water and make up to 100 mL. （Working standard is 1×buffer. ）

（10）Staining solution：Weigh 0. 25 g of Coomassie brilliant blue R-250 in a beaker. Add 90 mL methanol：water（1：1 V/V）and 10 mL of glacial acetic acid，mix properly using a magnetic stirrer. （When properly mixed，filter the solution through a Whatman No. 1 filter to remove any particulate matter and store in appropriate bottles. ）

（11）Destaining solution：Mix 90 mL methanol：water（1：1 V/V）and 10mL of glacial acetic acid using a magnetic stirrer and store in appropriate bottles.

（12）Sample buffer：Add 20 mL of glycerol，20 mL of 10% SDS，2 mL of 1 M Tris-HCl（pH 6.8），0. 075 g of EDTA-Na2，0. 228 g of DTT and 0. 05 g of bromophenol blue in a bottle and use distilled water to make a final volume of 100 mL.

4. Equipments

（1）A vertical slab electrophoresis unit（Fig. 10. 4）and power supply.

（2）Pipette（P10，P100，P1000）.

5. Methods

（1）Installation of vertical slab electrophoresis unit.

Use two clean and dry glass plates to form a vertical slab unit according to the manual.

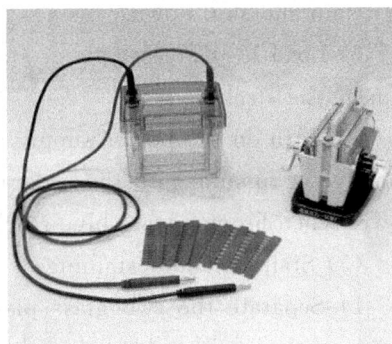

Fig. 10. 4　The vertical slab electrophoresis device

（2）Preparation of SDS-PAGE gel.

1）Take a small beaker and prepare the separating gel of 12% according to Table 10-11.

2）Add the above separating gel above into the space between two glass plates for about 7-cm-length. Gently knock the glass to remove bubbles from the gel and then cover with 0. 5-cm-thick of water on the gel surface. Place the glass at room temperature for

45 min. After gel polymerization is complete，remove the water with filter paper.

3) Prepare the stacking gel of 4.5％ according to the above table and shake equably. Load the gel solution onto the separating gel for about 3-cm-length. Insert the comb into the stacking gel and place the gel at room temperature for 30 min.

Table 10-11　Formula for the separating and stacking gels

Resolution	Separating gel（mL）	Stacking gel（mL）
1.5 M Tris-HCl buffer（pH 8.8）	3.3	/
30％ Polyacrylamide solution	8.0	1.5
1.0 M Tris-HCl buffer（pH 6.8）	/	1.25
10％ SDS	0.2	0.1
Distilled water	8.3	7.15
10％ Ammonium persulfate	0.2	0.1
TEMED	0.01	0.01

（3）Preparation of protein samples.

Mix 10 μL of standard protein or protein sample with equal volume of sample buffer. Before loading，the samples are heated in boiling water for 3 min to remove the metastable polymerization.

（4）Electrophoresis.

1) Place the gel plate into the electrophoresis tank. Fill the upper and below tanks with 1 × Running buffer. Pull the comb out of this glass plates and push the bubbles away. Then link the upper electrode to the anode and the below one to the cathode of the power supply.

2) Switch on the power supply and adjust the current to 10 mA. Pre-electrophorese for 5 min and shut down.

3) Load 10 μL of sample or standard protein into the wells with a pipette. DO NOT damage the stacking gel.

4) Turn on the power supply and adjust the current to 10 mA. When bromophenol blue dye is running into the separating gel，adjust the current to 20 mA. Turn off the power when bromophenol blue reaches at the 0.5 cm far from the edge of the gel.

（5）Staining and destaining.

1) Separate the two glass plates and place the gel into a big dish. Add adequate staining solution into the dish and immerse the gel for 1 h.

2) Take the gel into a new dish and wash at least three times with destaining solution. Generally，destain the gel until the bands are properly seen.

（6）Preparation of standard curve.

1) Based on the stained gel，measure the migration distance of the protein bands and dye front with a ruler. Calculate the relative mobility of protein bands using the following equation：R_f＝（migration distance to band）/（distance to dye front）.

2) Use agraphing program to plot the R_f versus logMW. From the program，generate

the straight line equation: $\log MW = K\text{-}bR_f$, and solve for $\log MW$ to determine the MW of the unknown protein.

6. Notes

（1）Acrylamide monomer is a potent cumulative neurotoxin. DO NOT mouth pipette acrylamide solutions, and wear gloves when handing unpolymerised solutions.

（2）A proper amount of protein to load depends on the distribution of individual proteins in the sample. If the sample consists of a single, nearly pure polypeptide, 10 micrograms would give a huge blob. A rule of thumb formini-slab gels is to load about 0.5 microgram protein per expected band. Since complex mixtures contain proteins of widely varying concentrations, there is no ideal single amount to load.

（3）Heating simply speeds up the process of denaturation by increasing molecular motion. It isn't necessary for some samples, but is necessary for membrane samples.

（4）Heating to the boiling point can cause aggregation of proteins, defeating the purpose of SDS-PAGE. Insufficient heating can leave some proteins incompletely denatured. It may require trials and errors to achieve the best results.

（5）Once denatured, the samples can sit on a benchtop at room temperature until it is time to load them. If they are to be saved for another day, they should be frozen.

（6）Note that the sources of proteins are varied. You won't find all of them in any one protein fraction, in fact you aren't likely to find any of them, depending on the fraction you are studying. They are used to calibrate gels, not as indicators of what types of proteins are present. Keep in mind that many very different proteins have similar molecular weights. The patterns given by standard mixes become recognizable with experience.

（7）Be very careful with curve fits, keeping in mind that the scale is logarithmic. You don't want to be in error near the top of the gel. It may be better to simply interpolate results (connect the data points).

（8）MW determination by SDS-PAGE is a dependable method. However, an unknown protein's MW should always be obtained by mass spectrometry if a more precise MW determination is needed. Mass spectrometry has a higher degree of accuracy because each amino acid of a protein is analyzed. Protein-to-protein variation can be minimized by denaturing samples, reducing proteins, normalizing the charge-to-mass ratio, and electrophoresing under set conditions. However, factors such as protein structure, posttranslational modifications, and amino acid composition are variables that are difficult or impossible tominimize and can affect the electrophoretic migration.

7. Questions

（1）In the discontinuous system of SDS-PAGE, why add a layer of water on the separating gel?

（2）What is the role of glycine in the running buffer?

（3）In the separating and stacking gels，what are the roles of TEMED and AP？

（4）Why do the samples need to be heated in boiling water for a few minutes before loading？

实验五　离子交换层析分离混合氨基酸

（Experiment 5　Separation of Mixed Amino Acids by Ion Exchange Chromatography）

一、目的和要求

1. 了解离子交换层析的工作原理及操作技术。

2. 学会用离子交换层析法分离混合氨基酸。

二、基本原理

离子交换层析是利用离子交换剂上的可交换离子与周围介质中被分离的各种离子间亲和力的不同，经过交换平衡达到分离目的的一种柱层析法。本实验利用磺酸型阳离子交换树脂（国产 732 树脂）分离混合氨基酸（天冬氨酸和精氨酸）。在特定的 pH 条件下，具有不同等电点（pI）的氨基酸解离程度不同，混合氨基酸在 pH 小于 pI 的溶液中以阳离子的形式存在，可以与阳离子交换树脂进行交换。逐渐增大洗脱液的 pH，氨基酸将依照 pI 由小到大的顺序洗脱，分部收集各洗脱组分，便可将各种氨基酸一一分离。

三、材料与试剂

1. 实验材料：磺酸阳离子交换树脂（国产 732 树脂，粒度 200 目）。

2. 实验试剂：

（1）2mol/L HCl。

（2）2mol/L NaOH。

（3）0.1mol/L HCl。

（4）0.1mol/L NaOH。

（5）0.1mol/L 柠檬酸缓冲液（pH2.2）。

（6）0.1mol/L 柠檬酸缓冲液（pH5.0）。

（7）0.2％中性茚三酮溶液。

（8）0.2％酸性茚三酮溶液（用 0.1mol/L HCl 配制）。

（9）混合氨基酸：天冬氨酸 3％、精氨酸 3％（用 pH2.2 的柠檬酸缓冲液配制）。

四、实验器材

1. 层析柱（0.8cm×20cm）。

2. 试管及试管架。

3. 乳胶管。

4. "再"型不锈钢夹。

5. 沸水浴。

五、实验方法

(一)树脂的处理

100mL 烧杯中置约 10g 树脂,加 2 mol/L HCl 25mL,搅拌,放置 2h,弃酸液。用蒸馏水洗涤 3 次。加 2mol/L NaOH 25mL,搅拌放置 2h,弃碱液。用蒸馏水洗涤至中性。将树脂悬浮于 50mL pH2.2 的柠檬酸缓冲液中备用。

(二)装柱

取层析柱,如图 10-5 安装。自顶部注入经处理的树脂悬浮液,关闭"再"型夹,待树脂自然沉降后,打开"再"型夹,缓慢放出过量的溶液,当树脂沉积至 8～10cm 高度停止加入树脂。关闭"再"型夹,保持液面高出树脂表面 1cm 左右。(注意:装柱、上样、洗脱等过程中均要防止空气进入树脂内形成气泡,影响层析效果)。

(三)加样、洗脱及分段收集

用长滴管将 15 滴氨基酸混合液沿层析柱内壁缓慢加入,打开"再"型夹使样品缓慢流入柱内,流速为 5d/min,编号试管收集流出液。当液面刚平树脂表面时,用 pH2.2 柠檬酸缓冲液 2mL,分两次先后加入层析柱。随后用 pH5.0 柠檬酸缓冲液洗脱,边洗脱边收集,并调节流速至 10d/min,每管收集 1mL。所有收集管用茚三酮反应检测氨基酸。

待第一个氨基酸被洗脱后(茚三酮反应检测连续两管呈阴性),立即改用 0.1mol/L NaOH 以同样流速收集、洗脱,并对各管收集液用茚三酮反应检测氨基酸。

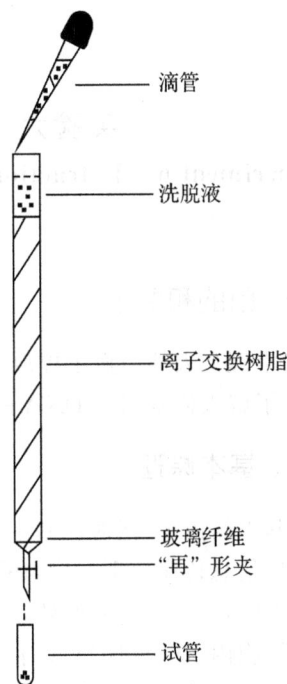

图 10-5　离子交换层析装置示意图

(四)茚三酮反应检测氨基酸

1. pH5.0 柠檬酸缓冲液洗脱:收集液 1mL 加入 0.2％中性茚三酮溶液 1mL,混匀,沸水浴 10min,显示蓝紫色者为氨基酸反应阳性。

2. 0.1mol/L NaOH 洗脱:收集液 1mL 加入 0.2％酸性茚三酮溶液 1mL,混匀,沸水浴 10min,显示蓝紫色者为氨基酸反应阳性。

六、注意事项

1. 在装柱时必须防止气泡、分层及柱子液面在树脂表面以下等现象发生。
2. 一直保持流速 10～12d/min,并注意勿使树脂表面干燥。

七、思考题

1. 为什么混合氨基酸能从磺酸阳离子交换树脂上逐个洗脱下来？
2. 树脂如何保存？

(刘　琼　龚朝辉)

第十一章　核　　酸
(Chapter 11　Nuclear Acids)

实验六　人外周血基因组 DNA 提取
(Experiment 6　Extraction of Genomic DNA from Human Peripheral Blood)

一、目的和要求

1. 掌握从人外周血中提取、分离和纯化基因组 DNA 的基本原理和操作方法。
2. 了解人体基因组 DNA 的特点与用途。

二、基本原理

人基因组由 30 亿对碱基组成,它包括单倍体细胞中的全部基因。基因不仅可以通过复制把遗传信息传递给下一代,还可以使遗传信息得到表达。不同人种之间头发、肤色、眼睛、鼻子等不同,是基因差异所致。人类许多疾病也是由于某些基因突变造成的后果。

在细胞内,基因组 DNA 存在于细胞核中,通常与某些蛋白质结合以核蛋白体(DNP)形式存在。由于外周血中成熟红细胞没有细胞核,因此基因组 DNA 主要从白细胞中提取。目前基因组的提取方法有蛋白酶 K 消化法、非有机溶剂提取法、固相吸附法等。主要过程包括采血、收集白细胞、破碎细胞释放核蛋白(DNP),然后用蛋白质变性剂(苯酚、氯仿等)、去垢剂(SDS)或蛋白酶处理,去除蛋白质,使核酸与蛋白质分离,最后用异丙醇沉淀 DNA,从而将基因组 DNA 提取出来。为提取高纯度的符合临床检验需求的基因组 DNA,本实验拟采取改良 NaI 法。

三、材料与试剂

1. 实验材料:人外周血。
2. 实验试剂。
(1) 15g/L EDTA-Na$_2$:称取 15g EDTA-Na$_2$ 溶于 1L 蒸馏水。
(2) β-巯基乙醇。
(3) 6mol/L NaI(含 10mmol/L β-巯基乙醇):称取分析纯碘化钠(NaI)89.9g 溶于适量蒸馏水,溶解,定容至总体积 100mL,加入 β-巯基乙醇至终浓度 10mmol/L,置于棕色瓶,室温,至少保存 1 年。
(4) 氯仿:异戊醇(24:1)。
(5) 异丙醇。

（6）70％乙醇。

（7）TE(10mmol/L Tris-HCl,1mmol/L EDTA,pH8.0)：称取 0.12g Tris,加适量蒸馏水溶解,用 1mol/L HCl 溶液调至 pH8.0 并定容至 100mL,加入 0.037g EDTA 溶解。

（8）无菌去离子水。

四、实验器材

1. 离心管(5mL,1.5mL)。
2. 高速离心机。
3. 涡旋器。
4. 烘箱。
5. 微量移液器(P100、P200、P1000)。
6. 无菌注射器(5mL)。

五、实验方法

1. 抗凝管准备：取 0.4mL 抗凝剂(15g/L EDTA-Na$_2$)于 5mL 离心管中,上下颠倒数次,烘箱 55℃烘干。

2. 抗凝血制备：用无菌注射器抽取人外周血 5mL 置上述抗凝管中,4℃备用。如长时间不用,可分装置于−80℃保存 2 个月不影响基因组 DNA 提取。

3. 基因组 DNA 分离：

（1）取抗凝血 100μL 加入 1.5mL 离心管中,加入 1mL 无菌去离子水,轻轻颠倒混匀 5～10次,5000rpm 离心 3min。

（2）弃去上清液,加入 100μL 6mol/L NaI 溶液,混旋 10s。

（3）加入 200μL 氯仿：异戊醇(24：1),混旋 30s,10000rpm 离心 3min。

（4）取上清液于另一新离心管中,加入 2 倍体积的异丙醇溶液,混匀后,10000rpm 离心 5min。

（5）弃去上清液,加入 1mL 70％乙醇洗涤沉淀两次。室温晾干或 55℃烘干 20min。

（6）加入 50μL TE 溶液,即获得基因组 DNA。可置 4℃备用,亦可直接用于基因扩增或限制性内切酶酶切分析等分子生物学实验。

六、注意事项

1. 柠檬酸、EDTA、肝素三种抗凝剂均可使用。但肝素对酶反应有可能起阻碍作用,采血时如没有特殊要求,请使用柠檬酸或 EDTA 处理血样。

2. 全血在 4℃保存收率稍有下降(收率：90％左右),一般至第 4 天时提取 DNA 几乎没有问题,但肝素处理血纯度有下降趋势。至第 10 天时,肝素处理血提取 DNA 很难,柠檬酸、EDTA 处理血收率虽稍有下降(收率：85％左右),但仍可提取。

3. 提取后的 DNA,请用 TE 溶解,溶解后的 DNA 冷冻或 4℃保存都可以。但如果用灭菌蒸馏水溶解,请务必冷冻保存,以防止 DNA 分解。

4. DNA 纯度一般通过测定 A_{260}/A_{280} 比值表示,约在 1.8～2.0 之间(其中该比值大于 1.9,表明有 RNA 污染;小于 1.6,表明有蛋白质、酚等污染)。

七、思考题

1. 总结本实验提取基因组 DNA 的关键操作步骤。
2. 如何判定获得的 DNA 是否可直接用于临床检测？

Experiment 6 Extraction of Genomic DNA from Human Peripheral Blood

1. Purposes

（1）Master the basic principles and methods of extraction, separation and purification of genomic DNA from human peripheral blood.

（2）Understand the characteristics and applications of human genomic DNA.

2. Principles

Human genome consists of 3 billion base pairs, including all the genes in a haploid cell. Genes not only transfer the genetic information to the next generation by replication, but also allow genetic information to be expressed. Different hair color, eyes and noses between different races are due to genetic differences. Many human diseases also result from gene mutations.

Inside a human cell, the genomic DNA presents in the nucleus, which usually combines with certain proteins in the form of the DNA nucleus protein （DNP）. There is no nucleus in the mature red blood cells of the peripheral blood and the genomic DNA is mainly extracted from white blood cells. Proteinase K digestion, non-organic solvent extraction, solid phase assay, etc. involve in the methods of genomic DNA extraction. The main processes include blood collection, white blood cells separation, release of DNP by breaking cells, and then removal of protein with protein denaturing agents （phenol, chloroform, etc.）, detergents （SDS） or protease treatment. The nucleic acids and proteins are separated. Finally genomic DNA is precipitated by isopropanol. To meet the clinical testing needs for the high purity genomic DNA, the method of NaI is employed in this experiment.

3. Materials and Solutions

（1）Human peripheral blood.

（2）15 g/L EDTA-Na$_2$: Weigh 15 g of EDTA-Na$_2$ and dissolve it in 1 L of distilled water.

（3）β-mercaptoethanol.

（4）6 mol/L NaI （containing 10 mmol/L β-mercaptoethanol）: Add 89.9 g of pure sodium iodide（NaI）and dissolve in distilled water, make the final volume to 100 mL. Then add β-mercaptoethanol to a final concentration of 10 mmol/L and pull the solution into a brown bottle at room temperature.

（5）Chloroform : isoamylalcohol（24 : 1）.

（6）Isopropanol.

（7）70% ethanol.

（8）TE（10 mmol/L Tris-HCl, 1 mmol/L EDTA, pH 8.0）: Weigh 0.12 g of Tris and dissolve it in appropriate amount of distilled water. Adjust pH to 8.0 with 1 mol/L HCl and make the final volume to 100 mL. Add 0.037 g of EDTA and dissolve it in the above solution.

（9）Distilled water.

4. Equipments

（1）Centrifuge tube（5 mL, 1.5 mL）.

（2）High-speed centrifuge.

（3）Vortex device.

（4）Drying oven.

（5）Pipette（P100, P200, P1000）.

（6）Sterile syringe（5 mL）.

5. Methods

（1）Preparation of anticoagulant tube.

Add 0.4 mL of anticoagulants（15 g/L EDTA-Na$_2$）into a 5 mL centrifuge tube and reverse the tube for several times, then dry at 55 ℃.

（2）Preparation of anticoagulant blood.

Draw 5 mL of human peripheral blood with sterile syringe and pour the blood into the above anticoagulant tube and store at 4 ℃. The anticoagulant blood can be divided into small portions and stored at −80 ℃ for 2 months. This process does not affect the genomic DNA extraction.

（3）Isolation of genomic DNA.

1）Add 100 μL of anticoagulant blood to a 1.5 mL tube, then add 1 mL of distilled water and gently mix by inversion 5 to 10 times, centrifuge at 5,000 rpm for 3 min.

2）Discard the supernatant and add 100 μL of 6 mol/L NaI solution, mix them on a vortex for 10 s.

3）Add 200 μL of chloroform : Isoamylalcohol（24 : 1）and mix acutely for 30 s, then centrifuge at 10,000 rpm for 3 min.

4）Transfer the supernatant into a new 1.5 mL tube, add 2-fold volume of isopropanol and mix fully. Then centrifuge at 10,000 rpm for 5 min.

5）Discard the supernatant and add 1 mL of 70% ethanol to wash the precipitate for twice. Dry the precipitate at room temperature or at 55 ℃ for 20 min.

6) Add 50 μL of TE solution to dissolve the genomic DNA. The genomic DNA solution can be stored at 4 ℃ or used directly for gene amplification or restriction enzyme digestion analysis in further molecular biology experiments.

6．Notes

（1）Citric acid，EDTA and heparin. These three kinds of anticoagulants can be used. But heparin affects the following enzyme reaction. In case of no special requirements，use citric acid or EDTA to treat blood samples.

（2）The yield of genomic DNA of whole blood stored at 4 ℃ yields falls slightly （yield：90％）. Generally there is no effect for DNA extraction even to the 4th day，but the DNA purity of blood with heparin treatment decreases obviously. To the 10th day，it is difficult to isolate DNA from the heparinized blood. However，the yield of genomic DNA from blood with citric acid or EDTA treatment reaches at 85％.

（3）The extracted DNA can be dissolved in TE buffer and stored at 4 ℃ or in a freezer. However，if the DNA is dissolved in distilled water，it must be frozen to prevent the degradation of DNA.

（4）DNA purity can be measured by the A_{260}/A_{280} ratio，usually the ratio ranges from 1.8 to 2.0. (If the ration $>$ 1.9，it indicates the RNA contamination；if the ratio $<$ 1.6，it indicates the protein，phenol or other contaminations).

7．Questions

（1）Summarize the key steps for genomic DNA isolation in this experiment.

（2）How to determine whether the genomic DNA can be used for clinical testing?

实验七　肝脏 RNA 提取（苯酚法）
（Experiment 7　Liver RNA Extraction（Phenol Method））

一、目的和要求

1. 掌握从动物中提取、分离和纯化 RNA 的基本原理和操作方法。
2. 了解 RNA 的生物学特性及其在研究中的应用。

二、基本原理

细胞内大部分 RNA 均与蛋白质结合在一起，以核蛋白的形式存在。因此分离 RNA 时必须使 RNA 与蛋白质解离，目前制备 RNA 最经济、应用最广的是苯酚法。

以酚/水两相系统分离 RNA 是将细胞或细胞器置于含有 SDS 的缓冲液中，加等体积的饱和酚，通过剧烈振荡，然后离心，形成上层水相和下层酚相。核酸溶于水相，被酚变性的蛋白质或溶于酚相,或在两相界面形成一变性蛋白质层。实验所用 0.15mol/L 盐溶液缓冲系统可使大部分核糖核蛋白解离,但脱氧核糖核蛋白只有极少部分解离,再用酚处理后,脱氧核糖核蛋白变性,在低温条件下,从水相中去除,这样得到的 RNA 制品中混杂的 DNA 量极低。RNA 制品继续用氯仿-异戊醇处理,可进一步去除其中混有的少量蛋白质。最后用乙醇使 RNA 从水溶液中沉淀下来。

实验所制备的核酸可用紫外吸收法、定磷法等测定 RNA 含量。

三、材料与试剂

1. 实验材料:动物(猪或兔)肝脏。

2. 实验试剂。

(1) SDS-缓冲盐溶液(0.3% SDS-0.1mol/L 氯化钠-0.05mol/L 乙酸钠,pH=5.0):称取 1.5g SDS,2.92g 氯化钠,2.05g 乙酸钠溶于水中,用乙酸调 pH 至 5.0,最后定容至 500mL。

(2) 水饱和酚:市售重蒸酚。

(3) 氯仿:异戊醇(24:1)

(4) 含 2% 乙酸钾的 95% 乙醇溶液。

(5) 75% 乙醇、95% 乙醇、无水乙醇。

(6) 乙醚。

(7) TE(10mmol/L Tris-HCl,1mmol/L EDTA,pH8.0):称取 0.12g Tris,加适量蒸馏水溶解,用 1mol/L HCl 溶液调至 pH8.0,并定容至 100mL,加入 0.037g EDTA 溶解。

(8) 无菌去离子水。

四、实验器材

1. 眼科手术剪刀。

2. 电子天平。

3. 研钵。

4. 离心管(50mL、1.5mL)。

5. 高速离心机。

6. 涡旋器。

7. 烘箱。

8. 微量移液器(P100、P1000)。

五、实验方法

1. 取 5g 动物肝脏组织,剪碎后在研钵中加入 25mL SDS-缓冲盐溶液,研磨使其匀浆。将匀浆液倒入 50mL 离心管中,再加等体积饱和酚,室温下剧烈振荡 10min。

2. 置冰浴中分层,4℃ 12000rpm 离心 10min。

3. 收集离心后的上清液,转移至新的离心管,加等体积的氯仿-异戊醇溶液,室温下剧烈振荡 10min,然后 4℃ 12000rpm 离心 10min。

4. 吸取上清液至新的离心管,加入两倍体积的含 2% 乙酸钾的 95% 乙醇,充分混匀,置于冰浴中 1h 使 RNA 沉淀（此沉淀液可在冰箱中放置较长时间）。

5. 沉淀液 4℃ 12000rpm 离心 10min，去上清，收集沉淀。

6. 依次用 1mL 75%乙醇、无水乙醇、乙醚各洗一次，同上法离心，最后去乙醚后真空干燥收集 RNA，或溶液少量 TE，置−20℃保存。

六、注意事项

1. 为提高得率，尽可能研碎肝脏组织块。

2. 第一次离心后酚/水相分层，若所取上清中混有蛋白，可再行一次饱和酚混匀后离心，进一步去除蛋白。

3. 洗涤沉淀时，切忌将微量 RNA 沉淀和洗涤液一起倒出，可用微量移液器吸出。

4. RNA 来源丰富，除本实验肝脏外，还可从酵母中提取（相应采用稀碱法）。

七、思考题

1. RNA 易被 RNA 酶消化，请问实验过程中应该注意些什么？

2. 获得的 RNA 可用于后续哪些研究？

实验八　核酸的定量测定（定磷法、紫外吸收法）
（Experiment 8　Quantitative Determination of Nucleic Acids （Phosphorus Determination Method，UV Absorption Method））

一、定磷法测定核酸含量

（一）目的和要求

掌握定磷法测定核酸含量的基本原理。

（二）基本原理

在酸性环境中，定磷试剂中的钼酸铵以钼酸形式与样品中的磷酸反应生成磷钼酸，当有还原剂（如抗坏血酸、1,2,4−氨基萘酚磺酸）存在时，磷钼酸立即转变成蓝色的还原产物——钼蓝。

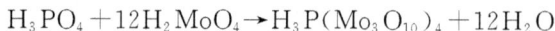

$$H_3PO_4 + 12H_2MoO_4 \rightarrow H_3P(Mo_3O_{10})_4 + 12H_2O$$

$$\downarrow 还原剂$$

$$钼蓝$$

钼蓝最大的光吸收在 650～660nm 波长处，当使用抗坏血酸为还原剂时，测定的最适范围为 1～10μg 无机磷。

测定样品核酸的总磷量，需先将它用硫酸或过氯酸消化成无机磷，再进行测定。总磷量减去未消化样品中测得的无机磷量，即得核酸含磷量，由此可计算出核酸含量。

（三）材料与试剂

1. 标准磷试剂：将分析纯磷酸二氢钾（KH_2PO_4）预先置于 105℃ 烘箱中烘至恒重，然后放在干燥器内使温度降到室温,精确称取 0.2195g(含磷 50mg),用水溶解,定容至 50mL(其中磷的质量浓度为 1g/L),作为贮存液置冰箱中待用。测定时,取此溶液稀释 100 倍,使磷的质量浓度为 10mg/L。

2. 定磷试剂(3mol/L 硫酸∶水∶2.5％钼酸铵∶10％抗坏血酸＝1∶2∶1∶1 体积比):按上述顺序依次加样,配制后当天使用。正常颜色为浅黄绿色,如呈棕黄色或深绿色则不能使用。抗坏血酸溶液可在冰箱中放置 1 个月。

3. 沉淀剂:称取 1g 钼酸铵溶于 14mL 70％过氯酸中,加 386mL 水。

4. 5mol/L 硫酸溶液。

5. 30％过氧化氢。

(四)实验器材

1. 分析天平。

2. 容量瓶(50mL、100mL)。

3. 台式离心机。

4. 离心管。

5. 凯氏烧瓶。

6. 恒温水浴。

7. 200℃烘箱。

8. 玻璃试管。

9. 吸量管。

10. 721 型分光光度计。

(五)实验方法

1. 标准曲线的测定:

(1)取 12 支洗净烘干的玻璃试管,按表 11-1 加入标准磷溶液、水及定磷试剂,平分成两份。

表 11-1　标准曲线制作

编号	标准磷溶液/mL	水/mL	相当于无机磷量/μg	定磷试剂/mL
1	0	3.0	0	3
2	0.2	2.8	2	3
3	0.4	2.6	4	3
4	0.6	2.4	6	3
5	0.8	2.2	8	3
6	1.0	2.0	10	3

(2)立即将试管内溶液摇匀,置 45℃恒温水浴内保温 25min,取出冷却至室温,于 660nm 处测定光密度。

(3)取两管平均值,以标准磷含量(μg)为横坐标,光密度值为纵坐标,绘出标准曲线。

2. 测总磷量:

(1)取 4 个微量凯氏烧瓶,1、2 号瓶内各加 0.5mL 蒸馏水作为空白对照,3、4 号各加 0.5mL 制备的 RNA 溶液(约含 RNA 3mg),然后各加 1.0～1.5mL 5mol/L 硫酸溶液。

(2)将凯氏定氮瓶置烤箱内。于 140～160℃消化 2～4h。待溶液呈黄褐色后取出冷却，加入 1～2 滴 30% 过氧化氢（勿滴于瓶壁），继续消化，直至溶液透明为止。

（3）取出，冷却后加 0.5mL 蒸馏水，于沸水浴中加热 10min，以分解消化过程中形成的焦磷酸。然后将凯氏定氮瓶中的内容物用蒸馏水定量地转移到 50mL 容量瓶中，定容至刻度。

（4）取 4 支玻璃试管，分成两组，分别加入 1mL 上述消化后定容的样品和空白溶液，如前法进行定磷比色测定。测得的样品光密度减去空白光密度，并从标准曲线中查出磷的质量（μg），再乘以稀释倍数即得每毫升样品中的总磷量。

3. 测无机磷量：

（1）取 4 支离心管，于 2 支中各加入 0.5mL 蒸馏水作为空白对照，另 2 支中各加入 0.5mL 制备的 RNA 溶液。

（2）4 支离心管中各加入 0.5mL 沉淀剂，摇匀，3500rpm 离心 15min。

（3）取 0.1mL 上清液，加 2.9mL 水和 3mL 定磷试剂，同上法比色，由标准曲线中查出无机磷的质量（μg），再乘以稀释倍数即得每毫升样品中的无机磷量。

4. 核酸含量计算：

RNA 中磷的质量百分数为 9.5%，因此可以根据磷的质量百分数计算出核酸的质量，即 1μg RNA 中的磷相当于 10.5μg RNA。将测得的总磷量减去无机磷量即为 RNA 的含磷量。如样品中含有 DNA 时，RNA 的含磷量尚需减去 DNA 的含磷量，才得到 RNA 的含磷量。DNA 中磷的百分数平均为 9.9%（DNA 钠盐中磷的质量百分数平均为 9.2%）。

$$RNA 的质量/μg ＝（总磷量－无机磷量－DNA 质量×9.9\%）×10.5 \tag{11-1}$$

$$核酸的质量百分数/\% ＝（待测液中测得的 RNA 的质量/待测液中制品的质量）×100 \tag{11-2}$$

（六）注意事项

1. 微量取样时务必量取准确，减少误差。

2. 高温消化后取出样品时勿烫伤，应在室温自然空气中冷却，勿急速水冷或冰浴，防止爆裂。

（七）思考题

如果不计算混入的 DNA 的含磷量，测得的 RNA 含量是偏高还是偏低？

二、紫外吸收法测定核酸含量

（一）目的和要求

掌握紫外吸收法测定核酸含量的基本原理和计算方法。

（二）基本原理

核酸（DNA 和 RNA）在 260nm 波长处都有最大吸收峰，核酸具有的紫外吸收性质是嘌呤环和嘧啶环的共轭双键所具备的特性。因此，一切含嘌呤和嘧啶的物质，不论是核苷、核苷酸或核酸都具有紫外吸收的特性。蛋白质由于含有芳香族氨基酸，因此也能吸收紫外光。但其最大吸收峰在 280nm 波长处，在 260nm 处的光吸收仅为核酸的 1/10 或更低，故核酸样品中当蛋白质含量极低时对核酸的紫外测定影响不大。RNA 在 260nm 和 280nm 处的光吸收值的比值在 2.0 以上；DNA 在 260nm 和 280nm 处的光吸收值的比值为 1.9 左右。当核酸中混有少量蛋白质时，其比值下降。

紫外吸收法操作简便、快速、灵敏度高,一般可达 3ng/L 的检测水平。目前,已被广泛应用于实验检测中。

(三)材料与试剂

1. 钼酸铵-过氯酸沉淀剂(0.25%钼酸铵-2.5 过氯酸):将 3.6mL 70%过氯酸和 0.25g 钼酸铵溶于 96.4mL 蒸馏水中。

2. 样品 RNA 或 DNA 干粉。

(四)实验器材

1. 分析天平。

2. 容量瓶(50mL)。

3. 台式离心机。

4. 离心管。

5. 紫外分光光度计。

(五)实验方法

1. 纯 RNA 或 DNA 样品的测定:

(1) 将样品配制成浓度为 5~50μg/mL 核酸溶液,于紫外分光光度计上测定 260nm 和 280nm 处的光吸收值。

(2) 按式(11-3)和(11-4)计算核酸浓度和两者比值:

$$\text{RNA 的质量浓度}/\text{mg} \cdot \text{L}^{-1} = (A_{260}/0.024L) \times \text{稀释倍数} \tag{11-3}$$

$$\text{DNA 的质量浓度}/\text{mg} \cdot \text{L}^{-1} = (A_{260}/0.020L) \times \text{稀释倍数} \tag{11-4}$$

式中:A_{260} 为 260nm 波长处的光吸收值;L 为比色杯的厚度,一般为 1cm;0.024 为每毫升溶液中含 1μg RNA 的光吸收;0.020 为每毫升溶液中含 1μg DNA 钠盐时的光吸收。

2. 样品中混为酸溶性核苷酸时的测定方法:

(1) 取 2 支离心管,A 管加入 0.5mL 样品和 0.5mL 蒸馏水,B 管加入 0.5mL 样品和 0.5mL 钼酸铵-过氯酸沉淀剂,摇匀,在冰浴中放置 30min,3000rpm 离心 10min。

(2) 分别从 A、B 管中取出 0.4mL 上清液至两个 50mL 容量瓶中,用蒸馏水定容至刻度。

(3) 分别取适量上述溶液于 260nm 波长处测定光吸收值,根据下式计算浓度。

$$\text{RNA(或 DNA)的质量浓度}/\text{mg} \cdot \text{L}^{-1} = (\Delta A_{260}/0.024 \text{ 或 } 0.020L) \times \text{稀释倍数} \tag{11-5}$$

式中:ΔA_{260} 为 A 管稀释液在 260nm 波长处的光吸收值减去 B 管稀释液在 260nm 波长处的光吸收值。

$$\text{核酸的质量百分数}/\% = (\text{待测液中测得的核酸质量}/\text{待测液中制品的质量}) \times 100 \tag{11-6}$$

(六)注意事项

配制适当浓度的核酸溶液时取样务必量取准确,减少误差。

(七)思考题

1. 在混有酸溶性核苷酸时,加入钼酸铵-过氯酸处理的作用是什么?

2. 如何确定待测样品是否为纯核酸?

实验九　琼脂糖凝胶电泳分离 DNA
（Experiment 9　Agarose Gel Electrophoresis for DNA Separation）

一、目的和要求

1. 掌握琼脂糖凝胶电泳分离 DNA 的原理和操作方法。
2. 了解 DNA 在电泳中的特点和琼脂糖凝胶电泳的应用范围。

二、基本原理

琼脂糖凝胶具有操作方便、制备容易、机械性能好、分离 DNA 片段范围广等优点,因此琼脂糖凝胶是分子生物学实验中 DNA 分离、纯化、鉴定以及相对分子量测定常用的电泳介质。凝胶浓度与被分离 DNA 样品的相对分子量呈反比关系(见表 11-2),一般常用的凝胶浓度为 1%～2%。

表 11-2　琼脂糖浓度和线性 DNA 的分辨率之间的关系

琼脂糖凝胶浓度/%	线性 DNA 的分辨范围(bp)
0.5	1000～30000
0.7	800～12000
1.0	500～10000
1.2	400～7000
1.5	200～3000
2.0	50～2000

DNA 分子在 pH 高于其等电点的溶液中带负电荷,在电场中向正极移动。DNA 分子或片段泳动的速率不仅与 DNA 分子的带电量有关(电荷效应),还与 DNA 分子的大小和空间构象有关(分子筛效应)。一般来说,DNA 的相对分子量越大,其电泳时迁移速率越小;超螺旋 DNA 与同一分子量的开环或线性 DNA 的迁移速率也明显不同。

电泳时,用溴酚蓝失踪 DNA 样品在凝胶中所处的大概位置,每种 DNA 样品所处的确切位置需要用 EB 对 DNA 分子进行染色才能确定。EB 可插入 DNA 双螺旋结构的碱基对之间,与 DNA 分子形成一种荧光络合物,在紫外光的激发下发出橙黄色的荧光。一般 EB 可加入凝胶中,也可在电泳后将凝胶放在含 EB 的溶液中浸泡,但小分子 DNA 浸泡时间过长容易引起扩散,故可根据被分离 DNA 分子的大小选择不同的染色方法。EB 检测 DNA 的灵敏度较高,可检出 10ng 水平的 DNA。

三、材料与试剂

1. 实验材料:样品 DNA(一般溶于 TE 缓冲液)。
2. 实验试剂。

(1) 10× TBE 缓冲液(0.89mol/L Tris-0.89mol/L 硼酸-0.025mol/L EDTA):称取 108g Tris 和 9.3g EDTA(EDTANa$_2$ · 2H$_2$O)溶于水,定容至 1000mL,调 pH 至 8.3。作为

电泳缓冲液使用时应稀释 10 倍。

（2）溴酚蓝-甘油指示剂：0.05g 溴酚蓝溶于 100mL 50％甘油中。

（3）0.5mg/L EB 溶液：取 5mg EB 溶于 10mL 蒸馏水。取其中 1mL 稀释至 1000mL。

（4）琼脂糖（分子生物学纯度）。

（5）DNA 分子量标准。

（6）无菌去离子水。

四、实验器材

1. 水平电泳槽及制胶器。

2. 电泳仪。

3. 三角烧瓶（250mL）。

4. 微量移液器（P10 或 P20）。

五、实验方法

（一）制胶

1. 取琼脂糖 1g，加 1×TBE 缓冲液 100mL，于微波炉加热熔化（中火 3min），制成1％琼脂糖凝胶液。

2. 待上述胶液冷却至 60℃ 左右时，加入适量 EB 至终浓度为 0.5μg/mL（如需电泳后染色，则无须操作此步骤）。

3. 在水平制胶器中插入梳子，导入上述胶液至适当高度。室温冷却至胶凝固为止，制好的凝胶可立即使用，可用保鲜膜包裹置于 4℃ 长时间保存。

（二）加样

1. 将上述凝固后琼脂糖凝胶置于水平电泳槽中，拔出梳子，加入适量 TBE 电泳缓冲液（以没过胶面 2～3mm 为宜），排出加样孔中气泡。

2. 取适量 DNA 样品，与溴酚蓝-甘油指示剂混匀，用微量移液器小心加入胶孔中，以不超过最大加样量为宜。同时，加入适量 DNA 分子量标准作为对照。

（三）电泳

将电泳槽正负极和电泳仪正负极对应连接，打开电源。电泳时，DNA 从负极往正极泳动，电压在 5～10V/cm 胶。当溴酚蓝指示剂跑到 3/4 胶长时，停止电泳。

（四）染色（如 EB 已加入胶中，可省略本步骤）

将未加入 EB 的电泳后凝胶置于 0.5mg/L 的 EB 溶液中浸泡染色 20～30min，染色液可重复使用。观察前，用清水漂洗凝胶 10s 去除表面 EB 溶液。

（五）结果观察

将凝胶置于紫外灯下或成像系统中，观察 DNA 条带染色结果。根据分子量标准判断目的 DNA 分子或片段大小，分析结果。可用成像系统实时拍照记录。

六、注意事项

1. 根据所分离 DNA 的相对分子量大小，选择合适的凝胶浓度。

2. EB 是强诱变剂，在操作时务必戴手套，不能污染其他物品或洁净区。手套、含 EB

的凝胶和废液应置于专用的有毒有害化学品收藏装置中，集中进行特殊处理。

七、思考题

1. 琼脂糖凝胶为何能分离 DNA 片段？

2. 如果是分离质粒 DNA，请问不同构象的质粒 DNA 分子与电泳条带的对应关系是怎样的？为什么？

Experiment 9   Agarose Gel Electrophoresis for DNA Separation

1. Purpose

(1) Master the principles and methods of agarose gel electrophoresis.

(2) Understand the characteristics and applications of DNA in agarose gel electrophoresis.

2. Principles

Agarose gel is easy to operate and prepare, and it has good mechanical properties and advantages of separating a wide range of DNA fragments. Agarose gels are widely used in the DNA purification, identification and determination of relative molecular weight by gel electrophoresis separation in the molecular biology experiment. Gel concentration is inversely associated with the relative molecular weight of the DNA (Table 11-2). The commonly used gel concentration was 1% to 2%.

Table 11-2 The relationship between agarose gel concentration and resolution of linear DNA

Agarose gel concentration /%	Resolution range of linear DNA (bp)
0.5	1,000~30,000
0.7	800~12,000
1.0	500~10,000
1.2	400~7,000
1.5	200~3,000
2.0	50~2,000

DNA molecules are negatively charged in the solution which pH is higher than the isoelectric point (pI) of DNA, and move to the cathode in an electric field. The mobile rate of DNA molecules or fragments is not only associated with their electricity (charge effect), but also related to their conformation and molecular size (molecular sieving effect). In general, the relative molecular weight of DNA is bigger, their electrophoretic migrating rate is much smaller. The mobile rates of supercoiled DNA and its open-loop or linear confirmation with the same molecular weight are significantly different.

The bromophenol blue is usually used to indicate the approximate location of DNA samples in agarose gel electrophoresis. The precise location of each DNA sample in the gel needs to be determined by EB staining. EB can be inserted between the double helix structure of DNA base pairs and to form a fluorescent complex with DNA. When the DNA complex is excited by UV light, it can produce orange fluorescence. Generally, EB is added to the gel before electrophoresis or the gel is placed in EB soltion after electrophoresis. If the soaking time is too long for the small DNA molecules, it will easily lead to DNA diffusion. The selection of staining methods depends on the size of the DNA molecules. EB is highly sensitive to detect DNA and DNA can be detected at a 10-ng-level.

3. Materials and Solutions

(1) DNA sample (usually dissolved in TE buffer).

(2) $10 \times$ TBE buffer (0.89mol/L Tris $-$ 0.89 mol/L Borate $-$ 0.025 mol/L EDTA): Weigh 108 g of Tris and 9.3 g of EDTA (EDTANa$_2$ · 2H$_2$O) and dissolve it in distilled water. Make the final volume to 1000 mL and adjust pH to 8.3. Dilute 10-fold if it is used as the electrophoresis buffer.

(3) Bromophenol blue-glycerol indicator: Add 0.05 g of bromophenol blue powder and dissolve it in 100 mL of 50% glycerol.

(4) 0.5 mg/L EB stocking solution: Add 5 mg of EB and dissolve it in 10 mL of distilled water. Dilute 1000-fold if it is used as the staining buffer.

(5) Agarose (molecular biology grand).

(6) DNA molecular weight standards.

(7) Distilled water.

4. Equipments

(1) Horizontal electrophoresis tank and necessary attachments.

(2) Power supply.

(3) Conical Flask (250 mL).

(4) Pipette (P10 or P20).

5. Methods

(1) Making the gel(for a 1% gel, 100 mL volume).

1) Weigh 1 g of agarose into a 250 mL conical flash. Add 100 mL of $0.5 \times$ TBE buffer, swirl and mix. Microwave it for about 3 min to dissolve the agarose.

2) Leave it to cool on the bench to about 60 ℃. Add an appropriate amount of EB to a final concentration of 0.5 μg/mL (For staining after electrophoresis, this step is NOT required).

3) Pour the gel solution slowly into the tank. Push any bubbles away to the side using a disposable tip. Insert the comb and double check if it is correctly positioned.

4) Leave to set for at least 30 min, preferably 1 hour, with the lid on if possible.

(2) Loading samples.

1) Place the gel in a horizontal electrophoresis tank and pull out the comb. Pour 0.5 ×TBE buffer into the gel tank to submerge the gel to 2－3 mm depth and push any bubbles out of the sample wells.

2) Add an appropriate amount of DNA sample and mix with bromophenol blue-glycerol indicator. Add the mixture carefully into the well (Do NOT exceed the maximal loading volume of the well). Load the first well with DNA molecular weight standards as a control.

(3) Electrophoresis.

Close the gel tank, switch on the power supply and run the gel at 5－10 V/cm. Monitor the progress of the gel by reference to the marker dye. Stop running when the dye reaches 3/4 of the length of gel.

(4) Staining (If add EB in the gel, ignore this step).

If EB is not added in gel, place the gel in a 0.5 mg/L of EB solution after electrophoresis. Stain the gel for 20－30 min. The staining solution can be reused. Before visualization, remove the EB from the gel surface by washing with water for 10 s.

(5) Visualization.

Place the gel under UV light or imaging system and observe DNA bands. According to the molecular weight standards, determine and analyze the size of DNA molecules or fragments.

6. Notes

(1) Select an appropriate concentration of the gel according to the relative molecular weight of the DNA for separating.

(2) Wear gloves during operations since EB is a strong mutagen. Do NOT contaminate other items or clean areas. All EB-contaminated gloves and gels should be placed in an appropriate collection device for dedicated hazardous chemicals for further special treatments.

7. Questions

(1) Why can an agarose gel separate DNA fragments?

(2) If separating the plasmid DNA, what is the corresponding relationship of the different conformations of plasmid DNA and the electrophoretic bands? Why?

实验十　聚丙烯酰胺凝胶电泳分离 RNA

（Experiment 10　RNA Separation by Polyacrylamide Gel Electrophoresis）

一、目的和要求

1. 掌握聚丙烯酰胺凝胶电泳分离 RNA 的原理和操作方法。
2. 了解聚丙烯酰胺凝胶电泳在分离核酸时的优点。

二、基本原理

与琼脂糖凝胶电泳相比，聚丙烯酰胺凝胶具有几个突出优点：①分辨率高，尤其是对小片段核酸分子(5～500bp)的分析和分离，相差 1bp 的 DNA 分子或变形的 RNA 分子也能令人满意地分开；②负载容量大，在较大加样量的情况下仍能获得满意的电泳分离效果；③分离纯度高，从聚丙烯酰胺凝胶中分离得到的 RNA 纯度很高，可直接用于下一步操作。

核酸分子在一定 pH 值的缓冲液中带有电荷，将其放入电场中，可向与其所带电荷电性相反的电极移动。聚丙烯酰胺凝胶具有分子筛效应，核酸分子大小、形状不同，故在电场作用下，核酸分子在聚丙烯酰胺凝胶中泳动速度不同，依此可达到分离纯化的目的。

一般情况下，分离 RNA 样品多采用 2.4%～5.0%聚丙烯酰胺凝胶进行电泳，如需分析相对分子量较小的 RNA，可采用 8%甚至更高浓度的聚丙烯酰胺凝胶，聚丙烯酰胺凝胶的浓度与 RNA 的分辨率范围见表 11-3。

表 11-3　聚丙烯酰胺浓度和 RNA 分辨率之间的关系

聚丙烯酰胺凝胶浓度/%	RNA 的相对分子量范围
15～20	＜ 10000
5～10	10000～100000
2～5	100000～2000000

三、材料与试剂

1. 实验材料：样品 RNA（一般溶于无 RNase 的去离子水）。

2. 实验试剂。

（1）20%丙烯酰胺储存液：取重结晶的丙烯酰胺 19.0g 及甲撑双丙烯酰胺 1.0g，蒸馏水溶解，稀释至 100mL。

（2）10×TBE 缓冲液（0.89mol/L Tris-0.89mol/L 硼酸-0.025mol/L EDTA）：称取 108g Tris 和 9.3g EDTA（EDTANa$_2$ · 2H$_2$O）溶于水，定容至 1000mL，调 pH 至 8.3。作为电泳缓冲液使用时应稀释 10 倍。

（3）四甲基乙二胺（TEMED）。

（4）10%过硫酸铵（W/V）：称取 1g 过硫酸铵固体溶于 10mL 去离子水中。需新鲜配制，冰箱中可保持数日。

（5）40％蔗糖-0.2％溴酚蓝溶液：取蔗糖 40g,溴酚蓝 0.2g 溶于 100mL 水中。

（6）0.2％甲烯蓝染液：取 0.2g 甲烯蓝溶于 100mL pH4.7 的 0.4mol/L 醋酸缓冲液中,过滤后使用。

（7）6％醋酸液：取醋酸 60mL 加水至 1000mL。

（8）无菌去离子水。

四、实验器材

1. 玻璃管(10cm×0.6cm)或平板制胶器。
2. 垂直柱型或垂直板型电泳槽。
3. 直流稳压电源。
4. 橡皮塞。
5. 长针头注射器。
6. 微量移液器(P20、P100)。

五、实验方法

（一）制胶

1. 取玻管(10cm×0.6cm)1 支,下端用胶布封闭管口,垂直立在试管架上。

2. 取 20％丙烯酰胺储存液 2.5mL、10×TBE 缓冲液 1mL,10μL TEMED 和 6.4mL 蒸馏水,充分混匀,再加过硫酸铵 0.1mL,迅速混匀后立即用移液器装于玻管至 8cm 刻度处,沿玻管加几滴水封面,静置待凝固。

（二）加样

1. 待凝胶聚合完毕后,剥去凝胶管下端胶布,倒出凝胶表面水,用电泳缓冲液洗涤凝胶表面 3 次,凝胶管内加满缓冲液,插入电泳槽中。

2. 取少量 RNA 样品液分别加入等体积的 40％蔗糖-0.2％溴酚蓝溶液混匀,在凝胶管顶端中加入 10～20μL 样品混合液(含 20～50μg RNA)。同法处理 RNA 标准液作为标准对照。

（三）电泳

接通电泳仪电源,上槽接负极,下槽接正极。开始时电流应小一些,以 1～2mA 为宜。待样品进入凝胶后增加至每支凝胶 3mA,调至所需电流并保持。待溴酚蓝至凝胶管下端 2cm 处关闭电源停止电泳,取出凝胶管。

（四）染色与观察

1. 用 5mL 注射器吸满蒸馏水,安上穿刺针头,针尖紧贴玻管壁,边旋边向凝胶管侧壁注入水剥离凝胶。

2. 将凝胶放入染色液中染色 1h,再用 6％醋酸脱色,更换数次脱色液,直到背景清晰,一般需脱色 24h;

3. 将凝胶泡在 6％醋酸中,取出后在紫外灯下观察,比较不同样品的电泳区带。

六、注意事项

1. 制胶时覆盖胶面上的水层,应尽量避免水冲击胶面。

2. 电泳后形成的 RNA 区带并不是按照 RNA 分子的大小排列的。

3. 溴酚蓝示踪剂在不同浓度的丙烯酰胺凝胶中所处的位置是不同的,凝胶浓度越大,其在胶中所处的位置越靠前。溴酚蓝在不同浓度聚丙烯酰胺凝胶中所处的位置相当于 DNA 片段的大小(见表 11-4)。

表 11-4　溴酚蓝在非变性聚丙烯酰胺凝胶中的迁移率所对应的 DNA 片段的大小

聚丙烯酰胺浓度/%	DNA 片段的大小/bp
3.5	100
5.0	65
8.0	45
12.0	20
15.0	15
20.0	12

七、思考题

1. RNA 分子在非变性聚丙烯酰胺凝胶中的迁移率与其哪些因素有关?

实验十一　人基因组 DNA 多态性分析
(Experiment 11　Polymorphism Analysis of Human Genomic DNA)

一、目的和要求

1. 掌握人基因组 DNA 多态性分析的原理。

2. 了解人基因组 DNA 的特点及其多态性分析的应用。

二、基本原理

基因组 DNA 水平上的多态性检测技术是进行基因组研究的基础。限制片段长度多态性(restriction fragment length polymorphism,RFLP)已被广泛用于基因组遗传图谱构建、基因定位以及生物进化和分类的研究。RFLP 是根据不同品种(个体)基因组的限制性内切酶的酶切位点碱基发生突变,或酶切位点之间发生了碱基的插入、缺失,导致酶切片段大小发生了变化,这种变化可以通过特定探针杂交进行检测,从而可比较不同品种(个体)的 DNA 水平的差异(即多态性),多个探针的比较可以确立生物的进化和分类关系。所用的探针为来源于同种或不同种基因组 DNA 的克隆,位于染色体的不同位点,从而可以作为一种分子标记(mark),构建分子图谱。当某个性状(基因)与某个(些)分子标记协同分离时,表明这个性状(基因)与分子标记连锁(见图 11-1)。分子标记与性状之间交换值的大小,即表示目标基因与分子标记之间的距离,从而可将基因定位于分子图谱上。分子标记克隆在质粒上,可以繁殖及保存。不同限制性内切酶切割基因组 DNA 后,所切的片段类型不一样,因此,限制性内切酶与分子标记组成不同组合进行研究。常用的限制性内切酶一般是 $Hind$ Ⅲ、BamHⅠ、EcoRⅠ、EcoRⅤ、XbaⅠ,而分子标记则有几个甚至上千个。分子标记越多,则所构建的图谱就越饱和。构建饱和图谱是 RFLP 研究的主要目标之一。

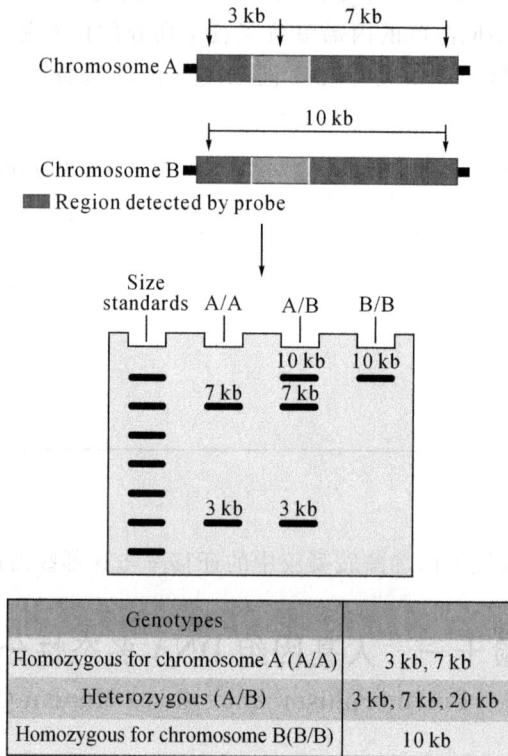

图 11-1　RFLP 原理

三、材料与试剂

1. 实验材料:人基因组 DNA(大于 50kp,分别来自不同的标本)。

2. 实验试剂:

(1) 限制性内切酶(BamH I,EcoR I,$Hind$ III,Xba I)及 10×酶切缓冲液。

(2) 5×TBE 电泳缓冲液:配方见实验九。

(3) 变性液:0.5mol/L NaOH,1.5mol/L NaCl。

(4) 中和液:1mol/L Tris-HCl, pH7.5 1.5mol/L NaCl。

(5) 10×SSC:300mmol/L 柠檬酸钠,1mol/L NaCl,pH7.0。

(6) 其他试剂:0.4mol/L NaOH,0.2mol/L Tris-HCl pH7.5 2×SSC,0.8% Agarose,0.25mol/L HCl。

(7) 无菌去离子水。

四、实验器材

1. 电泳仪及电泳槽。

2. 照相用塑料盆。

3. 玻璃或塑料板(比胶块略大)。

4. 吸水纸。

5. 尼龙膜。

6. 滤纸。

7. 恒温水浴。

8. eppendorf 管(0.5mL)。

9. 微量移液器(P10、P20、P100)。

五、实验方法

(一) 基因组 DNA 的酶解

1. 在 $50\mu L$ 反应体系中,进行酶切反应:$5\mu g$ 基因组 DNA、$5\mu L$ $10\times$酶切缓冲液、20U 限制酶(任意一种),加 ddH_2O 至 $50\mu L$。

2. 轻微振荡,离心,37℃反应过夜。

3. 取 $5\mu L$ 反应液,0.8%琼脂糖电泳观察酶切是否彻底,这时不应有大于 30kb 的明显亮带出现。

(二) Southern 转移

1. 酶解的 DNA 经 0.8%琼脂糖凝胶电泳(可 18V 过夜)后 EB 染色观察。

2. 将凝胶块浸没于 0.25mol/L HCl 中脱嘌呤,10min。

3. 取出胶块,蒸馏水漂洗,转至变性液变性 45min。经蒸馏水漂洗后转至中和液中和 30min。

4. 预先将尼龙膜、滤纸浸入水中,再浸入 $10\times SSC$ 中,将一玻璃板架于盆中铺一层滤纸(桥)然后将胶块反转放置,盖上尼龙膜,上覆两层滤纸,再加盖吸水纸,压上 0.5kg 重物,以 $10\times SSC$ 盐溶液吸印,维持 18~24h。也可用电转移或真空转移。

5. 取下尼龙膜,0.4mol/L NaOH 30s,迅速转至 0.2mol/L Tris-HCl,pH7.5 $2\times SSC$ 溶液中浸泡 5min。

6. 将膜夹于两层滤纸内,80℃真空干燥 2h。

7. 探针的制备和杂交见"第八章第二节核酸探针制备和标记"。

六、注意事项

1. 未酶切的 DNA 要防止发生降解,酶切反应一定要彻底。

2. 脱嘌呤时间不能过长。

3. 除方法(二)之步骤 1、4、5 外,其余均在摇床上进行操作。

4. 方法(二)之步骤 4 中,当尼龙膜覆于胶上时,绝对防止胶与膜之间有气泡发生,加盖滤时也不应有气泡发生。

5. 有时用一种限制性内切酶不能发现 RFLP 的差异,这时应该试用另一种酶。

七、思考题

1. 基因组 DNA 的多态性还有其他哪些分析方法?

2. DNA 多态性分析在基因诊断中有哪些应用?

(龚朝辉)

第十二章　酶

(Chapter 12　Enzyme)

实验十二　胰蛋白酶的分离纯化
（Experiment 12　Isolation and Purification of Trypsin）

一、目的和要求

1. 掌握胰蛋白酶的提取原理和方法。
2. 了解胰蛋白酶初步纯化的方法。

二、基本原理

生理情况下,无活性的胰蛋白酶原存在于动物的胰脏中。当它进入小肠后,在钙离子的存在下,胰蛋白酶原被胰蛋白酶或肠激酶从 N-端切除一段六肽,活性中心形成,从而被激活。

胰蛋白酶的稳定性与环境的 pH 值、钙离子浓度和温度有密切关系。在 pH 为 3 时,胰蛋白质酶最稳定;低于 3 时,它容易变性;而大于 5 时,它将自溶。钙离子有稳定胰蛋白酶的作用。高温也容易使胰蛋白酶变性。因此,在分离纯化胰蛋白酶时要考虑这些因素,尽量保持它的稳定性。

分离纯化胰蛋白酶的主要根据为蛋白质等电点的不同和盐析原理。从猪胰脏中提取胰蛋白酶（原）时,先用稀酸溶液从胰腺细胞中提取胰蛋白酶原,再调节 pH 值沉淀绝大多数的酸性蛋白质和非蛋白质,最后采用不同浓度的硫酸铵分级盐析胰蛋白酶原。经溶解后,以极少量的活性胰蛋白酶就可激活胰蛋白酶原。

三、材料与试剂

1. 实验材料:猪胰脏。
2. 实验试剂:
(1) 乙酸酸化水（pH4.0~4.5）。
(2) 2.5mol/L H_2SO_4。
(3) 硫酸铵。

四、实验器材

1. 高速组织搅碎机。

2. 组织匀浆机。

3. 抽滤泵。

4. 抽滤瓶。

5. 高速离心机。

6. 大烧杯。

7. 研钵。

8. 布氏漏斗。

9. 纱布。

10. pH 试纸。

11. 恒温水浴箱。

五、实验方法

（一）胰蛋白酶原的提取

取 1.0kg 猪胰脏，剥去脂肪和结缔组织，剪碎后装入组织捣碎机内，加入 150～200mL（以浸过捣碎机的刀片为准）预冷的乙酸酸化水（pH4.0～4.5）。将猪胰脏捣碎（5 秒/次，间隔 30 秒，共 3 次），然后把匀浆转移到 500mL 烧杯中，在 5～10℃提取 4h 以上。用四层纱布过滤后得到乳白色滤液，再用 2.5mol/L H_2SO_4 调 pH 至 2.5～3.0，静置 2～4h。在静置期间不时检查 pH 值，使 pH 值始终保持在 2.5～3.0 左右。最后用滤纸过滤，收集黄色透明滤液，用量筒测量其总量。

（二）盐析

滤液用 0.75 饱和度的硫酸铵进行盐析。先研细固体硫酸铵，再按每升滤液加 492g 的比例加入硫酸铵，边加边搅拌。盐析溶液静置过夜，次日于 36000 转/分，离心 5～10min，收集的沉淀再在漏斗中抽滤，尽量除去滤液，称重滤饼。

六、注意事项

1. 猪胰脏必须新鲜或低温存放，否则可能因组织自溶而无法提取胰蛋白酶。

2. 胰蛋白酶与糜蛋白酶（胰凝乳蛋白酶）和弹性蛋白酶同时存在于胰脏中。由于它们的结构和很多理化性质非常相似，所以在一般的制备过程中很难将它们彼此彻底分开。可采用亲和层析技术，提高分离纯化的效果。

七、思考题

1. 酶原激活的机制是什么？

2. 影响蛋白质沉淀的因素有哪些？

实验十三　酸性磷酸酶 K_m 和 V_{max} 值测定
（Experiment 13　Determination of the K_m and V_{max} of Acid Phosphatase）

一、目的和要求

1. 掌握测定 K_m 和 V_{max} 的原理。
2. 了解测定 K_m 和 V_{max} 的方法。

二、基本原理

在酶促反应过程中,酶促反应速率(v)与底物浓度的关系呈现 3 个阶段:①在底物浓度很低时,酶促反应的速率随底物浓度的增加而迅速增加,两者间呈正比的关系;②随着底物浓度的继续增加,反应速率的增加开始减慢,两者间不再呈正比的关系;③当底物浓度增加到某种程度时,反应速率达到一个极限值(V_{max})。

反应速率与底物浓度的关系可用米-曼氏方程式(Michaelis-Menten equation)表示:

$$v=\frac{V_{max}[S]}{K_m+[S]} \tag{12-1}$$

米氏常数(K_m)是指反应速率达到最大反应速率一半时的底物浓度。K_m 是酶的一个特征性常数,对于每一个酶促反应,在一定条件下都有其特定的 K_m 值。K_m 的单位和浓度的单位一样。米氏常数 K_m 往往反映酶与底物亲和力的强弱,K_m 数值越大,说明酶与底物的亲和力越弱;反之,K_m 值越小,说明酶与底物的亲和力越强;

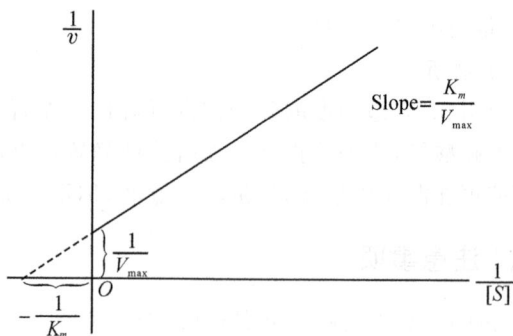

图 12-1　酶促反应的双倒数作图

K_m 值最小的底物往往是酶的最适底物。

为精确测定 K_m 和 V_{max},常用双倒数作图法(Lineweaver-Burk 作图法),即以 $1/V_0$ 对 $1/[S]$ 作图,可得到一条直线(见图 12-1)。直线在横轴上的截距为 $-1/K_m$,纵截距为 $1/V_{max}$,据此可求出 K_m 与 V_{max}。

$$\frac{1}{v}=\frac{K_m}{V_{max}}\cdot\frac{1}{[S]}+\frac{1}{V_{max}} \tag{12-2}$$

酸性磷酸酶(acid phosphatase,E.C.3.1.3.2)广泛分布于动物和植物中,主要分布于植物的种子、霉菌、肝脏和人体的前列腺中。它对生物体核苷酸、磷蛋白和磷脂的代谢,骨的生成与磷酸的利用,都起着重要作用。

酸性磷酸酶能专一性水解磷酸单酯键,是酶动力学研究的良好材料。以磷酸苯二钠为底物,经酸性磷酸酶作用水解生成酚和无机磷,其反应式如下:

$$C_6H_6-O-\overset{\overset{\displaystyle O}{\|}}{\underset{\underset{\displaystyle ONa}{|}}{P}}-ONa+H_2O \xrightleftharpoons{酶} C_6H_6-OH+Na_2HPO_4$$

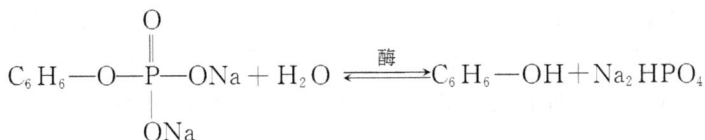

由上式可见,当有足量的磷酸苯二钠存在时,酸性磷酸酯酶的活性越大,所生成的酚和无机磷也越多。因此,可用 Folin-酚法测定产物酚或用定磷法测定无机磷来表示酸性磷酸酶活性。

三、材料与试剂

1. 实验材料:酸性磷酸酶。取原酶液用 0.2mol/L 的 pH5.6 乙酸盐缓冲液稀释 10～20 倍。

2. 实验试剂。

(1) 100mmol/L 磷酸苯二钠水溶液:精确称取磷酸苯二钠($C_6H_6Na_2PO_4\cdot 2H_2O$,相对分子质量 254.10)2.54g,加蒸馏水溶解后定容至 100mL,密闭保存备用。

(2) 5mmol/L 磷酸苯二钠溶液(pH5.6):用 0.2mol/L 乙酸盐缓冲液(pH5.6)稀释 100mmol/L 磷酸苯二钠水溶液 20 倍。

(3) 0.2mol/L 乙酸盐缓冲液(pH5.6):9.10mL 0.2mol/L 乙酸钠,0.90mL 0.3mol/L 乙酸。

(4) Folin-酚试剂:于 2000mL 磨口回流装置内加入钨酸钠($Na_2WO_4\cdot 2H_2O$)100g,钼酸钠($Na_2MoO_4\cdot 2H_2O$)25g,蒸馏水 700mL,85% 磷酸 50mL,浓盐酸 100mL。微火回流 10h 后加入硫酸锂 150g,蒸馏水 50mL 和液体溴数滴摇匀。煮沸约 15min,以驱逐残溴,溶液呈黄色,轻微带绿色;如仍呈绿色,须重复滴加液体溴。冷却后定容到 1000mL,过滤,置于棕色瓶中可长期保存,使用前,用蒸馏水稀释 3 倍。

(5) 1mol/L 碳酸钠溶液:$Na_2Ac\cdot 3H_2O$ 136.09g 加蒸馏水溶解后定容至 1000mL。

(6) 0.2mol/L 乙酸钠溶液:1mol/L 碳酸钠溶液稀释 5 倍。

(7) 0.4mmol/L 酚标准应用液:精确称取分析纯的酚结晶 0.94g 溶于 0.1mol/L 的 HCl 溶液中,定容至 1000mL,即为酚标准贮存液,贮存于冰箱可永久保存,此时的酚浓度约为 0.01mol/L。使用前将上述的酚标准贮存液用蒸馏水稀释 25 倍,即得到 0.4mmol/L 酚标准应用液。

四、实验器材

1. 恒温水浴箱。

2. 分光光度计。

3. 试管。

4. 刻度吸管。

五、实验方法

1. 取试管 7 支,按照 0 至 6 的顺序逐管编号,空白管为 0 号(见表 12-1)。

2. 1～6 号管加入不同体积的 5mmol/L 磷酸苯二钠溶液(pH5.6),并分别补充 0.2mol/L乙酸盐缓冲液(pH5.6)至 0.5mL。

3. 35℃预热 2min,逐管加入 35℃预热过的酸性磷酸酯酶酶液 0.5mL,开始计时,摇匀,精确反应 10min(酶液加入时为起始时间,碳酸钠溶液加入时为终止时间)。

4. 反应时间到达后立即加入 5mL 1mol/L 碳酸钠溶液,再加 0.5mL Folin-酚稀溶液,摇匀。

5. 35℃保温显色约 10min。

6. 0 号管内先加入 0.5mL 5mmol/L 磷酸苯二钠溶液(pH5.6),再加入 2mL 1mol/L 碳酸钠溶液和 0.5mL Folin-酚稀溶液,最后加入 0.5mL 酶液,其他操作与 1～6 号管相同。

7. 冷却后以 0 号管作空白,在分光光度计 680nm 波长处读取各管的吸光度 A_{680}。

表 12-1　K_m 和 V_{max} 测定实验加液程序

管　号	1	2	3	4	5	6	0
5mmol/L 磷酸苯二钠溶液(mL)	0.10	0.14	0.20	0.25	0.33	0.50	0.50
0.2mol/L 乙酸盐缓冲液(mL)	0.40	0.36	0.30	0.25	0.17	0.00	0.00
35℃预热 2min							
35℃预热过的酶液(mL),开始计时	0.50	0.50	0.50	0.50	0.50	0.50	/
注意合理安排酶液加入时间,最好各试管相隔 1min							
摇匀,在 35℃保温,精确反应 10min							
1mol/L 碳酸钠溶液(mL)	2.00	2.00	2.00	2.00	2.00	2.00	2.00
Folin-酚稀溶液(mL)	0.50	0.50	0.50	0.50	0.50	0.50	0.50
35℃预热过的酶液(mL)	/	/	/	/	/	/	0.50
35℃保温显色约 10min							

8. 用各管的 A_{680} 在标准曲线上查出其对应的酚含量,计算各种底物浓度下的反应初速度(V_0)(见表 12-2)。

9. 以 $1/V_0$ 为纵坐标,$1/[S]$ 为横坐标作图,求出 K_m 和 V_{max}。

表 12-2　记录和计算汇总

管　号	1	2	3	4	5	6
A_{680}						
相应于酚的含量(μmol)						
V_0(μmol/min)						
$1/V_0$						
$[S]$(mmol/L)	0.50	0.70	1.00	1.25	1.65	2.50
$1/[S]$	2.00	1.42	1.00	0.80	0.60	0.40

六、注意事项

1. 应保持温和条件,避免剧烈搅拌或震荡。
2. 不得搞错各试剂的加入顺序。
3. 确保反应时间的准确性。

七、思考题

1. 为什么要用双倒数作图法而不是直接用米氏曲线来求米氏常数?
2. K_m 的意义有哪些?

附一 酶促反应进程曲线的制作

要进行酶促进反应动力学研究,首先要确定酶的反应时间。酶的反应时间应该在初速度范围内进行选择,即酶促反应进程曲线中的第一阶段。酶促反应进程曲线是指酶促反应时间与产物生成量(或底物减少量)之间的关系曲线(见图12-2),它反映了酶促反应随反应时间变化的情况。

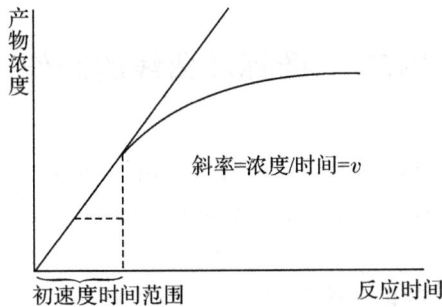

图 12-2 酶促反应进程曲线

从酶促反应进程曲线可以看出,曲线的起始部分在某一段时间范围内呈直线,其斜率代表酶促反应的初速度。要真实反映酶活力的大小,就应该在在这一段时间内进行测定。制作酶促反应进程曲线,求出酶促反应初速度的时间范围是酶动力学性质分析中的基础。

一、酶促反应

取试管 12 支,按 0 到 11 的顺序逐管编号,0 号为空白管。各管加 0.5mL 5mmol/L 磷酸苯二钠溶液,在 35℃恒温水浴箱中预热 2min 后,在 1~11 管内各加入 0.5mL 预热的酶液。酶液加入后摇匀,并立刻精确计时,按时间 3、5、7、10、12、15、20、25、30、40 和 50min 在 35℃恒温下进行酶促反应(酶液加入时为起始时间,碳酸钠溶液加入时为终止时间)。当酶促反应进行到上述相应的时间时,加入 1mol/L 碳酸钠溶液 5mL 终止反应,时间控制详见表 12-3。

表 12-3 酶促反应时间控制程序

管 号	1	2	3	4	5	6	7	8	9	10	11
酶液加入时刻(min,11 号试管最先加样)	10	9	8	7	6	5	4	3	2	1	0
碳酸钠加入时刻(min)	13	14	15	17	18	20	24	28	32	41	50

二、显色

加完 1mol/L 碳酸钠溶液 5mL 后再向试管中加入 0.5mL Folin-酚稀溶液,混匀,保温约 10min 即可显色。空白管所加试剂相同,但酶液最后加入。

三、比色

上述试管冷却后以 0 号管作空白管，在分光光度计上用 680nm 波长测定各管的吸光度 A_{680}。

四、作图

以反应时间为横坐标，A_{680} 为纵坐标绘制酶促反应进程曲线，直线部分涵盖的时间即为酸性磷酸酶反应初速度的时间范围。

附二　酚标准曲线的制作

1. 取试管 9 支，按 1～8 编号，并设 0 号管为空白管（见表 12-4）。

2. 在 1～8 号管中分别加入 0.1～0.8mL 酚标准应用液，用蒸馏水补充体积至 1.0mL，0 号管只加蒸馏水 1.0mL。

3. 各管加入 1mol/L 碳酸钠溶液 2.0mL。

4. 各管加入 Folin-酚试剂 0.5mL。

5. 摇匀后，35℃ 保温 10min。

6. 以 0 号管作空白，在分光光度计 680nm 处测出吸光度 A_{680}。

7. 以酚含量（μmol）为横坐标，A_{680} 为纵坐标，绘制酚标准曲线。

表 12-4　酚标准曲线制作加液程序

管　号	1	2	3	4	5	6	7	8	0
酚含量（μmol）	0.04	0.08	0.12	0.16	0.20	0.24	0.28	0.32	0.00
酚标准应用液（mL）	0.10	0.20	0.30	0.40	0.50	0.60	0.70	0.80	0.00
蒸馏水（mL）	0.90	0.80	0.70	0.60	0.50	0.40	0.30	0.20	1.00
碳酸钠溶液（mL）	2.00	2.00	2.00	2.00	2.00	2.00	2.00	2.00	2.00
Folin-酚稀溶液（mL）	0.50	0.50	0.50	0.50	0.50	0.50	0.50	0.50	0.50

Experiment 13　Determination of the K_m and V_{max} of Acid Phosphatase

1. Purpose

To master the method of determinations of K_m and V_{max}.

2. Principles

Phosphatases are enzymes that catalyze the hydrolysis of phosphate monoesters with consequent release of inorganic phosphate. They work optimally at approximately pH 5 without additional cofactors.

They are widely distributed in nature. The seeds of plants are a particularly rich source of typical acid phosphatases. The amount of phosphatase activity in seeds usually increases sharply upon germination and then falls as the seedling develops.

In this experiment, acid phosphatase is used to develop skills in assaying and studying general kinetic properties of enzymes. To measure its activity, we used a substrate called disodium phenylphosphate. The more activity of acidic phosphatase has, the more phenol is produced. So the content of phenol varies in proportion with the activity of the acidic phosphatase. The amount of phenol is determined by Folin-phenol method.

Several rearran gements of the Michaelis-Menten equation transform it into a straight-line equation. The best known one among them is the Lineweaver-Burk double-reciprocal plot. The Lineweaver-Burk plot is one way of visualizing the effect of inhibitors and determining the Michaelis Constant K_m and the Maximum Velocity V_{max} from a set of measurements of velocity at different substrate concentrations. K_m is equal to the substrate concentration at which $1/2\ V_{max}$ is achieved. V_{max} and K_m are the two parameters which define the kinetic behavior of an enzyme as a function of $[S]$.

If $1/V_0$ is plotted against $1/[S]$, a straight line is obtained where the slope is equal to K_m/V_{max}, the y-intercept is equal to $1/V_{max}$ and x-intercept is equal to $-1/K_m$ (Fig. 12.1).

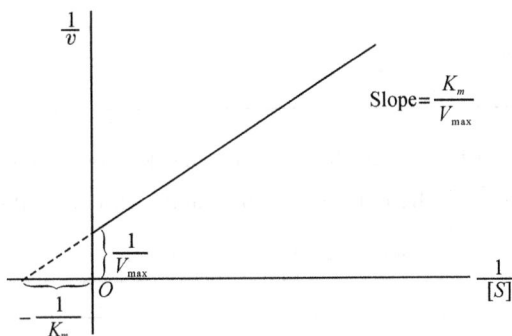

Fig. 12.1　The Lineweaver-Burk double-reciprocal plot

3. Materials and Solutions

(1) Acidic phosphatase.

(2) 0.4 mM phenol standard solution.

(3) H_2O.

(4) 1 mol/L Na_2CO_3.

(5) Folin-phenol solution.

(6) 5 mol/L disodium benzene phosphate (pH 5.6).

(7) 0.2 mol/L acetate buffer (pH 5.6).

4．Equipment

（1）Test tubes.

（2）Pipette and tips.

（3）Water bath.

（4）Test tube rack.

（5）Spectrophotometer.

5．Methods

（1）Select 7 tubes and mark them as 0—6，and #0 tube is used as blank tube.

（2）Add solutions following Table 12-1.

Table 12-1 The procedure for the determination of K_m and V_{max}

Tube Number	1	2	3	4	5	6	0
Disodium benzene phosphate (mL)	0.10	0.14	0.20	0.25	0.33	0.50	0.50
Acetate buffer (mL)	0.40	0.36	0.30	0.25	0.17	0.00	0.00
35 ℃ for 2 min							
35 ℃ acidic phosphatase (mL)	0.50	0.50	0.50	0.50	0.50	0.50	/
Add phosphatase one by one，start to count time；separate for 1 min							
Mix well then incubate at 35 ℃ for exact 10 min							
1M Na_2CO_3 (mL)	2.00	2.00	2.00	2.00	2.00	2.00	2.00
Folin-phenol solution (mL)	0.50	0.50	0.50	0.50	0.50	0.50	0.50
35 ℃ acidic phosphatase (mL)	/	/	/	/	/	/	0.50
35 ℃ for 10 min							

（3）Measure the A_{680} of the samples and the blank tube is used for the zero setting.

（4）Calculate V_0 and $[S]$ the content of the phenol in each tube following Table 12-2.

Table 12-2 Record and calculate

Tube Number	1	2	3	4	5	6
A_{680}						
Amount of phenol (μmol)						
V_0 (μmol/min)						
$1/V_0$						
$[S]$ (mmol/L)	0.50	0.70	1.00	1.25	1.65	2.50
$1/[S]$	2.00	1.42	1.00	0.80	0.60	0.40

（5）$1/V_0$ is plotted versus $1/[S]$，a straight line is obtained where the slope is equal to K_m/V_{max}，the y-intercept is equal to $1/V_{max}$ and x-intercept is equal to $-1/K_m$.

6．Discussion

There are four factors that affect enzyme activity.

(1) The amount of enzyme.

The initial velocity is proportional to the amount of enzyme molecules. The more enzyme, the greater the initial velocity will be, since more product is being formed.

(2) Temperature.

Proteins are usually denatured by temperatures above 50 ℃. Any temperature lower than that causes an increase in enzyme activity, until the freezing point is reached. Here, freezing an enzyme often denatures it and results in a loss of catalytic activity. However, for every enzyme, there is an optimal temperature that results in the greatest V_0. This temperature is usually in the range of 20 ℃ to 40 ℃.

(3) pH.

Excesses of pH, either solutions that are too acidic or too alkaline, cause denaturation of the enzyme. Hence, all enzyme activity is lost and the V_0 equals zero. Most enzymes in plants and animals operate most efficiently at near neutral pH. The name of the enzyme is acid phosphatase, whose name is indicative of the pH optimum of this enzyme.

(4) Substrate concentration.

At low substrate concentration, the active sites on the enzymes are not saturated by substrate and the enzyme is not working at maximal capacity. As the concentration of substrate increases, more and more enzyme molecules are working. At the point of saturation, no more active sites are available for substrate binding; at this point, the enzyme reaches its maximal velocity, designated V_{max}. The double-reciprocal plot known as the Lineweaver-Burk plot allows us to determine exactly what the V_{max} and K_m of a particular enzyme-catalyzed reaction are.

7. Notes

There may have been errors due to:

(1) Misuse of pipettes.

(2) Test tubes being wet or having some dirt leading to inaccurate results.

(3) Absorbance may have been disturbed as some of the light might have been absorbed by the glass sample of the spectrophotometer itself or by fingerprints lying on the sample glass leading to systematic errors. Maybe more than 2/3 of the solution was in the glass sample leading to overflow of liquid, thus affecting absorbance results. Or perhaps less than 2/3 of the solution was in the glass sample leading to UV light passing over the solution, hence affecting the absorbance results.

(4) Always let the spectrophotometer warm up for 15—20 minutes before using.

8. Questions

(1) Why Lineweaver-Burk plot is used to determine the K_m and V_{max}?

(2) What is the significance of K_m?

实验十四　唾液淀粉酶的最适 pH 测定
（Experiment 14　Optimum pH Value Determination of Salivary Amylase）

一、目的和要求

1. 掌握酶的最适 pH 的概念。
2. 了解检测最适 pH 的方法。

二、基本原理

酶的催化活性与环境 pH 有密切关系。酶活性最高时的 pH 称为酶的最适 pH。高于或低于酶的最适 pH 时，酶的活性均会逐渐降低。

pH 影响酶活性的主要原因有：①pH 影响酶分子活性部位上有关基团的解离。在最适 pH 时，酶分子上活性基团的解离状态，最适于酶与底物的结合；而高于或低于最适 pH 时，酶活性部位基团解离状态不利于酶与底物的结合，酶活力也相应降低。②pH 影响底物的解离状态，从而影响酶活性中心与底物的结合或催化。③pH 影响反应系统中其他组分的解离。缓冲系统的离子性质和离子强度，也可能对酶反应产生影响。④pH 影响酶的稳定性。过高或过低的 pH 会改变酶的活性中心的构象，或甚至改变整个酶分子的结构使其变性失活。

酶的最适 pH 不是酶的特征性常数。对于同一种酶，其最适 pH 因底物和反应体系的不同而有差异。例如，人唾液淀粉酶最适 pH 为 6.8，但在磷酸盐缓冲液中，其最适 pH 为 6.4～6.6，而在乙酸缓冲液中则为 5.6。

人体大多数酶的最适 pH 在 pH7.0 左右，但也有个别例外的，如胃蛋白酶的最适 pH 特别低，为 1.5～2.5；而胰蛋白酶的最适 pH 特别高，达到 8.0。

本实验以人的唾液淀粉酶为例，观察在给定时间内，不同 pH 环境对酶活性的影响，并根据底物即淀粉水解的快慢来判断酶活性的高低。淀粉水解过程中与碘的呈色反应的变化是：淀粉（遇碘呈蓝色）→紫色糊精（遇碘呈紫色）→红色糊精（遇碘呈红色）→无色糊精（遇碘不呈色）→麦芽糖（遇碘不呈色）→葡萄糖（遇碘不呈色）。

三、材料与试剂

1. 实验材料：新鲜唾液。
2. 实验试剂。

（1）1% 淀粉溶液：将 1g 可溶性淀粉和 0.3g 氯化钠混悬于 5mL 蒸馏水中，搅动后，缓慢倒入沸腾的 60mL 蒸馏水中，搅动煮沸 1min，冷却至室温，加水至 100mL，置冰箱中保存。

（2）碘液：称取 2g 碘化钾溶于 5mL 蒸馏水中，再加入 1g 碘，待碘完全溶解后，加蒸馏水 295mL，混匀贮于棕色瓶中。

（3）1% NaCl 溶液。

（4）1% $CuSO_4$ 溶液。

（5）缓冲溶液系统按表 12-5 混合配制。

表 12-5　缓冲溶液系统配制表

pH	0.2mol/L 磷酸氢二钠溶液（mL）	0.1mol/L 柠檬酸溶液（mL）
5.0	5.15	4.85
6.8	7.72	2.28
8.0	9.72	0.28

四、实验器材

1. 试管和试管架。
2. 恒温水浴箱。
3. 滴管。
4. 量筒。
5. 玻棒。
6. 白瓷板。
7. 漏斗。
8. 秒表。
9. 烧杯。
10. 棕色瓶。

五、实验方法

(一)收集唾液

先用蒸馏水漱口，以清除食物残渣；然后含一口蒸馏水，半分钟后吐入量筒中稀释至 200 倍，混匀；最后取一只小漏斗，垫小块脱脂棉，过滤唾液稀释液，备用。

(二)唾液淀粉酶最适 pH 的测定

1. 取 1 支试管，加入 1% 淀粉溶液 2mL、pH6.8 缓冲溶液 3mL、唾液稀释液 2mL，摇匀后，向试管内插入一支玻棒，置 37 ℃水浴保温，开始计时。取白瓷板一个，在各小池内分别加 1～2 滴碘液。每隔 1min 用玻棒从试管中取出 1 滴混合液于白瓷板上，检查淀粉水解程度。待混合液遇碘不变色时，从水浴中取出试管，立即加入碘液 1 滴，摇匀后，观察溶液的颜色，再次确认水解程度。记录从加入酶液到加入碘液的时间，此时间称为保温时间。理想保温时间为 8～15min。

2. 取试管 3 支，编号，按表 12-6 操作。

表 12-6　唾液淀粉酶最适 pH 的测定

试剂（mL）	试管 1	试管 2	试管 3	备　注
缓冲溶液				
pH5.0	3	0	0	
pH6.8	0	3	0	
pH8.0	0	0	3	
1% 淀粉溶液	2	2	2	
淀粉酶液	2	2	2	每隔 1min 逐管加入

3. 将上述各管溶液混匀后，再以 1min 间隔依次将 3 支试管置于 37 ℃水浴中保温。达保温时间后，依次将各管迅速取出，并立即加入碘液 1 滴。观察各试管溶液的颜色并记录结果。

4. 分析 pH 对酶促反应的影响，确定最适 pH。

六、注意事项

1. 在磷酸盐缓冲液中，人唾液淀粉酶在 pH6.8 时具有最大活性，Cl^- 为其激活剂。

2. 观察不同 pH 对酶活性的影响时，pH 之间的差别应较大。

七、思考题

1. 什么是酶的最适 pH？

2. 最适 pH 是不是酶的特征性常数？

实验十五　乳酸脱氢酶同工酶分析
（Experiment 15　Lactate Dehydrogenase Isozyme Analysis）

一、目的和要求

1. 了解醋酸纤维素薄膜电泳分离蛋白质的基本原理。

2. 掌握乳酸脱氢酶同工酶的组织特异性。

二、基本原理

同工酶是指催化的化学反应相同，而分子结构、理化性质和免疫学性质互不相同的一组酶。

乳酸脱氢酶（lactate dehydrogenase，LDH）催化丙酮酸与乳酸的相互转化，是糖酵解过程中的一种重要酶。LDH 是由 H 和 M 两种亚基、4 条多肽链组成的四聚体。因 LDH 亚基的种类和数目不同，故 LDH 有 5 种同工酶，即 LDH_1、LDH_2、LDH_3、LDH_4 和 LDH_5。由于它们的组成、结构和等电点均不同，所以在一定 pH 条件下（一般为 pH8.6）所带电荷数量不同，在电场中泳动速度不同。据此，可以通过电泳把它们区分开来。当向正极方向泳动时，从快到慢的泳动顺序为：LDH_1、LDH_2、LDH_3、LDH_4 和 LDH_5。

LDH 同工酶的分布具有明显的组织特异性。人的心肌、肾和红细胞中以 LDH_1 和 LDH_2 最多，而肝和骨骼肌中则以 LDH_4 和 LDH_5 最多。当组织受损时，LDH 就会释放入血液中，血清 LDH 同工酶谱体现出受损组织的 LDH 同工酶的特征。因此，血清 LDH 同工酶谱的变化能反映疾病的部位和损伤的程度，有助于疾病的定位诊断和治疗效果的判断。

醋酸纤维素薄膜电泳是检测 LDH 同工酶的常用方法。将标本加到醋酸纤维素薄膜上，在适当的缓冲液中进行电泳，使 LDH 分成 5 条区带；电泳后，将醋酸纤维素薄膜覆盖于另一张浸有乳酸钠（底物）和显色剂——吩嗪甲氧硫酸酯（phenazine methosulfate，PMS）和氯化硝基四氮唑兰（nitrobluetetraxolium，NBT）混合液的醋酸纤维素薄膜上，37℃保温，使酶起催化反应，可出现 5 条深浅不同的 LDH 同工酶谱带。本实验的显色原理是：

CH₃CHOHCOOH ⟶ NAD⁺ ⟶ PMS·2H ⟶ NBT(黄色，水溶)

LDH

CH₃COCOOH ⟶ NADH+H⁺ ⟶ PMS ⟶ NBT·2H（蓝紫色，沉淀）

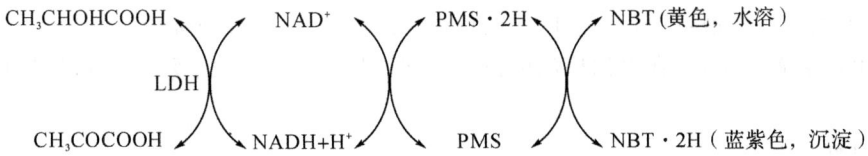

三、材料与试剂

1. 实验材料:新鲜兔心和兔肝。

2. 实验试剂。

(1) 巴比妥缓冲液(pH8.6,离子强度 0.05):分别称取巴比妥 1.85g、巴比妥钠10.3g,溶于 100mL 蒸馏水,加热助溶。待冷后倾入 1000mL 容量瓶中,用蒸馏水稀释至刻度,混匀。此缓冲液即为电泳缓冲液。

(2) 0.1mol/L 磷酸盐缓冲液(pH7.5):称取磷酸二氢钠 2.16g、磷酸氢二钠(Na_2HPO_4·$7H_2O$)22.55g,溶于 800mL 蒸馏水,定溶至 1000mL。

(3) 1mol/L 乳酸钠:吸取乳酸钠液(比重 1.38～1.42,含量 60%～70%)5.3mL 溶于 50mL 0.1mol/L 磷酸盐缓冲液(pH7.5)中,混匀,冰箱保存。

(4) 吩嗪甲氧硫酸酯(phenazine methosulfate,PMS)溶液(1mg/mL)。置棕色瓶中,4 ℃冰箱中保存,一个月内有效。此液对光敏感,如呈绿色则不能使用。

(5) 氯化硝基四氮唑兰(nitrobluetetraxolium,NBT)溶液(3mg/mL):NBT 30mg,加蒸馏水 10mL。

(6) 辅酶Ⅰ(NADH)。

(7) 染色应用液:1mol/L 乳酸钠液 0.8mL,3mg/mL NBT 1.6mL,1mg/mL PMS 0.6mL,辅酶Ⅰ20mg,临用前配制。

(8) 透明液:冰醋酸 3mL,加 95% 乙醇7mL。

(9) 浸出液:氯仿 9mL,加无水乙醇 1mL。

四、实验器材

1. 恒温水浴箱。

2. 电泳槽和电泳仪。

3. 分光光度计。

4. 刻度吸量管(1mL、2mL)。

5. 点样器或血红蛋白吸管。

6. 载玻片。

7. 有盖搪瓷盘。

8. 醋酸纤维素薄膜(6cm×3cm)。

五、实验方法

1. 标本准备:

(1) 心肌提取液:取新鲜兔心,除去结缔组织和脂肪后剪成碎片,放入研钵中,加入两倍体积冰蒸馏水，磨成匀浆。

（2）肝组织提取液：取新鲜兔肝，加两倍体积冰蒸馏水，放在研钵中磨成匀浆。

2. 电泳装置准备：先在电泳槽的电极室内加适量 pH8.6 巴比妥缓冲液，然后搭好滤纸电泳桥。

3. 点样：

（1）准备甲、乙两条 6cm×3cm 的醋酸纤维素薄膜，将甲条醋酸纤维素薄膜浸于 pH8.6 巴比妥缓冲液中充分浸透后取出，用滤纸将膜的多余水分吸干。

（2）取点样器或血红蛋白吸管，在盛有组织提取液的表面皿内蘸一下，使之黏附上组织提取液，然后紧按在无光泽面的距一端 1.5cm 的甲条醋酸纤维素薄膜处，待样品全部渗入膜内，移开点样器或血红蛋白吸管。

（3）将点有样品的薄膜置于电泳槽滤纸桥上，点样面向下，点样端放置在电泳仪的阴极端，静置 10min。

4. 通电：接通电源，调节电压 150～170V，电流 0.6～1.0mA/cm 宽。电泳 45min 左右。

5. 染色：

（1）在电泳结束前 15min 时配制染色应用液。

（2）将乙条薄膜浸入染色应用液中，完全浸润后取出，光面朝下，贴在玻璃片上。

（3）将甲条电泳膜取出，用滤纸迅速吸干两端上的缓冲液，无光泽面朝下贴在乙条薄膜上，将玻片移入有盖搪瓷盘内，盘内置湿纱布一条以保持盘内一定湿度，于 37℃ 保温 3～5min，观察蓝紫色区带。

6. 定量：

（1）用透明液将二条膜洗涤 3 次，晾干。

（2）将各区带剪下，分别溶于 2mL 浸出液中。

（3）用 560nm 波长进行比色，测出各区带的光密度值。

（4）计算 LDH 各部分百分数。

六、注意事项

1. 整个操作过程中，所用器械和试剂要保持清洁。

2. 电泳温度不能过高，当室温超过 25℃ 时则需用冰降温。

3. 各缓冲液的 pH 应该准确。

4. 注意控制染色液的量，过多会导致区带扩散，过少则会因为膜干燥而影响结果酶促反应。

七、思考题

1. 比较不同组织的 LDH 同工酶谱。

2. 测定血清 LDH 同工酶谱的临床意义有哪些？

（郭俊明）

第十三章 物质代谢
(Chapter 13 Material Metabolism)

实验十六 激素对血糖的调节作用
(Experiment 16 Regulation of Blood Glucose Level by Hormone)

一、目的和要求

1. 掌握胰岛素及肾上腺素对血糖浓度的影响。
2. 掌握血糖测定的方法。

二、基本原理

血糖（blood sugar）指血中的葡萄糖。人的血糖水平相当稳定，维持在 $3.89 \sim 6.11 \text{mmol/L}$ 之间。血糖水平的平衡主要受激素调节。其中，胰岛素能降低血糖，肾上腺素能升高血糖。肾上腺素主要在应急状态下发挥作用。

本实验观察家兔在分别注射胰岛素及肾上腺素前后，血糖浓度的变化情况，从而了解胰岛素及肾上腺素对血糖浓度的影响。

测定血糖的方法很多，本实验采用 Nelson-Somogyi 方法进行测定。

$ZnSO_4$ 和 $Ba(OH)_2$ 作用生成 $ZnSO_4$-$Ba(OH)_2$ 胶状沉淀，可沉淀血样中的蛋白质，制得无蛋白滤液。葡萄糖中含有醛基，具有还原性。当此无蛋白滤液与碱性铜盐溶液共热，可使 Cu^{2+} 被血中的葡萄糖还原成 Cu_2O，后者再与砷钼酸反应生成蓝色复合物，即钼蓝。钼蓝颜色的深浅在一定范围内与葡萄糖含量的多少成正比。用标准葡萄糖与砷钼酸作用，比色后用作标准，就可测得血液中葡萄糖的含量。目前，碱性铜试剂仍是测量微量还原性糖的重要方法。

由于葡萄糖在碱性溶液中与 Cu^{2+} 的反应很复杂，氧化剂并非当量地与葡萄糖作用，因此必须严格固定反应条件（时间、温度），才能得到可重复的结果。本法中所用的蛋白质沉淀剂同时也除去了血液中葡萄糖以外的其他各种还原性物质，如谷胱甘肽、葡萄糖醛酸、尿酸等；所用碱性铜盐试剂加入了大量硫酸钠，能对溶入气体产生盐析效应，以减少溶液中溶解的氧，从而减少了 Cu_2O 的再氧化；同时用砷钼酸替代某些旧方法所用的磷钼酸，可使钼蓝的生成稳定，因此血糖值较接近实际数值。

三、材料与试剂

1. 实验材料：家兔。

2. 实验试剂。

（1）生理盐水。

（2）肝素（或其他抗凝剂）。

（3）酒精、二甲苯。

（4）胰岛素及肾上腺素针剂。

（5）4.5% $Ba(OH)_2$ 溶液（密闭保存避免吸收二氧化碳）。

（6）5% $ZnSO_4$ 溶液。

（7）葡萄糖标准液（$2.8×10^{-4}$ mol/L）。

（8）碱性铜盐试剂：将无水磷酸氢二钠 29g 及酒石酸钾钠（$KNaC_4H_4O_6·4H_2O$）40g 溶于 700mL 蒸馏水中，加入 1mol/L NaOH 100mL，混匀，然后，边搅拌边加入 80mL 10% 硫酸铜（$CuSO_4·5H_2O$）溶液，最后加入 180g 无水硫酸钠，溶解后用蒸馏水稀释至 1L。放置 2d 后过滤，以除去可能形成的铜盐沉淀。此试剂可长久使用，如出现沉淀须过滤后再使用。

（9）砷钼酸试剂：50g 钼酸铵[$(NH_4)_6Mo_7O_{24}·4H_2O$]溶于 900mL 蒸馏水中，再缓缓加入 42mL 浓硫酸，混匀。另将 6g 砷酸氢二钠（$Na_2HAsO_4·7H_2O$）溶解于 50mL 蒸馏水中。将以上两种溶液混合，在 37℃ 放置 48h 后置棕色瓶中保存于室温。此试剂呈黄色，如呈蓝绿色，则不可使用。

四、实验器材

1. 剪刀。

2. 注射器及针头。

3. 刀片。

4. 消毒干棉球、酒精棉球。

5. 试管及试管架。

6. Ep 管。

7. 婴儿秤。

8. 移液管或微量移液器。

9. 离心机。

10. 电炉。

11. 可见分光光度计。

五、实验方法

（一）注射激素及取血

1. 取预先饥饿 16h 的家兔 2 只，称体重并记录。

2. 取血。剪去兔耳外缘静脉周围的兔毛，用酒精棉球擦涂兔耳外缘静脉，二甲苯擦拭兔耳，使其血管充血，再用干棉球擦干。用手术刀片划破静脉（约 1～2mm），将血收集入预先加入肝素的 Ep 管里。边收集边及时转动 Ep 管，使血与肝素充分混匀。取血完毕后用干棉球压迫止血。取血过程中保持动物安静。

3. 激素注射。一只兔皮下注射胰岛素，剂量为 2U/kg，然后开始计时，1h 后再次取血。另一只兔皮下注射肾上腺素，剂量为 0.4mg/kg，然后开始计时，30min 后二次取血。取血方法同前。

（二）血糖的测定（Nelson-Somogyi 法）

1. 小心缓慢地将 0.1mL 被检血液加入一个干燥、洁净的小试管底部，加入 0.95mL 4.5% Ba(OH)$_2$ 溶液以及 0.95mL 5% ZnSO$_4$ 溶液，充分混合，离心（3000rpm，5min），上清即为 1∶20 无蛋白血滤液。

2. 取 4 支 10mL 干燥的长试管，按表 13-1 所示标号，并添加试剂。

表 13-1　各测试管所加试剂

试剂（mL）	1（注射前）	2（注射后）	3（标准管）	4（空白管）
无蛋白血滤液	0.50	0.50	/	/
葡萄糖标准液	/	/	0.50	/
蒸馏水	/	/	/	0.50
碱性铜试剂	1.00	1.00	1.00	1.00
用软木塞或橡皮塞塞住管口，沸水浴 20min				

3. 立即置冷水浴中冷却至室温。

4. 分别向各管加入 1.00mL 砷钼酸试剂，漩涡混匀。

5. 加入 7.5mL 蒸馏水，颠倒混匀。

6. 10min 后，在 620nm 处，以 4 号管（空白管）调零，进行比色测定。

7. 计算各管血糖浓度（以 mmol/L 表示），并作绘制血糖浓度变化的曲线，分析激素对血糖的影响。

六、注意事项

1. 保持动物安静。

2. 防止凝血。

七、思考题

1. 注射肾上腺素后，会引起实验兔什么症状？

2. 测定血糖有什么临床意义？

Experiment 16　Regulation of Blood Glucose Level by Hormone

1. Purposes

（1）Demonstrate the effects of insulin and adrenaline on the blood glucose level.

（2）Master the determination of blood sugar.

2. Principles

Blood glucose level is the amount of glucose（sugar）present in the blood of a human or animal. The body naturally and tightly regulates blood glucose levels within a narrow range, mainly by hormone, as a part of metabolic homeostasis. There are two types of mutually antagonistic metabolic hormones affecting blood glucose levels: adrenaline can increase blood glucose, while insulin decreases blood glucose. The mean normal blood glucose level in humans is about 3.89—6.11 mmol/L.

In this experiment, the changes of blood surge concentrations before and after injection of insulin or adrenaline were measured to demonstrate the regulation function of hormone.

There are many techniques for sugar determining; here, the widely used classic Nelson-Somogyi method was employed.

The production of $ZnSO_4$ and $Ba(OH)_2$, $ZnSO_4$-$Ba(OH)_2$, is a kind of colloidal precipitation, which can precipitate proteins in blood sample, thus to prepare the non-protein filtrate. Colloidal $ZnSO_4$-$Ba(OH)_2$ can also precipitate those reducing agents, such as glutathione, as glutathioneglucuronic acid, uric acid and so on.

Glucose is a reducing sugar, and can reduce Cu(II) ion to Cu(I) when the non-protein filtrate heated with alkaline copper tartrate. In the second step, the Cu(I) ions can react with arsenomolybdate to produce a blue compound, molybdenum blue. Then, the absorption of themolybdenum blue is measured using a colorimeter such as UV-vis and compared to that of reacting sugar solutions with known concentration, to determine the amount of blood sugar. Till now, this method is still one of the important ways for the quantitative determination of reducing sugars.

Because the reaction of glucose and Cu(II) in alkaline solution is very complicated, it's important to keep rigid conditions such as time and temperature to assure the reproducible result. Sodium sulphate added into alkaline copper tartrate can reduce the interaction of atmosphere oxygen with cuprous oxide.

3. Materials and Reagents

(1) Materials: Rabbit.

(2) Reagents:

1) 0.9% NaCl.

2) Heparin(or other anticoagulant).

3) Ethanol, xylene.

4) Insulin and adrenaline.

5) 4.5% $Ba(OH)_2$ solution (sealed prevention from CO_2).

6) 5% $ZnSO_4$ solution.

7) Standard glucose solution(2.8×10^{-4} mol/L).

8) Alkaline copper tartrate: Dissolve 29 g Na_2HPO_4 and 40 g $KNaC_4H_4O_6 \cdot 4H_2O$ into 700 mL distilled water, add 100 mL 1 mol/L NaOH, mix well. Stiring and add 80 mL 10% $CuSO_4 \cdot 5H_2O$ and 180 g Na_2SO_4 in the above mixture to 1 L volume. Filtrate the above mixture two days later to remove the copper tartrate precipitation. This solution can

be used for a long time, filtrating again while precipitation appears.

9) Arsenomolybdate reagent: Dissolve 50 g $(NH_4)_6Mo_7O_{24} \cdot 4H_2O$ in 900 mL distilled water, add 42 mL H_2SO_4, mix well. Then, dissolve 6 g $Na_2HAsO_4 \cdot 7H_2O$ in 50 mL distilled water, mix the two solutions together and incubate at 37 ℃ for 48 h. Store the reagent in a brown bottle at the room temperature. Do not use when its color changes from yellow to blue-green.

4. Equipments

(1) Scissors.

(2) Injector and pinhead.

(3) Flake.

(4) Sterilized dry cotton, alcohol cotton ball.

(5) Test tube, test tube rack.

(6) Eppendorf tube.

(7) Baby spring scale.

(8) Graduated pipette, adjustable miropipettor.

(9) Centrifuge.

(10) Electric stove.

(11) Ultraviolet-visible pectrophotometer.

5. Methods

(1) Hormone injection and blood collection.

1) Weigh two rabbits that keep starving for 16 h, and record.

2) Blood collection. Scissor out hair near the ear vein, wipe with alcohol cotton ball and then with xylene to make it congested. Dry with a dry cotton ball and cut the ear vein by a flake with the length of around $1-2$ mm to collecting the blood into an Eppendorf tube containing heparin in it. Keep rolling the tube while collecting blood to make blood and heparin mix well. Finally, stop bleed by pressing. Keep the rabbits calm and quiet all the time.

3) Hormone injection. Give insulin with 2 U/kg subcutaneously to one rabbit, and collect blood again one hour later; meanwhile, give adrenalin with the dose of 0.4 mg/kg subcutaneously to another rabbit, and collect blood again after 30 min.

(2) Determination of blood sugar by Nelson-Somogyi method

1) Pipette carefully and slowly 0.1 mL blood collected into the bottom of a clean dry test tube, add 0.95 mL 4.5% $Ba(OH)_2$ and 0.95 mL 5% $ZnSO_4$, mix well, and centrifugate (3000rpm, 5 min). The supernatant is the non-protein filter with the ration of 1 : 20.

2) Take 4 test tubes and add the contents as given in Table 13-1 below.

Table 13-1   Four test tubes and the reagents

Reagents(mL)	1(before)	2(after)	3(standard)	4(control)
Non-protein filter	0.50	0.50	/	/
Standard glucose solution	/	/	0.50	/
Distilled water	/	/	/	0.50
Alkaline copper tartrate	1.00	1.00	1.00	1.00
Plug the test with cork or rubber, boiling water for 20 min				

3）Cool the test tubes to room temperature, and add 1.00 mL Arsenomolybdate reagent to all tubes separately, stirring to mix well.

4）Add 7.5 mL distilled water to make the volume to 10 mL, mix well.

5）Read the absorbance of blue color at 620 nm after 10 min, using tube 4 as control.

6）Calculate the amount of blood sugar before and after injection, and draw a graph.

6. Notes

（1）Keep the rabbit calm.

（2）Prevent coagulation.

7. Questions

（1）What is the symptom of rabbit after injecting adrenalin?

（2）What are the clinical applications of measurement of blood sugar lever?

实验十七　转氨基作用(纸层析法)
（Experiment 17　Transamination（Paper Chromatography））

一、目的和要求

1. 掌握转氨基作用的基本原理。
2. 掌握纸层析的基本原理和操作方法。

二、基本原理

体内 α-氨基酸的 α-氨基在转氨酶(transaminase)的作用下,可逆地转移到 α-酮酸,结果生成相应的 α-酮酸,而原来的 α-酮酸则转变成另一种氨基酸的过程,称为转氨基作用(transamination)。此类酶各有一定的特异性,普遍存在于动物各组织中。本实验是将谷氨酸与丙酮酸在肝匀浆中的谷氨酸-丙酮酸转氨酶(简称谷丙转氨酶,glutamic-pyruvic transaminase,GPT,也即丙氨酸转移酶,ALT)的作用下进行转氨基作用。然后用纸层析法检查反应体系中丙氨酸的生成。其反应过程如下:

$$
\begin{array}{c}
\text{COOH} \\
| \\
\text{CH—NH}_2 \\
| \\
\text{CH}_2 \\
| \\
\text{CH}_2 \\
| \\
\text{COOH}
\end{array}
\;+\;
\begin{array}{c}
\text{COOH} \\
| \\
\text{C}=\text{O} \\
| \\
\text{CH}_3
\end{array}
\;\;\xrightleftharpoons{\text{谷丙转氨酶}}\;\;
\begin{array}{c}
\text{COOH} \\
| \\
\text{C}=\text{O} \\
| \\
\text{CH}_2 \\
| \\
\text{CH}_2 \\
| \\
\text{COOH}
\end{array}
\;+\;
\begin{array}{c}
\text{COOH} \\
| \\
\text{CH—NH}_2 \\
| \\
\text{CH}_3
\end{array}
$$

L-谷氨酸　　　　丙酮酸　　　　　α-酮戊二酸　　L-丙氨酸

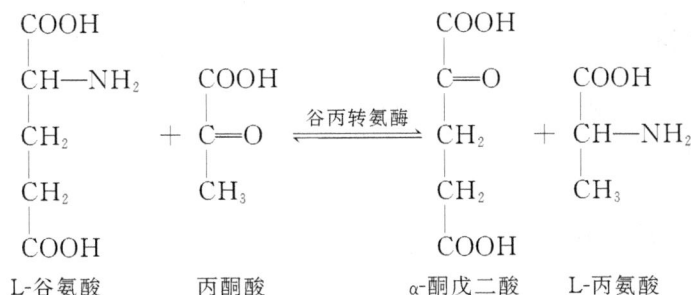

由于谷氨酸、丙酮酸在肝匀浆中可循其他代谢途径分解和转化,影响氨基转移过程的观察,因此在反应体系中添加一碘醋酸(或一溴醋酸),以抑制谷氨酸和丙酮酸的其他代谢过程(如糖酵解、TCA 循环)。

用纸层析法鉴定转氨基产物——丙氨酸存在与否的原理是:谷氨酸和丙氨酸是理化性质不同的两种氨基酸,前者为亲水性氨基酸,后者为疏水性氨基酸,二者在固定相(水)与流动相(酚试剂)中的分配系数不同,因而流速不同,最终在层析滤纸上的位移不同,形成距原点不等的层析点,于是就可以将它们分离开来。最后用茚三酮对氨基酸显色,得到各自的位移,并按下列公式计算各色斑的比移值 R_f。物质在相同溶剂中的分配系数是一定的,故在相同层析体系下,R_f 也是一固定值。以此判定结果。

$$R_f = \frac{\text{溶质层析斑点中心到原中心的距离}(X)}{\text{溶剂层析前缘到原点中心的距离}(Y)} \tag{13-1}$$

茚三酮(ninhydrin)是一种强氧化剂,可作用于氨、一级胺及二级胺,在 pH 值 4～8 之间与 α-氨基酸反应呈紫色(脯氨酸呈黄色)。该反应很灵敏,所以常用来检测层析谱上的氨基酸。

三、材料与试剂

1. 实验材料:小白鼠。

2. 实验试剂。

(1) 1% 谷氨酸钾溶液:取谷氨酸 1g,加水 20mL,用 5% KOH 溶液调到中性,然后用 pH=7.4,0.01mol/L 磷酸缓冲液稀释至 100mL。

(2) 1% 丙酮酸钠溶液:取丙酮酸 1g 加 pH=7.4,0.01mol/L 磷酸缓冲溶液溶解,定容至 100mL。

(3) 0.25% 一碘酸钠溶液:取一碘醋酸 0.25g(有毒性,小心操作),加水 1mL,用 5% KOH 调到中性,然后加 pH=7.4,0.01mol/L 磷酸缓冲液至 100mL(一碘醋酸可用一溴醋酸代替)。

(4) 5% 醋酸溶液。

(5) pH=7.4,0.01mol/L 磷酸缓冲液:取 0.2mol/L Na_2HPO_4 溶液 81mL 与 0.2mol/L NaH_2PO_4 溶液 19mL 混匀,稀释至 2000mL。

(6) 展开剂:用体积比 V(正丁醇):V(12%氨水)=13:3 的混合溶液或水饱和酚。

(7) 0.1% 丙氨酸溶液:取丙氨酸用缓冲液配制。

(8) 0.1% 谷氨酸钾溶液:取试剂 1(1% 谷氨酸钾溶液)用缓冲溶液 10 倍稀释。

(9) 0.1% 茚三酮乙醇溶液。

(10) 0.9% NaCl 溶液。

四、实验器材

1. 离心管(10mL)、试管(15mm×100mm)和试管架。
2. 剪刀、镊子。
3. 小天平。
4. 研钵(或玻璃匀浆器)。
5. 滴管。
6. 烧杯。
7. 恒温水浴锅。
8. 毛细管。
9. 10cm×30cm 层析滤纸、铅笔。
10. 层析缸。
11. 喷雾瓶。
12. 烘箱。

五、实验方法

(一)肝匀浆的制备

取小白鼠处死后,取出肝脏,经 0.9% NaCl 溶液洗去血污后,用滤纸吸去表面溶液,称取肝脏约 1g,置研钵中,加入少许 0.01mol/L pH＝7.4 磷酸缓冲液将肝组织磨成匀浆(或用玻璃匀浆器研磨)。研磨,然后再用 0.01mol/L pH＝7.4 磷酸缓冲液将肝匀浆定容至 5mL。

(二)转氨酶反应

取离心管 2 支编号(1、2),各加肝匀浆 10 滴,然后按表 13-2 操作:

表 13-2　各管所加试剂和处理

试剂和处理	试验管 1	对照管 2
沸水浴	/	5min
1% 谷氨酸钾溶液	10 滴	10 滴
1% 丙酮酸钠溶液	10 滴	10 滴
0.25% 一碘酸钠溶液	5 滴	5 滴
混匀,40℃水浴保温 30min		
5% 醋酸溶液	2 滴	2 滴
沸水浴	5min	5min
冷却后,离心(2000rpm,5min)		

将离心后的上清液移入另外同样编号的 15mm×100mm 的试管中备用。

(三)层析验证

1. 在滤纸上,距短边 2.5cm 处用铅笔轻轻画一线(原线),在原线上每隔 2cm 处用铅笔作记号,并在线下底边注明 1、2、谷氨酸、丙氨酸记号。

2. 用毛细管分别吸取 1 号液、2 号液,并在层析滤纸上点样,斑点不可太大(一般直径在 0.3cm 为宜)。晾干后,在 1、2 号原点上,再重复点一次(注意,少量多次点样)。然后分别点上谷氨酸、丙氨酸作为对照。将滤纸垂直放入层析缸,并注意使得原线在层析液面以上(见图 13-1),然后,层析展开 1.5～2h。

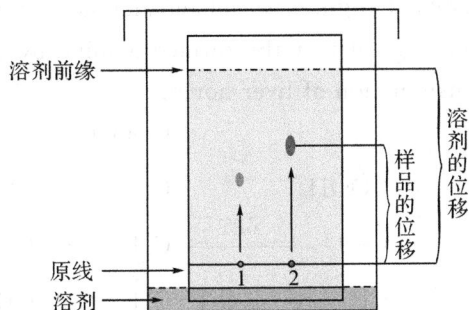

图 13-1 纸层析示意图

3. 显色:取出滤纸晾干,均匀喷以 0.1% 茚三酮乙醇溶液,置 80℃ 烘箱中烘 3～5min,观察层析出现的斑点并予以解释。用铅笔圈下各色斑。比较各色斑的位置及颜色深浅,并计算各色斑的 R_f 值,分析是否发生了转氨基反应。

六、注意事项

1. 点样斑点不可太大,应少量多次点样,并注意不要点错。
2. 保持滤纸平整无折痕,注意避免手与滤纸表面接触。

七、思考题

1. 本实验是如何鉴定丙氨酸及验证转氨基作用的?
2. 哪些因素会影响 R_f 值?

Experiment 17　Transamination(Paper Chromatography)

1. Purposes

(1) To demonstrate the transamination of animal.
(2) To master the principle and operation of paper chromatography.

2. Principles

Transamination, as the name implies, refers to the transfer of an amino group between an amino acid and an alpha-keto acid, which are catalyzed by a family of enzymes called transaminases. To be specific, this reversible reaction (transamination) involves removing the amino group from the amino acid, leaving behind an α-keto acid, and transferring it to the reactant α-keto acid and converting it into an amino acid. Many transamination reactions occur in tissues, catalyzed by transaminases specific for a particular amino/keto acid pair. A specific example is the reaction between glutamic acid and pyruvic acid to make alpha ketoglutaric acid and alanine, catalyzed by glutamic-pyruvic transaminase or GPT. Here, we detect the formed alanine by paper chromatography to demonstrate the tissue transmination of liver homogenate.

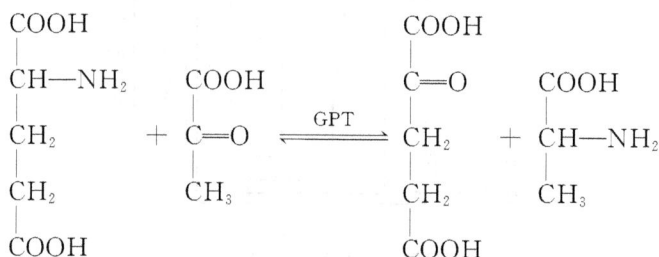

$$
\begin{array}{l}
\text{COOH} \\
|\\
\text{CH---NH}_2 \qquad \text{COOH} \\
|\qquad\qquad\quad |\\
\text{CH}_2 \qquad + \quad \text{C}{=}\text{O} \quad \overset{\text{GPT}}{\rightleftharpoons} \\
|\qquad\qquad\quad |\\
\text{CH}_2 \qquad\qquad \text{CH}_3 \\
|\\
\text{COOH}
\end{array}
\quad
\begin{array}{l}
\text{COOH} \\
|\\
\text{C}{=}\text{O} \qquad\quad \text{COOH} \\
|\qquad\qquad\quad |\\
\text{CH}_2 \qquad + \quad \text{CH---NH}_2 \\
|\qquad\qquad\quad |\\
\text{CH}_2 \qquad\qquad \text{CH}_3 \\
|\\
\text{COOH}
\end{array}
$$

In the experiment, iodoacetic acid added in order to prevent other metabolic pathway of glutamic acid and alanine catalyzed by other enzymes in the liver homogenate (e. g. glycolysis, TCA cycle).

Here, paper chromatography was employed to estimate the formation of alanine. The principle involved is that glutamic acid and alanine have different distribution coefficients between stationary phase (water) and mobile phase (phenol), thus cause different migration rates, and further cause different distances on the filter paper, wherein separation between glutamic acid and alanine occurs.

The ratio of the distance solvent traveled to the distance sample traveled is defined to be the retention factor (R_f). The R_f value can be worked out using the formula showed below. Because substances have constant distribution coefficient in the same solvent, R_f is characteristic for any given compound in the same chromatography system (including solvent, temperature, pH, and type of paper etc.). Hence, known R_f values can be compared to those of unknown substances to aid in their identifications.

$$R_f = \frac{\text{Distance solvent traveled}(X)}{\text{Distance sample traveled}(Y)} \tag{13-1}$$

Ninhydrin can react with ammonia or primary and secondary amines, producing deep blue or purple color known as Ruhemann's purple. Almost all the amino acids, proteins, peptides have free alpha-amino group, NH_2-C-COOH, thus the ninhydrin reaction becomes one of the most important methods of detecting amino acids. Under appropriate conditions, the color intensity produced is proportional to the amino acid concentration.

3. Materials and Reagents

(1) Materials: Mouse.

(2) Reagents.

1) 1% Potassium glutamate: Dissolve 1 g glutamic acid in 20 mL water, adjust the pH to 7.0 using 5% KOH, dilute to 100 mL volume with pH=7.4, 0.01 mol/L phosphate buffer.

2) 1% Sodium pyruvate: Dissolve 1 g pyruvate in pH=7.4, 0.01 mol/L phosphate

buffer to bring to 100 mL.

3) 0.25% Sodium iodate: Add 0.25 g iodoacetic acid into 1mL water, adjust to pH 7.0 using 5% KOH, dilute to 100 mL volume with pH=7.4, 0.01 mol/L phosphate buffer.

4) 5% Acetic acid.

5) pH=7.4, 0.01 mol/L phosphate buffer: Mix 0.2 mol/L Na_2HPO_4 81 mL and 0.2 mol/L NaH_2PO_4 19 mL in water to bring to 2,000 mL.

6) Develop solvent: Mix n-butyl alcohol and 12% NH_3 with the volume ratio 13 : 3, or Water phenol.

7) 0.1% Alanine.

8) 0.1% Potassium glutamate: Dilute 10 folds of 1% potassium glutamate using pH=7.4, 0.01 mol/L phosphate buffer.

9) 0.1% Ninhydrin ethanol solution.

10) 0.9% NaCl.

4. Equipments

(1) Centrifuge tube (10 mL), test tube (15 mm×100 mm), and test tube rack;

(2) Scissors, tweezers.

(3) Balance.

(4) Mortar (or glass homogenizer).

(5) Dropper.

(6) Beaker.

(7) Constant temperature bath box.

(8) Capillary tube.

(9) 10cm×30cm chromatography filter paper, pencil.

(10) Chromatography chamber.

(11) Spray bottle.

(12) Oven.

5. Methods

(1) Preparation of liver homogenate.

Obtain fresh liver from mouse, scoured off the surface residual blood with 0.9% NaCl. Add 1 g fresh liver and some 0.01 mol/L pH=7.4 PBS in mortar (or glass homogenizer), mix and grind it into homogenate. Add enough 0.01 mol/L pH=7.4 PBS bring to 5 mL volume.

(2) Transamination.

Add 10 drops of liver homogenate in 2 test tubes marked "1" and "2" respectively. Then, perform as Table 13-2 guides.

Table 13-2 Tubes and treatments

Regents/treatments	Test tube 1	Control tube 2
Boiling water bath	/	5 min
1% Potassium glutamate	10 drops	10 drops
1% Sodium pyruvate	10 drops	10 drops
0.25% Sodium iodate	5 drops	5 drops
Mix, incubate at 40 ℃ water bath for 30 min		
5% Acetic acid	2 drops	2 drops
Boiling water bath	5 min	5 min
Cool, centrifuge(2,000 rpm,5 min)		

Put the supernatant into another two new test tubes (15mm×100mm) numbered "1" and "2" respectively.

(3) Demonstration by paper chromatography.

1) Draw a straight line on the chromatography filter paper using a pencil, a few centimeters above the shorter edge. This is the origin line. Draw four points on the origin line 2 cm away from each other and from the edges, marked with "1", "2", "Glu" and "Ala" respectively (Fig. 13.1).

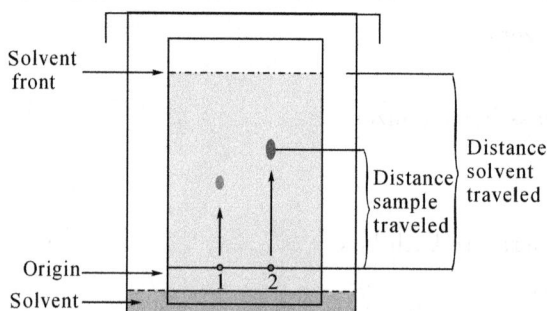

Fig. 13.1 Paper chromatography

2) Spot the supernatants "1", "2", 0.1% potassium glutamate and 0.1% alanine solutions as controls on the four points respectively using capillary tubes. If necessary, re-spot with few solution every time: After the original spot has dried, spot the same solution over the top of the first spot at the same position, and do not allow the diameter of the circle to grow larger, and keep the spots as small as possible. Suspend the chromatography paper with samples in the chromatography chamber with shallow layer of develop solvent, and keep the bottom of the paper just touches the solvent. It's important that the solvent level must below the origin line, as shown in the above diagram. The time of development of the chromatography is about 1.5—2 h.

3) Remove the filter paper from the chromatography chamber carefully, avoiding touching the surface of the paper. After the paper is dried, spray the ninhydrin ethanol solution evenly and oven to dry for about 3—5 min. Then, purple stains presented the

positions of amino acid can be observed. Circle the stains, mark where the solvent front is and where the middle of the color stains are, measure the distance of sample traveled and the distance of solvent traveled, then calculate the R_f value using the above equation.

6. Notes

(1) Spot at proper positions on the paper, re-spot and keep the spots small enough.

(2) Keep the filter paper flat without creases, and prevent your hand from contacting them.

7. Questions

(1) How to identify the alanine and demonstrate the transamination through this experiment?

(2) List those factors that would affect R_f value.

实验十八 肌糖原酵解作用
(Experiment 18 Muscle Glycogen Glycolysis)

一、目的和要求

1. 学习测定糖酵解作用的原理和方法。
2. 了解酵解作用在糖代谢过程中的地位及生理意义。

二、基本原理

在动物、植物、微生物等许多生物机体内,糖的无氧氧化几乎都按相同的过程进行。动物肌肉组织中肌糖原在缺氧的条件下,经过一系列的酶促反应生成丙酮酸,进而还原生成乳酸的过程就是糖酵解(glycolysis)。肌糖原酵解作用最主要的生理意义在于反应过程短,能迅速提供能量,这对肌肉收缩非常重要。当机体缺氧或剧烈运动时,能量主要就是通过糖酵解获得。在有氧条件下,组织内糖原的酵解作用受到抑制,有氧氧化成为糖代谢的主要途径。

肌糖原酵解作用的实验,一般使用肌肉糜或肌肉提取液。在用肌肉糜时,实验必须在无氧条件下进行;而用肌肉提取液,则可在有氧条件下进行。因为催化酵解作用的酶系统全部存在于肌肉提取液中,而催化呼吸作用(即三羧酸循环和氧化呼吸链)的酶系统,则集中在线粒体中。

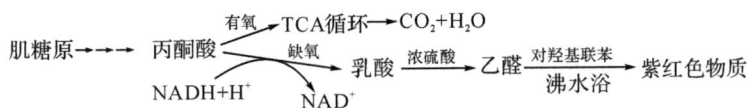

肌糖原 ┅→ 丙酮酸 →(有氧) TCA循环 → CO_2+H_2O ;(缺氧,NADH+H⁺/NAD⁺) 乳酸 →(浓硫酸) 乙醛 →(对羟基联苯,沸水浴) 紫红色物质

糖原（或淀粉）的酵解作用,可由乳酸的生成来反映。在除去糖和蛋白质后,乳酸可以与硫酸共热生成乙醛。乙醛与对羟基联苯反应生成紫红色物质,根据颜色的深浅可以测定乳酸的量。

三、材料与试剂

1. 实验材料:大鼠或兔腿肉。

2. 实验试剂。

(1) 0.5％淀粉溶液。

(2) 液体石蜡。

(3) 15％偏磷酸溶液。

(4) 浓硫酸。

(5) 氢氧化钙（粉末）。

(6) 10％三氯乙酸。

(7) 饱和硫酸铜溶液。

(8) 0.067mol/L,pH7.4 磷酸缓冲液。

(9) 1.5％对羟基联苯试剂:对羟基联苯 1.5g,溶于 100mL 0.5％氢氧化钠溶液中。此试剂放置时间长久后会出现针状结晶,应摇匀后使用。

四、实验器材

1. 漏斗。

2. 试管及试管架。

3. 移液管或微量移液器。

4. 恒温水浴锅。

5. 天平。

6. 解剖器具（剪刀及镊子）。

7. 表面皿、玻璃棒。

8. 滴管。

五、实验方法

(一)肌肉糜制备

用剪刀割取动物（兔或鼠）背部或腿部肌肉,再将肌肉块放在表面皿上,而表面皿则放在盛有冰水的研钵上,低温条件下用剪刀尽量把肌肉剪碎即成肌肉糜。

(二)肌肉糜的糖酵解

取 2 支试管,按表 13-3 操作:

表 13-3 各管所加试剂和处理

试剂	试验管 1	对照管 2
pH7.4 磷酸缓冲液(mL)	3	3
0.5%淀粉(mL)	1	1
10%三氯乙酸(mL)	/	2
混匀		
肌肉糜(g)	0.5	0.5
用玻璃棒将肌肉碎块打散、搅匀		
液体石蜡(mL)	1	1
37℃水浴保温 1h		
10%三氯乙酸(mL)	2	/
混匀、过滤(除变性蛋白质、杂质)		
滤液(4mL),不足 4mL 可用磷酸缓冲液冲洗滤纸收集		
饱和 CuSO4 溶液(mL)、混匀	1	1
Ca(OH)2 粉末(g)	0.4	0.4
加塞、放置 30min,期间每隔 2～3min 振荡 1 次,过滤(除糖)		
滤液(无色透明或稍混浊)(mL)	0.2	0.2

注:用 $CuSO_4$ 与 $Ca(OH)_2$ 作用生成的 $CaSO_4$ 和 $Cu(OH)_2$ 胶状沉淀可吸附糖类而去除干扰。

(三)乳酸测定

另取 2 支试管,按表 13-4 操作:

表 13-4 各试管所加试剂和处理

试剂	试管 1	试管 2
浓硫酸(mL)	1.5	1.5
置冰水浴中(吸收释放热)、每管逐滴加入对羟基联苯 3 滴,摇匀(不可出现沉淀)。取出(冰水浴时间不可过长)		
逐滴加入试验管 1、2 中的滤液(mL)并振荡	0.2	0.2
混匀后置于沸水浴中 2～3min,注意颜色变化		

注:乙醛沸点是 20.8℃,慢速操作为防止其过热、过量产生而挥发。

实验预期结果:1、2 试管液体均可变色,但试管 1 的紫色较深;试管 2 显色是由于试验样本肌肉糜中原本含有一定的乳酸,但量较少。

六、注意事项

1. 一定要纯化羟基联苯试剂,使其呈白色。

2. 在乳酸测定时,试管必须洁净、干燥,防止因为污染而影响结果。所用滴管大小一致,减少误差。

3. 如显色较慢,可将试管放入 37℃恒温水浴中保温 10min,再比较各管颜色。

4. 动物处死后,应立即进行实验,防止酶失活。

七、思考题

1. 本实验在保温前不加液体石蜡是否可行?为什么?

2. 本实验如何检验糖酵解作用?

实验十九　血清谷丙转氨酶(SGPT)活性测定（King 氏法）

Experiment 19　Serum Glutamic Pyruvic Transaminase（SGPT）Activity Determination（King's Method）

一、目的和要求

1. 掌握血清谷丙转氨酶活性测定的原理和方法。
2. 了解血清谷丙转氨酶活性的临床意义。

二、实验原理

丙氨酸氨基转移酶（alanine transaminasem，ALT），又称谷丙转氨酶（glutamate-pyruvate transaminase，GPT），能催化 α-酮戊二酸与丙氨酸发生氨基转移反应生成谷氨酸和丙酮酸，此反应可逆。无论正向或逆向反应皆可用于测定此酶的活性。

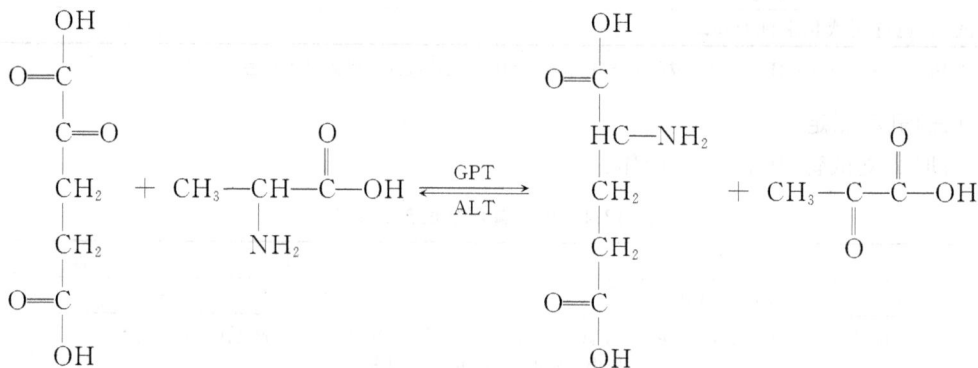

丙酮酸在酸性条件下与 2,4-二硝基苯肼反应可以缩合成丙酮酸-2,4-二硝基苯腙,在碱性条件下进一步生成苯腙硝醌化合物,呈棕红色,其吸收光谱的峰为 439～530nm,可在 520nm 处进行 UV-Vis 比色,用于测定丙酮酸含量。棕红色越深,反映丙酮酸的生成量越多,从而反映血清谷丙转氨酶的催化活力。α-酮戊二酸也能与 2,4-二硝基苯肼结合,生成其相应的苯腙,但后者在碱性条件下的吸收光谱与丙酮酸对应生成的棕红色化合物稍有差别,在 520nm 波长比色时,α-酮戊二酸二硝基苯腙的吸光度远较丙酮酸二硝基苯腙为低(约相差 3 倍)。而且,经转氨酶作用后,α-酮戊二酸减少而丙酮酸增加,因此在波长 520nm 处吸光度增加的程度与反应体系中丙酮酸与 α-酮戊二酸的摩尔比基本上呈线性关系,故可以借以测定谷丙转氨酶的活力。

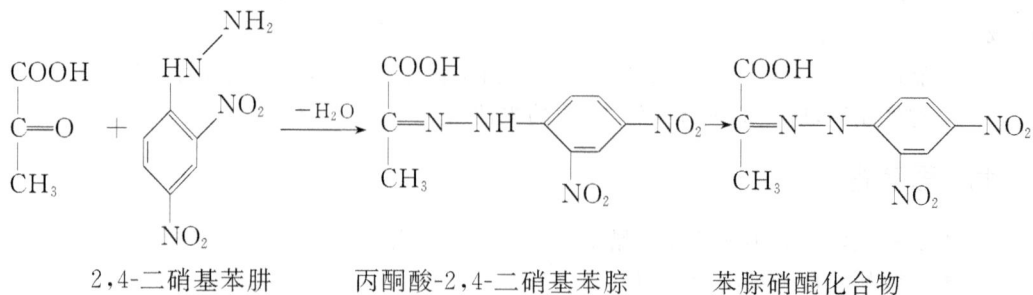

2,4-二硝基苯肼　　　丙酮酸-2,4-二硝基苯腙　　　苯腙硝醌化合物

改良穆氏法、金氏法(King 氏法)及赖氏法都是基于上述原理建立起来的。它们所使用的试剂及操作步骤基本相同。在酶作用时间上金氏法为 60min,其余两法为 30min。三种方法的主要差异在于其对血清谷丙转氨酶活力单位的定义和标准曲线的绘制方法上,因此,它们测定的结果在数值上会不相同。目前临床上最常用的是赖氏法。赖氏法的优点是标准曲线中两种酮酸的量客观反映酶作用的实际情况,标准曲线上的单位数字也准确反映了酶活力大小。

金氏法对血清谷丙转氨酶活性单位的定义是:在一定条件下(pH7.4,37℃反应60min),每毫升血清催化生成1μmol丙酮酸,则定义为 1 个活力单位(U)。赖氏法对血清谷丙转氨酶活性单位的定义是:在一定条件下(pH7.4,37℃反应 30min),由谷丙转氨酶催化产生 2.5μg丙酮酸定义为一个活性单位(U)。人 SGPT 的活力正常值是 2～40 U(赖氏法)。

正常时,GPT 主要存在于个组织细胞中(以肝细胞中含量最多,心肌细胞中也较多)只有极少数放入血液中,所以血清中此酶活力很低。当这些组织病变,细胞坏死或通透性增加时,细胞内的酶即大量释放入血液中,使血清 GPT 活力明显增高。所以在各种肝炎的急性期,药物中毒性肝细胞坏死等疾病发作时,血清 GPT 活力明显增高;肝癌、肝硬化、慢性肝炎、心肌梗死等疾病发作时,血清中此酶活力中等增高;阻塞性黄疸、胆管炎等疾病发作时,此酶活力轻度增高。因此,SGPT 成为临床上重要的诊断指标。

三、材料与试剂

1. 实验材料:人血清。

2. 实验试剂。

(1) 0.1mol/L,pH＝7.4 磷酸盐缓冲液:称取无水磷酸二氢钾(KH_2PO_4)2.69g 和磷酸氢二钾 $K_2HPO_4 \cdot 3H_2O$ 13.97g,加蒸馏水溶解,校正到 pH＝7.4 后定容至 1000mL。贮存于冰箱中备用。

(2) 谷丙转氨酶底物溶液:精确称取 DL-丙氨酸 1.79g 和 α-酮戊二酸 29.2mg,先溶于 0.1mol/L 磷酸盐缓冲液约 50mL 中,然后用 1mol/L NaOH 溶液校正到 pH＝7.4,再用 0.1mol/L,pH＝7.4 磷酸盐缓冲液稀释到 100mL,充分混匀,分装在小瓶中,冰箱保存,可保存一周。

(3) 0.02% 2,4-二硝基苯肼溶液(1mmol/L):精确称取 2,4-二硝基苯肼 19.8mg 溶于 10mL 1mol/L 盐酸中,待溶解后用定容至 100mL,过滤后使用。

(4) 0.4mol/L 氢氧化钠溶液。

(5) 丙酮酸标准液(2mmol/L):精确称取丙酮酸钠 22.0mg 于 100mL 容器中,加 0.1mL 0.1mol/L,pH＝7.4 磷酸盐缓冲液至刻度。此试剂须现用现配。

四、实验器材

1. 分光光度计。

2. 移液管或微量移液器。

3. 恒温水浴箱。

4. 试管及试管架。

五、实验方法

(一)制作标准曲线

按表 13-5 操作,制作标准曲线,采用标准曲线中呈直线关系的部分来测定丙酮酸的生成量。

表 13-5　标准曲线制作

试剂(mL) \ 管号	0	1	2	3	4	5
0.1M 磷酸盐缓冲液	0.10	0.10	0.10	0.10	0.10	0.10
SGPT 底物溶液	0.50	0.45	0.40	0.35	0.30	0.25
2mM 丙酮酸标准液	/	0.05	0.10	0.15	0.20	0.25
各管摇匀,37℃ 水浴箱中保温 30min(赖氏法)或 60min(金氏法)						
2,4-二硝基苯肼	0.50	0.50	0.50	0.50	0.50	0.50
各管摇匀,37℃ 水浴箱中预热 20min						
0.4mol/L NaOH	5.0	5.0	5.0	5.0	5.0	5.0
各管摇匀,10min 后,520nm 处进行比色,以蒸馏水调零						
相当于丙酮酸含量(μmol)	0.0	0.1	0.2	0.3	0.4	0.5
相当于 SGPT 活力单位(赖氏法)	0	28	57	97	15	200
相当于 SGPT 活力单位(金氏法)	0	100	200	300	400	500
A_{520}						
A_i＝A 测定管－A 空白管						

然后,以 A_i 为纵坐标,各管相应的转氨酶活力单位为横坐标,绘制标准曲线。

(二)样品测定

按表 13-6 操作。

表 13-6　各管所加试剂和处理

试剂(mL) \ 管号	对照管(mL)	测定管(mL)
血清	0.1	0.1
SGPT 底物溶液	/	0.5
各管摇匀,37℃ 水浴中保温 30min(赖氏法),或 60min(金氏法)		
2,4-二硝基苯肼	0.5	0.5
SGPT 底物溶液	0.5	—
各管摇匀,37℃ 水浴 20min		
0.4mol/L NaOH	5.0	5.0
各管摇匀,静置 10min 后,520nm 处进行比色(以蒸馏水调零)		
A_{520}		
A 测定管－A 空白管		

(三)结果计算

根据 A 测定管－A 空白管的平均值,查标准曲线中线性关系部分,便可知人血清样本中转氨酶的活力。

六、注意事项

1. 在测定 SGPT 时,应事先分别将底物、血清在 37℃水浴中预热,然后反应。实验中应严格控制温度和掌握时间。

2. 标准曲线上呈线性关系部分可靠。金氏法中数值在 50～100U 是准确可靠的,超过 500U 时,须将样品稀释。赖氏法中,数值在 5～40U 是准确可靠的,数值超过 200U 时,须将样品稀释。

3. 测定试剂更换时,要重新制作标准曲线。

4. 标本应空腹取血,当时进行测定或将分离的血清贮存于冰箱中。血清样品收集时,避免发生溶血,因为血细胞中转氨酶活力较高,会影响测定效果。

5. 血清样品的测定需在显色后 30min 内完成。

七、思考题

1. 什么是转氨基作用? 转氨酶在代谢过程中的重要作用是什么?

2. 为什么制作标准曲线时,需要加入一定量 SGPT 溶液?

3. 为什么测定酶活力时需要有对照?

4. SGPT(ALT)的临床诊断意义是什么?

实验二十　脂肪酸的 β-氧化作用
（Experiment 20　β-Oxidation of Fatty Acids）

一、目的和要求

1. 了解脂肪酸 β-氧化作用的机制。

2. 掌握测定 β-氧化作用的方法及其原理。

二、基本原理

脂肪酸的分解代谢主要是通过 β-氧化作用进行的。β-氧化过程包括一系列反应,最终形成乙酰 CoA。乙酰 CoA 可以进一步参加三羧酸循环彻底氧化为二氧化碳和水,也可在肝脏细胞的线粒体内缩合形成乙酰乙酸。乙酰乙酸可经脱羧作用形成丙酮,也可还原生成 β-羟丁酸。乙酰乙酸、β-羟丁酸和丙酮总称为酮体(ketone bodies)。酮体为机体代谢的正常中间产物,在肝脏中生成后须被运往肝外组织才能被机体所利用。正常情况下,酮体的产量很低,在极度饥饿、高脂低糖饮食,以及对于未经控制的糖尿病患者中,体内大量动员脂肪供能,酮体生成增加。这时,血液中出现大量丙酮,它是有毒的,血酮升高可导致酮症酸中毒,并随尿排出,引起酮尿。丙酮有挥发性和特殊气味,可通过呼吸排出体外,可借此对患者作出诊断。

本实验以丁酸为底物,与小白鼠肝匀浆(含脂肪酸氧化酶系)一起保温,然后测定酮体的生产量。另外,在肝匀浆和肌肉匀浆共存的情况下,再测定酮体的含量。在这两种不同条件下,酮体含量的差别即可帮助我们理解脂肪酸 β-氧化作用的机制。

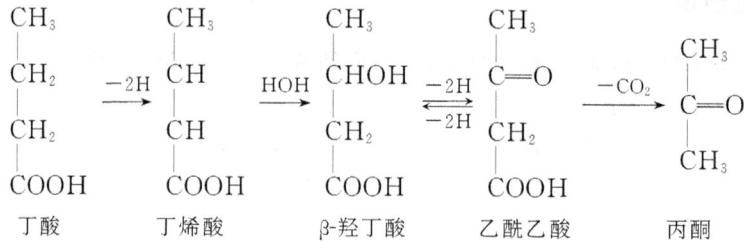

$$\underset{\text{丁酸}}{\begin{array}{c}CH_3\\|\\CH_2\\|\\CH_2\\|\\COOH\end{array}} \xrightarrow{-2H} \underset{\text{丁烯酸}}{\begin{array}{c}CH_3\\|\\CH\\\|\\CH\\|\\COOH\end{array}} \xrightarrow{HOH} \underset{\text{β-羟丁酸}}{\begin{array}{c}CH_3\\|\\CHOH\\|\\CH_2\\|\\COOH\end{array}} \underset{-2H}{\overset{-2H}{\rightleftharpoons}} \underset{\text{乙酰乙酸}}{\begin{array}{c}CH_3\\|\\C=O\\|\\CH_2\\|\\COOH\end{array}} \xrightarrow{-CO_2} \underset{\text{丙酮}}{\begin{array}{c}CH_3\\|\\C=O\\|\\CH_3\end{array}}$$

酮体的测定方法很多,本实验采用碘仿实验法进行测定。其原理是:丙酮在碱性条件下,可被碘氧化生成碘仿,再用标准硫代硫酸钠滴定剩余的碘,计算所消耗的碘。根据滴定样品与滴定对照所消耗的硫代硫酸钠溶液体积之差,可以计算由丁酸氧化生成丙酮的量。反应如下:

碘将丙酮氧化成碘仿

$$2NaOH + I_2 \longrightarrow NaOI + NaI + H_2O$$

$$CH_3COCH_3（丙酮）+ 3NaOI \longrightarrow CHI_3（碘仿）+ CH_3COONa + 2NaOH$$

用硫代硫酸钠滴定剩余的碘

$$NaOI + NaI + 2HCl \longrightarrow I_2 + 2NaCl + 2H_2O$$

$$I_2 + 2Na_2S_2O_3 \longrightarrow Na_2S_4O_6 + 2NaI$$

三、材料与试剂

1. **实验材料**:新鲜小白鼠肝脏、肌肉。

2. **实验试剂**。

(1) 0.1%淀粉溶液(溶于饱和氯化钠溶液中)。

(2) 0.9%氯化钠溶液。

(3) 0.5mol/L 正丁酸溶液:取 4.5mL 正丁酸,用 1mol/L 氢氧化钠溶液中和至 pH = 7.6,并稀释至 100mL。

(4) 20%三氯乙酸溶液。

(5) 10%氢氧化钠溶液。

(6) 10%盐酸溶液。

(7) 0.05M 碘溶液:称取 12.7g 碘和 25g KI 溶于水中,稀释定容到 1000mL,混匀,用标准 0.1mol/L 硫代硫酸钠溶液标定。

(8) 标准 0.02mol/L 硫代硫酸钠溶液:称取 $Na_2S_2O_3 \cdot 5H_2O$ 24.82g 和无水碳酸钠 400mg 溶于 1000mL 刚煮沸并冷却的蒸馏水中,配成 0.1mol/L 溶液,用 0.1mol/L KIO_3 溶液标定。临用时将已标定的硫代硫酸钠溶液释成 0.02mol/L。

(9) 0.1mol/L KIO_3 溶液:准确称取 KIO_3(相对分子质量为 214.02)3.5670g 溶于水后,定容至 1000mL。吸取 0.1mol/L KIO_3 溶液 20mL 于锥形瓶中,加入 KI 1g 及 3mol/L 硫酸 5mL,然后用上述 0.1mol/L 硫代硫酸钠溶液滴定至浅黄色,再加入 1%淀粉 3 滴作指示剂,此时溶液呈蓝色,继续滴定至蓝色刚消失为止。计算溶液的准确 $Na_2S_2O_3$ 浓度。

四、实验器材

1. 匀浆器或研钵。
2. 剪刀、镊子、漏斗。
3. 50mL锥形瓶。
4. 碘量瓶。
5. 试管和试管架。
6. 移液管或微量移液器。
7. 微量滴定管。
8. 恒温水浴。
9. 微量天平。

五、实验方法

(一)标本的制备

将小鼠处死,取出肝脏。用0.9% NaCl溶液洗去表面的污血后,用滤纸吸去表面溶液,称取肝组织5g,置于匀浆器或研钵中加入少许0.9% NaCl溶液,将肝组织研磨成肝匀浆。再用0.9% NaCl溶液将肝匀浆定容至10mL。另外再取后腿肌肉(也可以用肾脏代替)10g,按上述方法和比例制成匀浆备用。

(二)酮体的生成

1. 取锥形瓶3只,按表13-7编号后,分别加入各试剂。

表13-7　各管所加试剂和处理

试剂(mL) ＼ 编号	A	B	C
新鲜肝匀浆	/	2.0	2.0
预先煮沸的肝匀浆	2.0	/	/
pH7.6磷酸盐缓冲液	4.0	4.0	4.0
正丁酸溶液	2.0	2.0	2.0
43℃水浴保温40min			
肌匀浆	/	/	4.0
预先煮沸肌匀浆	4.0	4.0	/
43℃水浴保温40min			
20%三氯乙酸溶液	3.0	3.0	3.0
摇匀后,室温放置10min			

这里,三氯乙酸作为蛋白质变性剂使蛋白质构象发生改变,暴露出较多的疏水性基团,使之聚集沉淀,从而发挥终止反应的作用。

2. 将锥形瓶中的混合物分别过滤,收集无蛋白滤液于预先编号的试管中。

(三)酮体的测定

1. 取碘量瓶(或锥形瓶)3只,按表13-8编号后加入有关试剂。

表 13-8　各管所加试剂

试剂（mL）　　　　　　编号	1（A）	2（B）	3（C）
无蛋白滤液	5.0	5.0	5.0
0.05mol/L 碘溶液	3.0	3.0	3.0
10％NaOH	3.0	3.0	3.0

摇匀，静置 10min。

2. 于各碘量瓶中滴加 10％HCl 溶液 3mL，使各瓶溶液中和至中性或微酸性。

3. 用 0.02mol/L $Na_2S_2O_3$ 滴定至碘量瓶中溶液呈浅黄色时（碘仿呈淡黄色），往瓶中滴加 0.1％淀粉溶液 2～3 滴，使瓶中溶液呈蓝色（碘遇淀粉呈蓝色）。

4. 用 0.02mol/L $Na_2S_2O_3$ 继续滴定，至碘量瓶中溶液的蓝色刚刚消退为止。

5. 记下滴定时所消耗 0.02mol/L $Na_2S_2O_3$ 溶液的体积数（mL），按式（13-1）和（13-2）计算样品中丙酮的生成量。

（四）计算

肝匀浆中生成的丙酮量（mmol/g）＝（B－A）×$Na_2S_2O_3$ 溶液的浓度×1/6×3；　　（13-1）

肌匀浆中生成的丙酮量（mmol/g）＝（B－A－C）×$Na_2S_2O_3$ 溶液的浓度×1/6×3。

(13-2)

式中：A 为滴定 1 号瓶所消耗 0.02mol/L $Na_2S_2O_3$ 溶液的体积数（mL）；B 为滴定 2 号瓶所消耗 0.02mol/L $Na_2S_2O_3$ 溶液的体积数（mL）；C 为滴定 3 号瓶所消耗 0.02mol/L $Na_2S_2O_3$ 溶液的体积数（mL）。

六、注意事项

1. 在低温下制备新鲜的肝糜，以保证酶的活性。

2. 加 HCl 溶液后即有 I_2 析出，I_2 会升华，所以要尽快进行滴定，滴定的速度是前快后慢，当溶液变浅黄色后，加入指示剂就要一滴一滴地滴定。

3. 滴定时淀粉指示剂不能加入太早，当被滴定液变浅黄色时加入最好，否则将影响终点的观察和滴点结果。

七、思考题

1. 为什么要选取制备新鲜的肝糜？

2. 什么叫酮体？为什么正常代谢时产生的酮体量很少？在什么情况下血中酮体含量增高，而尿中也能出现酮体？

3. 为什么测定碘仿反应中剩余的碘可以计算出样品中丙酮的含量？

4. 实验中三氯乙酸起什么作用？

（李庆宁）

第十四章　分子生物学实验
(Chapter 14　Molecular Biology Experiments)

实验二十一　质粒 DNA 的提取
(Experiment 21　Plasmid DNA Isolation)

一、目的和要求

1. 了解质粒 DNA 的特点与用途。
2. 掌握碱裂解法提取、分离和纯化质粒 DNA 的基本原理和操作方法。

二、基本原理

质粒(plasmid)是一种染色体外的稳定遗传分子,为具有双链闭环结构的 DNA 分子,以超螺旋状态存在于宿主细胞中。具有自主复制和转录能力,能在子代细胞中保持恒定的拷贝数,并表达所携带的遗传信息。目前,质粒已被广泛地用作基因工程中目的基因的运载工具——载体。

质粒 DNA 的提取是依据质粒 DNA 分子比染色体 DNA 小,且具有超螺旋共价闭合环状的特点,从而将质粒 DNA 与染色体 DNA 分离。质粒 DNA 提取的方法一般包括 3 个步骤:培养细菌扩增质粒,收集、裂解细菌,分离和纯化质粒 DNA。目前实验室常用的方法有以下几种:碱裂解法、溴乙锭-氯化铯密度梯度离心法、DNA 质粒释放法、羟基磷灰石柱层析法及酸酚法。其中碱裂解法应用最为普遍,具有操作简便、快速、得率高的优点。其主要原理是:利用染色体 DNA 与质粒 DNA 的变性与复性的差异而达到分离目的。在碱性条件下(pH=12.6),蛋白质和 DNA 发生变性,由于染色体 DNA 和质粒 DNA 拓扑构型不同,染色体 DNA 双螺旋结构解开,而共价闭环质粒 DNA 氢键虽被断裂,但两条互补链彼此相互盘绕仍会紧密地结合在一起。当以 pH=4.8 的醋酸钾将其 pH 调到中性时,染色体 DNA 之间交联形成不溶性网状结构并与蛋白质-SDS 复合物等形成沉淀;而变性的质粒 DNA 迅速、准确地复性,保持可溶状态而留在上清中。离心后,去除沉淀后上清液中的质粒 DNA 可用酚氯仿等抽提方法进一步进行纯化。

三、材料与试剂

1. 实验材料:带有质粒 pBR322 的大肠杆菌。
2. 实验试剂。

（1）LB(Luria-Bertani)液体培养基：950mL 去离子水中加入胰蛋白胨 10g,酵母提取物 5g,NaCl 10g,摇动容器直至溶质溶解；用 5mol/L NaOH 调 pH 至 7.0；用去离子水定容至 1L。高压灭菌(1.03×10^5 Pa,20min)。

（2）LB 平板培养基：在每 1000mL LB 液体培养基中加入 15g 琼脂,高压灭菌(1.03×10^5 Pa,20min)。

（3）含抗菌素的 LB 培养基：将无抗菌素的培养基高压灭菌后冷却至 65℃,根据不同需要,加入不同抗菌素溶液。筛选含质粒 pBR322 的大肠杆菌时培养基中氨苄西林的质量浓度为 20mg/L,四环素的浓度为 25mg/L；扩增质粒 pBR322 时培养基中氯霉素为 170mg/L。

（4）碱裂解液Ⅰ：pH＝8.0 的 GET 缓冲溶液(50mmol/L 葡萄糖,10mmol/L EDTA,25mmol/L Tris-HCl),950mL 去离子水中加入 9g 葡萄糖,3.7g Na_2EDTA · $2H_2O$,3.0g Tris 碱,摇晃溶解后用 1mol/L HCl 溶液调 pH 至 8.0 并定容至 1000mL。高压灭菌(1.03×10^5 Pa,20min),贮存于 4℃。用前加溶菌酶 4.0g/L。

（5）碱裂解液Ⅱ：SDS 溶液：0.2mol/L NaOH(称取 8.0g NaOH 溶解于 950mL 去离子水并定容至 1 L)与 1％ SDS(1g 电泳级 SDS 溶解于 95mL 去离子水并定容至 100mL)新鲜配制后临用前 1∶1 混合,室温下使用。

（6）碱裂解液Ⅲ：pH＝4.8 的醋酸钾溶液(60mL 5mol/L 醋酸钾溶液,11.5mL 冰醋酸,28.5mL 去离子水定容至 100mL)；该溶液钾离子浓度为 3mol/L,醋酸根离子浓度为 5mol/L。高压灭菌(1.03×10^5Pa,20min),贮存于 4℃,用时置于冰浴中。

（7）酚∶氯仿∶异戊醇(体积比为 25∶24∶1)：酚需用 Tris-HCl 缓冲溶液平衡 2 次。

（8）pH＝8.0 的 TE 缓冲溶液：10mmol/L Tris-HCl,pH8.0；1mmol/L EDTA,pH8.0 (配制 1 mol/L Tris-HCl,pH8.0：称取 Tris 碱 6.06g,加去离子水 40mL 溶解,滴加浓 HCl 约2.1mL调 pH 至 8.0,定容至 50mL；配制 0.5mol/L EDTA,pH8.0：称取 Na_2EDTA · $2H_2O$ 9.306g,加超纯水 35mL,剧烈搅拌,用约 1g NaOH 颗粒调 pH 至 8.0,定容至 50mL。取 1mL 1mol/L Tris-HCl、0.2mL 0.5mol/L EDTA 用去离子水定容至 100mL 获得 $1 \times$ TE 溶液)。含 RNA 酶(RNase A)的质量浓度为 20mg/L。

（9）无水乙醇及 70％乙醇。

（10）无菌去离子水。

四、实验器材

1. 1.5mL 塑料离心管(Eppendorf 小离心管)30 个。

2. 塑料离心管架(30 孔)1 个。

3. 微量移液器(P10、P100、P1000)。

4. 培养皿。

5. 台式高速离心机(20000r/min)。

6. 电热恒温培养箱。

7. 高温灭菌锅。

8. 大肠杆菌 DH52。

9. 涡旋器。

10. 制冰机。

五、实验方法

（一）培养细菌使质粒扩增

将带有质粒 pBR322 的大肠杆菌接种在 LB 平板培养基上，37℃培养 24～48h，或将菌种接种于预先准备好的 2～5mL 含青霉素的 LB 培养液中，37℃摇床培养 24h。

（二）收集和裂解细菌

1. 在无菌工作台中用 3～5 根牙签挑取平板培养基上的菌落，或取液体培养菌液 1.5mL 置 1.5mL Eppendorf 小离心管中，13000rpm，4℃离心 1min，弃上清液，使细菌沉淀尽可能干燥。

2. 用 1.0mL TE 缓冲溶液洗涤 2 次，收集菌体沉淀。

3. 沉淀加入冰预冷的悬浮液（碱裂解液Ⅰ）100μL，剧烈震荡混匀；在室温下放置 10min。碱裂解液Ⅰ中的葡萄糖可以维持渗透压，防治降解；EDTA 可以螯合金属离子，抑制 DNase 活性。

4. 加入新配置的裂解液（碱裂解液Ⅱ）200μL，加盖后倒转几次使之混匀。不要震荡，冰浴放置 5min，至液体变清为止。碱裂解液Ⅱ提供的碱性环境可以使染色体 DNA 和质粒 DNA 变性；SDS 可以使蛋白质变性沉淀。

5. 加入冰预冷的中和液（碱裂解液Ⅲ）150μL，室温下加盖颠倒数次轻轻混匀，冰浴放置 5min，13000rpm，4℃离心 5min。碱裂解液Ⅲ使 pH 环境调节到中性，使变性质粒 DNA 复性且稳定存在；高盐 KAc 有利于变性的染色体 DNA、RNA 及 SDS-蛋白复合物凝聚沉淀。

（三）分离和纯化质粒 DNA

1. 取上清液于另一只管中，用饱和酚：氯仿：异戊醇(25：24：1)进行抽提，13000rpm，4℃离心 2min。用酚：氯仿：异戊醇的混合液除去蛋白，效果较单独使用酚或氯仿要好。

2. 取上清液加入 2 倍体积的无水乙醇，震荡混合，室温放置 5min，13000rpm，4℃离心 5min，弃上清，把离心管倒扣在吸水纸上，吸干液体。

3. 加入 1mL 70％乙醇，用指尖弹匀，室温放置 5min，13000rpm，4℃离心 5min，弃上清，把离心管倒扣在吸水纸上，吸干液体。

4. 自然干燥，用 30～50μL 含 RNase(20mg/L) 的 TE 溶解，37℃作用 30min 后，－20℃保存备用。

六、注意事项

1. solutionⅠ对实验结果影响不大，solutionⅡ中的 NaOH 关系到所提取质粒 DNA 量的多少，solutionⅢ中的醋酸钾是蛋白质能否去除的一个重要因素。

2. solutionⅡ若发现有沉淀，要放在 37℃水浴中溶解。

3. 加入 solution Ⅲ后，轻轻地颠倒混匀。否则易打断染色体 DNA。

4. 所得质粒 DNA，视沉淀的多少加入适量的水(约 10μL)。

5. 注意酚：氯仿具有腐蚀性。

七、思考题

1. 简要叙述溶液Ⅰ、溶液Ⅱ和溶液Ⅲ的作用，以及实验中分别加入上述溶液后，反应体系出现的现象及其成因。

　　2. 沉淀 DNA 时为什么要用无水乙醇？

Experiment 21　Plasmid DNA Isolation

1. Purposes

（1）To understand the characteristics and usage of plasmid DNA.

（2）To master the principles and procedures of alkaline lysis method for plasmid DNA preparation.

2. Principles

Plasmid is a circular form of DNA often used as a vector in genetic engineering. It can replicate independently the chromosomal DNA，maintain a constant copy number in the daughter cells，and express the carried genetic information. Plasmids usually occur naturally in bacteria，but are sometimes found in eukaryotic organisms（e. g. ，the 2-micrometre ring in Saccharomyces cerevisiae）. Plasmids serve as important tools in genetics and biotechnology labs，where they are commonly used to multiply or express particular genes or to make large amounts of proteins.

Alkaline lysis is a method used in molecular biology to break cells open to isolate plasmid DNA or other cell components such as proteins. Bacteria containing the plasmid of interest are first grown，then lysed with a strong alkaline buffer consisting of a detergent sodium dodecyl sulfate（SDS）and a strong base sodium hydroxide. The detergent breaks the membrane's phospholipid bilayer and the alkali denatures proteins involved in maintaining the structure of the cell membrane. Through a series of steps involving agitation，precipitation，centrifugation，and the removal of supernatant，cellular debris is removed and the plasmid is isolated and purified. The protocol may vary slightly from lab to lab.

3. Materials and Solutions

（1）Experimental materials：*E. coli* with plasmid pBR 322.

（2）Experimental reagents.

1）LB（Luria-Bertani）liquid medium（agar plates）：

①Dissolve 10 g of tryptone，5 g of yeast extract，10 g of NaCl，and 15 g of Agar（if preparing agar plates）in 1 L of molecular biology grade H_2O.

②Aliquot media into several flasks and cover with a lose caps（be sure not to fill flasks more than 3/4 full）.

Third，autoclave 20—30 min，allow media to cool to −65 ℃.

2）Addition of antibiotic and storage of LB media：

①Liquid Media. Tighten cap and store at room temperature until use，add 0. 020 g of Ampicillin (Gold Biotechnology；catalog ID：A0104) and stir until dissolved.

②Agar Plates. Add 0. 020 g of Ampicillin (Gold Biotechnology；catalog ID：A0104) and stir until dissolved. Pour plates in a laminar-flow hood. Store at 4 ℃ in the dark，keep inverted，and do not store longer than 3 months.

＊If bubbles are present in plates a flame from a Bunsen burner can be briefly passed over the plates. Be sure to keep flame moving while removing bubbles，or too much heat can destroy the ampicillin.

＊1 L of LB media will make ～30 plates.

3）Solution Ⅰ：50 mM glucose, 25 mM Tris-HCl (pH＝8. 0),10 mM EDTA (pH＝8. 0). Dissolve 9 g glucose，3. 7 g $Na_2EDTA \cdot 2H_2O$ and 3. 0 g Tris base in 950 mL of molecular biology grade H_2O. Adjust the pH to 8. 0 with 1 mol/L HCl and then make up to volume of 1 L. Autoclave 20－30 minutes and store at 4 ℃. Add 4. 0 g/L lysozyme before use.

4）Solution Ⅱ：After 1％ SDS solution (Dissolve 1 g SDS to 95 mL deionized water and make up to volume of 100 mL) and 0. 2 mol/L NaOH (Dissolve 8. 0 g NaOH to 950 mL deionized water and make up to volume of 1 L) are freshly made，1∶1 (V/V) mix，use at room temperature.

5）Solution Ⅲ：Potassium acetate (pH＝4. 8). 60 mL 5 mol/L potassium acetate, 11. 5 mL anhydrous acetic acid，28. 5 mL deionized water and make up to volume of 100 mL. Autoclave and store at 4 ℃.

6）Phenol∶chloroform∶isoamyl alcohol (V/V/V＝25∶24∶1). Phenol Saturated with Tris-HCl is used.

7）TE buffer (pH＝8. 0)：10 mmol/L Tris-HCl，pH 8. 0；1 mmol/L EDTA，pH 8. 0.

8）Ethanol and 70％ ethanol.

9）Sterilized deionized water.

4．Equipments

（1）0. 2- and 0. 5-mL microtubes.

（2）Plastic centrifuge tube rack.

（3）Pipette (P10,P100,P1000).

（4）Petri dish.

（5）Microfuge.

（6）Flask (100 mL).

（7）pH meter.

（8）Ice machine.

（9）High-temperature steam sterilization pot.

（10）Heated Incubators.

(11) *E. coli* DH52.

(12) Vortex.

5．Methods

(1) Cell culture：Incubate cultures overnight（24—48 h）at 37 ℃ on LB agar plates，or 2—5 mL LB liquid medium with an appropriate amount of antibiotic.

(2) Collection and lysis of *E. coli*.

1）Pellet 1.5 mL aliquots of culture for 1 min in a microcentrifuge at maximal speed（room temperature or 4 ℃）.

2）Remove the supernatant by aspiration and resuspend the bacterial pellet in 1.0 mL TE buffer by pipetting up and down，twice.

3）Resuspend the pellet by vortexing in 100 μL of ice-cold solution Ⅰ. Incubate for 10 min at room temperature.

4）Add 200 μL of a freshly prepared solution of solution Ⅱ. Mix the contents by inverting the tube rapidly several times. Do not vortex to avoid shearing of chromosomal DNA! Incubate the mixture on ice up to 5 min.

5）Add 150 μL of ice-cold solution Ⅲ and mix by inverting the tube rapidly several times. Incubate on ice for 5 min. A white precipitate will form.

(3) Isolation and purification of plasmid DNA：

1）Centrifuge the suspension at maximum speed for 5 min at 4 ℃ and transfer the supernatant to a fresh tube.

2）Add 1 volume of phenol：chloroform：isoamyl alcohol（$V/V/V=25:24:1$）and mix by inverting the tube rapidly for 30—60 s. This step is to remove enzymes from the DNA preparation using phenol/chloroform/isoamyl alcohol extraction.

3）Centrifuge the suspension at 13,000 rpm，4 ℃ for 5 min.

4）Add 2 volumes of ethanol and vortex.

5）Centrifuge the suspension at maximum speed for 20 min at 4 ℃. Then，wash the pellet with 1 mL of cold 70% ethanol. Mix the pellet and 70% ethanol by inverting the tube gently several times.

6）Centrifuge the suspension at 13,000 rpm，4 ℃ for 5 min.

7）Remove the supernatant and air-dry the pellet.

8）Resuspend the DNA in 30—50 μL TE buffer which contains 20 mg/L RNase.

9）Store at −20 ℃.

6．Notes

(1) If there is precipitation in solution Ⅱ，redissolve it at 37 ℃ water bath.

(2) After adding solution Ⅲ，vortex should be avoided so as to minimize shearing of the contaminating chromosomal DNA.

(3) The volume of added TE buffer depends on the amount of obtained DNA.

（4）In phenol/chloroform/isoamyl alcohol extraction，all these organic reagents are corrosive.

7．Questions

（1）Briefly describe the role of solution Ⅰ，solution Ⅱ and solution Ⅲ.

（2）Why use ethanol to precipitate DNA?

实验二十二　DNA 酶切及片段回收

（Experiment 22　Restriction Enzyme Digestion and Retrieval of DNA Fragment）

一、目的和要求

1．了解限制性内切酶的特点与用途。

2．掌握从琼脂糖凝胶中回收 DNA 片段的基本原理和操作方法。

二、基本原理

限制性核酸内切酶（restriction enzyme），又称限制性内切酶，是指能识别 DNA 的特异序列，并在识别位点或其周围切割双链 DNA 的一类内切酶。根据酶的结构、依赖的辅助因子及与 DNA 结合和裂解的特性，将限制性内切酶分为三型。其中Ⅱ型酶在基因克隆中得到广泛应用，是重要的工具酶，通常所说的限制性内切酶就是指这一类酶。大部分Ⅱ型酶识别 DNA 位点的核苷酸序列呈二元旋转对称，即回文结构。例如，$EcoR$Ⅰ和 HaeⅢ的识别序列如下，其中箭头所指便是切割位点：

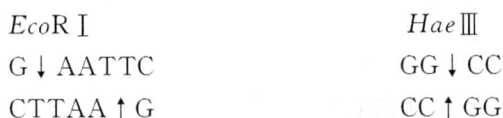

$EcoR$Ⅰ　　　　　　　　　　　HaeⅢ

G↓AATTC　　　　　　　　　　GG↓CC

CTTAA↑G　　　　　　　　　　CC↑GG

产生的各种 DNA 片段具有相同的末端结构，而且大多数的Ⅱ型酶可以提供黏性末端，有利用大片段的再连接。

限制性内切酶对环状质粒 DNA 有多少切口，就可产生多少个酶切片段；对线性 DNA 而言，可以产生比切口多一个的酶切片段。因此，鉴定酶切后的片段在电泳凝胶的区带数，就可以推断切口的数目；由片段的迁移率可以大致判断酶切片段的大小。用已知相对分子质量的线性 DNA 为对照，通过电泳迁移率的比较，可以粗略地测出分子形状相同的未知 DNA 的相对分子质量，从而可以将特定的某条 DNA 条带所在的凝胶切割下来，加热或用特殊的试剂熔解凝胶，使 DNA 溶回到溶液中，再经过乙醇沉淀或过柱即可获得目的 DNA 酶切片段。

三、材料与试剂

1．实验材料："实验二十三 PCR 体外扩增目的基因"获得的 PCR 产物。

2．实验试剂。

（1）*Hae*Ⅲ酶（4～12 U/μL，大连宝生物工程有限公司）。

（2）*Hae*Ⅲ酶解缓冲溶液（10×mol/L）：0.1mol/L，pH＝7.5 Tris-HCl；0.5mol/L NaCl；0.1mol/L MgCl$_2$，0.01mol/L 二硫苏糖醇（大连宝生物工程有限公司）。

（3）TAE 缓冲溶液（50×）：242.0g Tris 碱和 37.2g Na$_2$EDTA·2H$_2$O 溶于 800mL。去离子水后加入 57.1mL 冰乙酸充分溶解，定容至 1 L，室温保存。使用时，用蒸馏水稀释50 倍。

（4）上样缓冲液（10×）：0.9%的 SDS，50%（*V/V*）甘油，0.05%（*W/V*）溴酚蓝（大连宝生物工程有限公司）。

（5）溴化乙锭染色液：在 1L 水中加入 1g 溴化乙锭。磁力搅拌数小时，以确保其完全溶解。然后用铅箔包裹容器或将溶液转移至棕色瓶中，避光保存于室温。

（6）DNA Marker。

（7）琼脂糖胶粉。

（8）胶回收试剂盒（上海华舜生物试剂公司）。

（9）无菌去离子水。

四、实验器材

1. 水平仪。

2. 电泳仪。

3. 电泳仪、电泳槽模板（梳子）。

4. 称量天平（称量纸、称量勺）。

5. 锥形瓶（100mL）。

6. 微波炉（微波炉专用手套）。

7. 紫外灯检测仪。

8. 玻璃滴管。

9. 烘箱。

10. 0.5mL 与 1.5mL 塑料离心管（Eppendorf 小离心管）10 个。

11. 塑料离心管架（30 孔）1 个。

12. 微量移液器（P10、P100、P1000）。

13. 台式高速离心机（20000rpm）。

14. 涡旋器。

15. 制冰机。

五、实验方法

（一）PCR 产物酶切

取"实验二十三 PCR 体外扩增目的基因"获得的 PCR 产物，按照如表 14-1 所示的加样方式加入限制性内切酶及相应缓冲溶液。

表 14-1 各管加入限制性内切酶及相应缓冲溶液

试剂	PCR 产物	阴性对照	阳性对照
Hae III	$1\mu L$	0	$1\mu L$
$10\times M$ buffer	$2\mu L$	$2\mu L$	$2\mu L$
DNA	$\leqslant 1\mu g$	$\leqslant 1\mu g$	$\leqslant 1\mu g$
灭菌水	补足 $20\mu L$	补足 $20\mu L$	补足 $20\mu L$

阴性对照为 PCR 产物内不加限制性内切酶；阳性对照为通过其他方法确认为存在限制性内切酶识别位点的 DNA 扩增片段（完全切口），以确认所加的酶量是否足够，两者可根据需要设置。

在加入限制性内切酶后，将各管的酶切反应体系混匀、瞬时离心后置于限制性内切酶要求的反应温度（Hae III，$37℃$）的水浴箱、培养箱或烘箱内，酶解 $2\sim 3h$（有时可以酶切过夜）。待酶切结束时，向每个小管中分别加入 $1/10$ 体积的限制性内切酶配套的上样缓冲液，混匀。此处，上样缓冲液可以使酶解反应终止，同时还可以提高样品密度，使样品均匀沉到上样孔底部，也可以使样品上色，便于跑胶时候观察。但是若酶切产物仍需进行连接、切割、过柱纯化进行序列测定等后续操作，可将反应管置于 $65℃$ 保温 $20\sim 30min$ 以灭活酶终止反应；此时不能加入上样缓冲溶液，否则会影响后续操作。

（二）琼脂糖凝胶的制备

"实验二十三 PCR 体外扩增目的基因"获得的 PCR 产物片段长度为 127bp；经 Hae III 酶切后含 T 等位基因的不能被酶切，仍为 127bp；含 C 等位基因的被酶切为 104bp 和 23bp 两个片段。两种等位基因的酶切结果可以用 4% 的琼脂糖胶进行分辨。

1. 用封边带封住塑料托盘开放的两边形成一个模具，插入合适的梳子，置于一个水平支架上。

2. 配制足量的电泳缓冲液（$1\times$TAE 缓冲溶液）用以灌满电泳槽和配制凝胶。

3. 按照所需胶浓度和类型（4%m/V 酶切检测胶和 1.5% m/V 酶切片段回收胶）称取琼脂糖胶粉加到盛有定好量的电泳缓冲液的锥形瓶中。

4. 用玻璃瓶松松盖住，在微波炉里加热至琼脂糖熔化。

5. 用隔离手套将锥形瓶水浴冷却至 $55℃$ 左右，加入溴化乙锭，终浓度为 $0.5\mu g/mL$，轻轻旋转充分混匀凝胶溶液。

6. 将凝胶溶液缓慢、均匀地倒入模具中，冷却凝固后待用。

（三）酶切片段切胶回收

1. 取 $5\sim 7\mu L$ 酶切产物点样于 4% 酶切结果检测胶跑胶检测，记录结果后标注需要进行酶切回收的样品管号。

2. 将需要进行酶切回收的样品管中剩余的酶切产物全部点样至 1.5% 的回收胶进行跑胶。

3. 跑胶结束后于紫外灯下切割含有目的 DNA 片段的琼脂糖回收胶，将胶块置于 $1.5mL$ 的 Eppendorf 管中。

（四）回收试剂盒回收酶切 DNA 片段

1. 在装有回收胶的 Eppendorf 管子中加入 3 倍体积（约 $500\mu L$）的溶胶液 S1 液；

2. 放于 $56℃$ 温箱中 $10min$，使琼脂糖完全溶化；

3. 当目的片段<500bp 时，加入 1/3 S1 液体积的异丙醇，混匀。56℃温浴 1min 后，混匀。当目的片段>500bp 时，直接进行步骤 4；

4. 将溶化后的 Agarose 液移入吸附柱，10000rpm 离心 1min；

5. 弃去底液，在吸附柱中加入 500μL 洗涤液 W1 液，10000rpm 离心 15s；

6. 弃去底液，在吸附柱中加入 500μL W1 液，静置 1min；10000rpm 离心 15s；

7. 弃去底液，12000rpm 离心 2min；

8. 将吸附柱转移至新的 1.5mL Eppendorf 管中，加入 20～30μL 洗脱液 T1；

9. 静置 1min，12000rpm 离心 1min；

10. 将 DNA 轻微混匀后，4℃待用或－20℃保存。

六、注意事项

1. 酶切时首先要了解目的基因的酶切图谱，选用的限制性内切酶不能在目的基因内部有专一的识别位点，否则当用一种或两种限制性内切酶切割外源 DNA 时不能得到完整的目的基因。

2. 各种限制性内切酶都有最佳反应条件，最主要的因素是反应温度和缓冲液的组成，在双酶切体系中，限制性内切酶在使用时应遵循"先低盐后高盐，先低温后高温"的原则进行反应。

3. 所加的酶量最多不能超过反应体积的 10%，因为限制性内切酶一般是保存在 50% 甘油的缓冲液中，如果酶切反应体系中甘油的含量超过 5%，就会抑制酶的活性。

4. 配胶和电泳槽里的电泳液使用同一批缓冲溶液很重要。因为离子强度或 pH 很小的差别也会在凝胶前产生紊乱，严重影响 DNA 片段的泳动。

5. 制胶时加热所有琼脂糖颗粒完全溶解。通常未溶解的琼脂糖呈小透明体或半透明碎片悬浮在溶液中，不时小心旋转锥形瓶以保证粘在壁上的未熔化琼脂糖颗粒进入溶液。

6. 切胶回收时，由于溴化乙锭染色后的 DNA 易受紫外光破坏，故尽量放置于暗室，切带时应使用长波长紫外灯，切胶时间尽量短。

7. 在切胶时，尽量沿目的片段的边缘切割，使其所带的琼脂糖尽量少，这样琼脂糖不会影响后面的提纯。

七、思考题

试述影响限制性内切酶酶切效率的可能因素。

Experiment 22　Restriction Enzyme Digestion and Retrieval of DNA Fragment

1. Purposes

(1) To understand the characteristics and use of restriction enzyme.

(2) To master the principles and procedures to retrieve DNA fragments from agarose gels.

2. Principles

A restriction enzyme (or restriction endonuclease) is an enzyme that cuts DNA at specific recognition nucleotide sequences known as restriction sites (Roberts, 1976; Kessler et al., 1990; Pingoud et al., 2001). Such enzymes, found in bacteria and archaea, are thought to have evolved to provide a defense mechanism against invading viruses; Kruger et al., 1983). Inside a bacterial host, the restriction enzymes selectively cut up foreign DNA in a process called restriction; host DNA is methylated by a modification enzyme (a methylase) to protect it from the restriction enzyme's activity. Collectively, these two processes form the restriction modification system (Kobayashi, 2001). Over, 3,000 restriction enzymes have been studied in detail, and more than 600 of these are available commercially (Roberts et al., 2007) and are routinely used for DNA modification and manipulation in laboratories (Old et al., 1981; Bloom et al., 1996; Massey et al., 2001).

Naturally occurring restriction endonucleases are categorized into four groups (Types I, II, III and IV) based on their composition and enzyme cofactor requirements, the nature of their target sequence, and the position of their DNA cleavage site relative to the target sequence (Boyer, 1971; Bickle et al., 1993). Type II restriction endonucleases (e. g. Nae I) cleave DNA following interaction with two copies of their recognition sequence (Pingoud et al., 2001). Type II restriction endonucleases is most widely used.

Restriction enzymes recognize a specific sequence of nucleotides (Kessler et al., 1990) and produce a double-stranded cut in the DNA. While recognition sequences vary between 4 and 8 nucleotides, many of them are palindromic, which correspond to nitrogenous base sequences that read the same backwards and forwards (Pingoud et al., 2001). In theory, there are two types of palindromic sequences that can be possible in DNA. The mirror-like palindrome is similar to those found in ordinary text, in which a sequence reads the same forwards and backwards on a single strand of DNA strand, as in GTAATG. The inverted repeat palindrome is also a sequence that reads the same forwards and backwards, but the forward and backward sequences are found in complementary DNA strands (i. e., of double-stranded DNA), as in GTATAC (GTATAC being complementary to CATATG) (Clark, 2005). Inverted repeat palindromes are more common and have greater biological importance than mirror-like palindromes.

*Eco*R I digestion produces "sticky" ends, whereas *Hae* III restriction enzyme cleavage produces "blunt" ends:

*Eco*R I	*Hae* III
G ↓ AATTC	GG ↓ CC
CTTAA ↑ G	CC ↑ GG

Recognition sequences in DNA differ for each restriction enzyme, producing differences in the length, sequence and strand orientation ($5'$ end or the $3'$ end) of a sticky-end "overhang" of an enzyme restriction (Goodsell, 2002). Restriction digest is used in molecular biology to prepare DNA for analysis or other processing.

3. Materials and Solutions

(1) Experimental materials: PCR product from *Experiment 23 PCR Amplification of Target Genes*.

(2) Experimental reagents.

1) *Hae* III (4—12 U/μL, Takara)

2) *Hae* III buffer (10 × mol/L): 0. 1 mol/L, pH=7. 5 Tris-HCl; 0. 5 mol/L NaCl; 0. 1 mol/L $MgCl_2$, 0. 01 mol/L Dithiothreitol (Takara).

3) TAE buffer (50 ×): Dissolve 242. 0 g Tris base and 37. 2 g Na_2EDTA · $2H_2O$ in 800 mL deionized water; add 57. 1 mL anhydrous acetic acid, and then make up to volume of 1 L. Store at room temperature and dilute 50 times with distilled water before use.

4) Loading buffer (10 ×): 0. 9% SDS, 50% (V/V) glycerol, 0. 05% (W/V) bromophenol blue (Takara).

5) Ethidium bromide: Dissolve 1 g ethidium bromide in 1 L distilled water. Store at room temperature and the seal evades the light preservation.

6) DNA marker.

7) Agarose.

8) Gel extraction kit.

9) Sterilized double-distilled water.

4. Equipments

(1) 0. 2, 0. 5 and 1. 5 mL microtubes.

(2) Refrigerator.

(3) Microfuge.

(4) Vortex.

(5) dH_2O source.

（6）Plastic centrifuge tube rack.

（7）Micropipettes and tips（P10，P100，P1000）.

（8）Balance.

（9）Flask（100 mL）.

（10）Laminar cabinet.

（11）Microwave.

（12）Electrophoresis tanks.

（13）Gel dish.

（14）Power packs.

（15）Gel viewing system.

（16）Gel documentation system.

（17）pH meter.

（18）Ice machine.

（19）Level.

（20）Oven.

（21）37 ℃ incubator.

5. Methods

（1）Restriction digest of PCR product.

1）In a 0.5 mL centrifuge tube add the following components in this order（Table 14-1）：

Table 14-1　Components

Reagnt	PCR product	Negative cotrol	Positive control
*Hae*Ⅲ	1 μL	0	11
10×M buffer	2 μL	2 μL	2 μL
DNA	≤1 μg	≤1 μg	≤1 μg
Distilled water	Up to 20 μL	Up to 20 μL	Up to 20 μL

Here，in positive control，the DNA added is with a known genotype which can be completely cut by the restriction endonuclease.

2）Mix the final solution with the pipette tip. Do not vortex as this will rip the DNA. Spin down the tube in the micro-centrifuge to ensure all liquid is at the bottom.

3）Place the tube in the 37 ℃ bath for about 2 h or overnight to facilitate digestion.

4）Add 1/10 volume of 10× loading buffer to the reaction system to terminate restriction digest. If the restriction fragment will be followed by other analyses，such as sequencing，10× loading buffer will interrupt with these analyses.

（2）Agarose gel preparation.

1）Clean the gel dish with ethanol and double-distilled water. Make sure the lane comb is properly in place before pouring the gel.

2）Heat the agarose gel to about 65 ℃ to liquefy，and when it cools to about 55 ℃

add ethidium bromide (0.5 μg/mL), then pour about 35 mL (1/3 full) into the sealed gel tray ensuring there are no bubbles in the liquid.

3) Allow about 30 min for the gel to cool and solidify.

4) Once fully solidified, remove the lane comb, and rotate the gel tray 90 degrees so that the gel wells are exposed to the negative terminal reservoir. Fill each of the reservoirs with 1× TAE buffer until the gel is submerged with about 1 mm of buffer.

(3) DNA fragment recovery from agarose gel.

1) After digestion is complete, add 2 μL 10× loading buffer to terminate the digestion. Centrifuge the microtube instantly.

2) Place about 5—7 μL of your digest and equal volume of DNA marker in gel wells. Secure the electrophoretic lid, and start the power supply. Be careful not to shake or jostle the gel. Within a few minutes you should be able to see the loading dye moving in the gel.

3) When the run is finished, carefully remove the gel tray and gel from the TAE buffer solution. Record the result in a gel viewing and documentation system.

4) Carefully place the gel on the UV light stage. Place the UV blocking cover over the stage and turn the UV lamp on. Excise the DNA fragment from the agarose gel with a clean, sharp scalpel; put the gel slice to a 1.5 mL microtube.

(4) DNA fragment recovery using a gel extraction kit:

1) Weigh the gel slice in a colorless tube. Add 3 volumes of (about 500 μL) solution S1 to 1 volume of gel (100 mg—100 μL) to the Eppendorf microtube with the excised agarose slice.

2) Incubate at 56 ℃ for 10 min (or until the gel slice has completely dissolved). To help dissolve gel, mix by vortexing the tube every 2—3 min during the incubation.

3) After the gel slice has dissolved completely, check that the color of the mixture is similar to solution S1 without dissolved agarose.

4) When the size of target DNA fragment is smaller than 500 bp, add isopropanol (1/3 volume of solution S1) and mix. Incubate at 56 ℃ for 1 min. If the size is larger than 500 bp then proceed to the next step.

Do not centrifuge the sample at this stage.

5) Transfer the melted agarose gel to a spin column in a provided 2 mL collection tube. 10000 rpm centrifuge for 1 min.

The maximum volume of the column reservoir is 800 μL. For sample volumes of more than 800 μL, simply load and spin again.

6) Discard flow-through and place spin column back in the same collection tube. Collection tubes are re-used to reduce plastic waste.

7) To wash, add 0.5 mL of Buffer W1 to spin column and centrifuge (10,000 rpm for 15 s).

Note: If the DNA will be used for salt sensitive applications, such as blunt-end ligation and direct sequencing, let the column stand 2—5 min after addition of Buffer W1, before centrifuging.

8) Add 0.5 mL of Buffer W1 to spin column, stand for 1 min at room temperature and then centrifuge (10,000 rpm for 15 s).

9) Discard the flow-through and centrifuge the spin column for an additional 2 min (10000 rpm).

Residual ethanol from Buffer W1 will not be completely removed unless the flow-through is discarded before this additional centrifugation.

10) Place the spin column into a clean 1.5 mL microcentrifuge tube.

11) To elute DNA, add 20—50 μL of Buffer T1 (10 mM Tris · Cl, pH 8.5) or H_2O to the center of the spin column membrane and centrifuge the column for 1 min at maximum speed. Alternatively, for increased DNA concentration, add 20—50 μL elution buffer T1 to the center of the spin column membrane, let the column stand for 1 min, and then centrifuge for 1 min (12,000 rpm).

Ensure that the elution buffer is dispensed directly onto the spin column membrane for complete elution of bound DNA. The average eluate volume is 48 μL from 50 μL elution buffer volume, and 28 μL from 30 μL.

12) Store the DNA at −20 ℃.

Elution efficiency is dependent on pH. The maximum elution efficiency is achieved between pH 7.0 and 8.5. When using water, make sure that the pH value is within this range, and store DNA at −20 ℃ as DNA may degrade in the absence of a buffering agent. The purified DNA can also be eluted in TE (10 mM Tris · Cl, 1 mM EDTA, pH 8.0), but the EDTA may inhibit subsequent enzymatic reactions.

6. Notes

(1) Each restriction enzyme has its prominent reaction conditions, which include reaction temperature and buffer. In a double restriction digestion reaction, the enzymes should be added in a order as "first low-salt, next high-salt, first low-temperature, then high-temperature".

(2) Minimize the size of the gel slice by removing extra agarose.

(3) Ethidium bromide is a dangerous mutagen and carcinogen, do not splash or spill it! You must wear nitrile gloves, safety glasses and a lab coat during this step.

7. Questions

Briefly describe possible factors that can influence the efficiency of a restriction enzyme digestion.

实验二十三　PCR 体外扩增目的基因
（Experiment 23　PCR Amplification of Target Gene）

一、目的和要求

1. 掌握聚合酶链反应（polymerase chain reaction，PCR）的概念。
2. 了解从 PCR 扩增 DNA 片段的基本原理和操作方法。

二、基本原理

　　聚合酶链反应是体外酶促合成特异 DNA 片段的一种技术。利用 PCR 技术可以在数小时内大量扩增目的基因或 DNA 片段，从而免除基因重组和分子克隆等一系列繁琐操作。由于其操作简单、实用性强、灵敏度高并可自动化，所以在分子生物学、基因工程研究以及对遗传病、传染病和恶性肿瘤等基因诊断和研究中得到广泛应用，主要用途有目的基因的克隆、基因的体外突变、DNA 和 RNA 的微量分析、DNA 序列测定和基因突变分析等。它的发明者美国科学家 K. B. Mullis 也因此于 1993 年获得诺贝尔化学奖。

　　PCR 进行的基本条件包括：

　　（1）以 DNA 为模板（RT-PCR 中模板是 RNA）；

　　（2）以寡聚核苷酸为引物；

　　（3）以 4 种 dNTP（dATP、dCTP、dGTP、dTTP）为底物；

　　（4）耐热性 Taq DNA 聚合酶；

　　（5）Mg^{2+} 等提供 PCR 酶促反应得以顺利进行的缓冲体系。

　　PCR 的基本反应步骤包括：

　　（1）变性：将反应体系加热至 95℃，使模板 DNA 完全变性成为单链，同时引物自身以及引物之间存在的局部双链也得以消除。

　　（2）退火：将温度下降至适宜温度（一般较 T_m 低 5℃）使引物和模板结合。

　　（3）延伸：将温度升至 72℃，将 DNA 聚合酶以 dNTP 为底物催化 DNA 的合成反应。

　　上述 3 个步骤为一个循环，新合成的 DNA 分子继续作为下一轮合成的模板，经过多次（30～35 次）反应后即可达到扩增 DNA 片段的目的。

　　PCR 的主要影响因素包括：

　　（1）模板：PCR 的模板可以为单、双链 DNA 或 RNA，若为 RNA 则需先经逆转录反应得到相应的 cDNA。为保证 PCR 反应的特异性，一般宜用 ng 级的克隆 DNA，μg 级别的染色体 DNA 或 10^4 拷贝数的待扩增片段来作起始材料。模板中若混有蛋白酶、核酸酶、Taq 酶抑制剂以及任何结合 DNA 的蛋白质，都可严重降低 PCR 的扩增效率，甚至不能扩增。

　　（2）引物：较好的引物在结构和组成上应满足以下条件，①引物长度一般为 15～30bp，常用 20bp 左右；②4 种碱基分布较均匀，（G＋C）含量约占 40％～60％为宜；③引物内部不存在发夹结构或引物二聚体；④引物 3'端的碱基严格配对（无任何修饰），引物 5'端可有修饰。⑤引物的特异性强。

（3）反应温度和时间：通常变性温度和时间为95℃，$45s^{-1}$min，过高温度或持续时间过长均会降低 Taq DNA 聚合酶活性和破坏 dNTP 分子。退火温度可选择比变性温度（T_m）低 2～3℃，$T_m=4(G+C)+2(A+T)$ 计算，最佳 T_m 可由梯度 PCR 实验确定。在 T_m 允许的范围内，较高的退火温度有利于提高 PCR 反应的特异性，但会降低 PCR 扩增的效率。退火时间一般为 1～1.5min。延伸温度为72℃，时间与 PCR 扩增的 DNA 片段的长度相关，一般 1kb 以内为 1min，若扩增片段较长可适当增加时间（一般的 $rTaq$ 的 DNA 合成速率差不多为 1k/min）。

（4）Taq DNA 聚合酶：除聚合酶活性外，Taq DNA 聚合酶还具有 $5'→3'$ 外切酶活性，无 $3'→5'$ 外切酶活性。在 PCR 反应体系中，催化典型的 PCR 所需酶量为 1～2.5U。酶量偏少则 PCR 产物相应减少，酶量过高则会增加非特异性反应。

本实验扩增的是青少年脊柱侧凸（adolescent idiopathic scoliosis，AIS）易感基因 $MTNR1B$ 上游的一段序列，片段长度为127bp，涵盖了与 AIS 发生密切相关的一个 SNP 位点。

三、材料与试剂

1. 实验材料：人外周血提取的 DNA。

2. 实验试剂。

（1）Taq DNA 聚合酶。

（2）10×PCR 反应缓冲溶液：尽可能使用 Taq DNA 聚合酶厂家提供的配套 10×PCR 反应缓冲溶液，若无可以用如下配方。

500mmol/L KCl

100mmol/L Tris-Cl(pH8.3，室温下）

15mmol/L $MgCl_2$

在高压灭菌（$1.03×10^5$ Pa，20min），分装后－20℃保存。

（3）0.2g/L BSA。

（4）dNTP 贮存液。

（5）引物（上游引物：AACATATTTGTGATTAATCCAGGC，下游引物：TAACACCTGCAATTTCCACC）。

（6）去离子水，高压灭菌（$1.03×10^5$ Pa，20min），分装后－20℃保存。

（7）石蜡油，高压灭菌（$1.03×10^5$ Pa，20min），分装后－20℃保存。

（8）上样缓冲溶液（6×）：30mM EDTA，40%（V/V）甘油，0.05%（W/V）二甲苯青FF，0.05%（W/V）溴酚蓝（大连宝生物工程有限公司）。

（9）溴化乙锭。

（10）DNA marker。

四、实验器材

1. PCR 仪。

2. 0.5mL 塑料离心管（Eppendorf 小离心管）10 个。

3. 塑料离心管架（30 孔）1 个。

4. 微量移液器（P10、P100、P1000）。

5. 台式高速离心机（20000r/min）。

6. 涡旋器。

7. 电泳仪、电泳槽模板（梳子）。

8. 水平仪。

9. 称量天平（称量纸、称量勺）。

10. 锥形瓶（100mL）。

11. 微波炉（微波炉专用手套）。

12. 电泳仪。

13. 凝胶成像仪。

14. pH 计。

15. 制冰机。

五、实验方法

（一）DNA 样品制备

此处用第十一章中"实验六 人外周血基因组 DNA 提取"中所提取的 DNA。

（二）PCR 扩增

1. 按顺序在 0.5mL 的灭菌塑料离心管中加入如下试剂：

10×PCR Buffer	5μL
20mmol/L 4 种 dNTP mixture	4μL
BSA（25mg/mL）	2μL
上游引物（20μmol/L）	2.5μL
下游引物（20μmol/L）	2.5μL
1～5U/μL DNA Polymerase	1～2U
模板 DNA	$10^2 \sim 10^5$ 拷贝（阴性对照加双蒸水）

加入灭菌分装的 ddH$_2$O 使总体积为 50μL。

若 PCR 仪没有配置热盖，在 PCR 过程中，离心管内的 PCR 反应混合液上层需加高压灭菌后的矿物油或石蜡油防止液体挥发。

2. 将各管 PCR 反应混合液充分混匀，瞬时离心。

3. 按下列步骤循环进行 35 次（在 PCR 仪上设定）。

预变性：95℃　　5min

变性：　94℃　　1min

退火：　55℃　　　　30s ｝35 个循环

延伸：　72℃　　1min

后延伸：72℃　　10min

（三）PCR 产物鉴定

反应结束后，取 2μL PCR 产物进行 1.5% 的琼脂糖凝胶电泳检测，采用 1mg/L 溴化乙锭染色，凝胶成像仪成像检测。其余 PCR 产物−20℃保存备用。

六、注意事项

1. dNTP 在配制后分装于小管−20℃保存，过多冻融会使其降解而影响 PCR 的扩增效率。

2. PCR 反应体系中二价阳离子的存在至关重要,最好使用与 DNA 聚合酶配套的优化的含 Mg^{2+} 的 PCR 反应缓冲溶液,若需自己配制,每当首次使用靶序列和引物的一种新组合时,尤其需要调整 Mg^{2+} 浓度至最佳。

3. PCR 反应体系中所加的 DNA 模板量依据不同的模板进行调整,使所加入的模板 DNA 的量大致为 $10^2 \sim 10^5$ 拷贝。

4. 注意 EB 染液具有强致癌性,须规范操作。

七、思考题

1. 简要叙述 PCR 扩增的原理

2. 试述 PCR 反应体系中各成分的作用。

3. 影响 PCR 扩增效率的因素有哪些?

Experiment 23　PCR Amplification of Target Gene

1. Purposes

(1) To master the concept of polymerase chain reaction (PCR).

(2) To understand the basic principles and protocols for PCR amplification of target gene.

2. Principles

The polymerase chain reaction (PCR) is a primer-mediated enzymatic amplification of specifically cloned orgenomic DNA sequences. This PCR process, invented more than two decades ago, has been automated for routine use in laboratories worldwide. The template DNA contains the target sequence, which may be tens or tens of thousands of nucleotides in length. A thermostable DNA polymerase such as *Taq* DNA polymerse catalyzes the buffered reaction in which an excess of an oligonucleotide primer pair and four deoxynucleoside triphosphates (dNTPs) are used to make millions of copies of the target sequence. Although the purpose of the PCR process is to amplify template DNA, a reverse transcription step allows the starting point to be RNA. PCR is now widely used inmolecular biology and genetic disease studies to identify new genes. U. S. scientist K. B. Mullis won the Nobel Prize in Chemistry in 1993 as the PCR inventor.

The PCR process requires a repetitive series of the three fundamental steps that defines one PCR cycle: Double-stranded DNA template denaturation, annealing of two oligonucleotide primers to the single-stranded template, and enzymatic extension of the primers to produce copies that can serve as templates in subsequent cycles. The target copies are double-stranded and bounded by annealing sites of the incorporated primers.

The 3′ end of the primer should complement the target exactly, but the 5′ end can actually be a non-complementary tail with restriction enzyme and promotor sites that will also be incorporated. As the cycles proceed, both the original template and the amplified targets serve as substrates for the denaturation, primer annealing, and primer extension processes. Since every cycle theoretically doubles the amount of target copies, ageometric amplification occurs.

A basic PCR set-up requires several components and reagents. These components include:

(1) DNA template that contains the DNA region (target) to be amplified;

(2) Two primers that are complementary to the 3′ ends of each of the sense and anti-sense strand of the DNA target;

(3) *Taq* polymerase or another DNA polymerase with a temperature optimum at around 70 ℃;

(4) Deoxynucleoside triphosphates (dNTPs; dATP, dCTP, dGTP and dTTP), the building-blocks from which the DNA polymerase synthesizes a new DNA strand.

(5) Buffer solution, providing a suitable chemical environment for optimum activity and stability of the DNA polymerase.

(6) Divalent cations, magnesium or manganese ions; generally Mg^{2+} is used, but Mn^{2+} can be utilized for PCR-mediated DNA muta genesis, as higher Mn^{2+} concentration increases the error rate during DNA synthesis.

The main factors that can affect the PCR amplification efficiency include:

(1) The PCR sample type may be single-or double-stranded DNA of any origin-animal, bacterial, plant, or viral. RNA molecules, including total RNA, poly (A+) RNA, viral RNA, tRNA, or rRNA, can serve as templates for amplification after conversion to so-called complementary DNA (cDNA) by the enzyme reverse transcriptase. The amount of starting material required for PCR can be as little as a single molecule, compared to the millions of molecules needed for standard cloning or molecular biological analysis. As a basis, up to nanogram amounts of DNA cloned template, up to microgram amounts of genomic DNA, or up to 10^5 DNA target molecules are best for initial PCR testing.

(2) PCR Primers are short oligodeoxyribonucleotides, or oligomers, that are designed to complement the end sequences of the PCR target amplicon. These synthetic DNAs are usually 15—25 nucleotides long and have approx 50%—60% G+C content. Because each of the two PCR primers is complementary to a different individual strand of the target sequence duplex, the primer sequences are not related to each other. In fact, special care must be taken to assure that the primer sequences do not form duplex structures with each other or hairpin loops within themselves. The 3′ end of the primer must match the target in order for polymerization to be efficient. The 5′ end of the primer may have sequences that are not complementary to the target and that may contain restriction sites or promoter

sites that are also incorporated into the PCR product.

(3) The temperature at which half of the molecules are single-stranded and half are double-stranded is called the Tm of the complex. Because of the greater number of inter molecular hydrogen bonds, higher G+C content DNA has a higher Tm than lower G+C content DNA. A simple, generic formula for calculating the Tm is: $Tm = 4(G+C) + 2(A+T)$ ℃. Usually, the annealing temperature is chosen a few degrees below the consensus annealing temperatures of the primers.

(4) *Taq* DNA polymerase: Almost all PCR applications employ a heat-stable DNA polymerase, such as *Taq* polymerase, an enzyme originally isolated from the bacterium Thermus aquaticus. This DNA polymerase enzymatically assembles a new DNA strand from DNA building-blocks, the nucleotides, by using single-stranded DNA as a template and DNA oligonucleotides (also called DNA primers), which are required for initiation of DNA synthesis. *Taq* DNA polymerase has DNA polymerase activity and $5' \rightarrow 3'$ exonuclease activity, but without $3' \rightarrow 5'$ exonuclease activity. Usually, $1-2.5$ units of *Taq* DNA polymerase are used in a classic PCR reaction system. If DNA polymerase is inadequate, the PCR products will be reduced. On the other hand, an excess of DNA polymerase is added, a non-specific amplification will be resulted.

3. Materials and Reagents

(1) Experimental materials: DNA extracted from human whole blood

(2) Experimental reagents.

1) *Taq* DNA polymerase.

1) 10×PCR buffer: Use the 10×PCR buffer supplied together with the *Taq* DNA polymerase. If it is not available, use the following formula.

500 mmol/L KCl

100 mmol/L Tris-Cl (pH8.3, at room temperature)

15 mmol/L $MgCl_2$

After high pressure sterilization (1.03×10^5 Pa, 20 min), distribute into small portions and store at -20 ℃.

2) 0.2 g/L BSA.

3) dNTP storage solution.

4) Primer (Forward primer: AACATATTTGTGATTAATCCAGGC, Reverse primer: TAACACCTGCAATTTCCACC).

5) Deionized water, after high pressure sterilization (1.03×10^5 Pa, 20 min), distribute into small portions and store at -20 ℃.

6) 0.2 g/L BSA, after high pressure sterilization (1.03×10^5 Pa, 20 min), distribute into small portions and store at -20 ℃.

7) Mineral oil, after high pressure sterilization (1.03×10^5 Pa, 20 min), distribute into small portions and store at -20 ℃.

8）Loading buffer（6×）：

30 mM EDTA，

40% （V/V）glycerol，

0.05% （W/V）xylene cyanol FF 2，

0.05% （W/V）bromophenol blue（Takara）.

（10）Ethidium bromide.

（11）DNA marker.

4．Equipments

1）PCR Thermocycler.

2）0.2 and 0.5 mL microtubes.

3）Refrigerator.

4）Microfuge.

5）Vortex.

6）dH$_2$O source.

7）Plastic centrifuge tube rack.

8）Micropipettes and tips（P10，P100，P1000）.

9）Balance.

10）Flask（100 mL）.

11）Laminar cabinet.

12）Microwave.

13）Electrophoresis tanks.

14）Power packs.

15）Gel viewing system.

16）Gel documentation system.

17）pH meter.

18）Ice machine.

5．Methods

（1）DNA sample preparation：The DNA extracted in *Experiment 6 DNA Extraction from Human Whole Blood*.

（2）PCR amplification：Add the following reagents to 0.5 mL sterilized microtubules.

10×PCR Buffer	5 μL
20 mmol/L dNTP mixture	4 μL
BSA（25 mg/mL）	2 μL
Forward primer（20 μL mol/L）	2.5 μL
Reverse primer（20 μmol/L）	2.5 μL
1−5 U/μL DNA Polymerase	1−2 U
Template DNA	10^2−10^5 copies（ddH$_2$O for negative control）

Sterilized ddH$_2$O　　　　　　up to 50 μL

If the thermocycler has no thermal lid, then add mineral oil to each PCR microtube to avoid the evaporation of liquid.

(3) Mix all the PCR reagents, centrifuge quickly.

(4) PCR procedures:

Initialization step: 95 ℃　5 min

　　Denaturation: 94 ℃　1 min ⎤

　　Annealing: 55 ℃　30 s ⎬ 35 cycles

Extension/elongation: 72 ℃　1 min ⎦

Final elongation. 72 ℃　10 min

Final hold.

(5) PCR product identification: After PCR, 2 μL PCR product will be tested through 1.5% agarose gel electrophoresis which is dyed with 1 mg/L Ethidium bromide, and then take a photograph with agarose gel imaging system. Store the remaining PCR product at −20 ℃.

6. Notes

(1) After preparation, dNTP should be stored at −20 ℃ in small packages. Excessive freeze-thaw degradation will affect PCR amplification efficiency.

(2) The concentration of MgCl$_2$ affects enzyme specificity and reaction yield. In general, lower concentrations of Mg^{2+} leads to specific amplification and the higher concentration encourages nonspecific amplification. The effective concentration of Mg^{2+} is dependent on the dNTP concentration as well as the template DNA concentration and primer concentration. The Mg^{2+} concentration should be optimized before each new PCR is set up.

(3) The template DNA added in a PCR reaction system should be adjusted according to the origin of template DNA (chromosomal DNA, mitochondrial DNA, plasmid DNA, etc.). Overall, the amount of added template DNA should be about $10^2 \sim 10^5$ copies for a 50 μL PCR reaction system.

(4) Nitrile gloves should be used for safety when handling ethidium bromide if used in gel electrophoresis.

7. Questions

(1) Briefly describe the principle of PCR amplification.

(2) Describe the effect of each component in the PCR reaction system.

(3) Which factors will affect the efficiency of PCR amplification?

实验二十四　反转录 PCR(RT-PCR)

（Experiment 24　Reverse Transcription PCR）

一、目的和要求

1. 掌握聚反转录 PCR(RT-PCR)的概念。
2. 了解从 RT-PCR 的基本原理和操作方法。

二、基本原理

反转录 PCR(reverse transcriptase-PCR,RT-PCR)是以微量的 mRNA 材料在反转录酶作用下,与 PCR 技术相辅而成的一种扩增 cDNA 拷贝的分析方法。RT-PCR 对于获得与克隆 mRNA 的 5′、3′末端序列和从非常少的 mRNA 样品构建大容量的 cDNA 文库方面都是极为灵敏和通用的方法。此外,RT-PCR 还易于鉴定已转录序列是否发生突变及呈现多态性;还可用于测定基因表达的强度,尤其在可获得的 mRNA 数量有限和目的基因表达水平很低时可用 RT-PCR 方法来分析。

RT-PCR 的基本原理如下:以 mRNA 为模板,反转录成 cDNA,然后用 PCR 扩增特异产物,并用电泳分析产物。其首要步骤为酶促催化使 RNA 反转录为 cDNA 第一链。cDNA 第一链的合成可以用一种基因特异性引物(gene-specific primer,GSP)、Oligo(dT)或一种随机六核苷酸序列进行引导。cDNA 第二链的合成(扩增循环 1)可用正义引物引导。后续 cDNA 的扩增用正义和反义引物进行引导。在许多情况下,研究者的目的在于产生的第一链 cDNA 应该尽可能地长,并且包含高比例的与靶 RNA 互补的分子。因此,Oligo(dT)作为合成第一链 cDNA 的引物是最佳选择。Oligo(dT)能与哺乳动物 mRNA 的内源 poly (A)$^+$尾相结合,作为一种通用引物能用于常规的第一链 cDNA 的合成。后续 PCR 扩增可用一条或多条基因特异性引物与 Oligo(dT)配对来产生一种特异的 mRNA 3′末端序列的拷贝。

三、材料与试剂

1. 实验材料:RNA 模板(多聚 A mRNA 或总 RNA)。
2. 实验试剂。

（1）0.1% DEPC 水:取 2mL 焦碳酸二乙酯（diethyl-pyro carbonate，DEPC）加至 2000mL 水中,摇匀,过夜,灭菌。

（2）Trizol:一种新型总 RNA 抽提试剂,可以直接从细胞或组织中提取总 RNA。含有苯酚、异硫氰酸胍等物质,能迅速破碎细胞并抑制细胞释放出的核酸酶。Trizol 在破碎和溶解细胞时能保持 RNA 的完整性,因此对纯化 DNA 及标准化 RNA 的生产十分有用。

（3）cDNA 引物。

（4）10×反转录缓冲溶液:尽可能使用 AMV 逆转录酶厂家提供的配套 10×PCR 反转录缓冲溶液,若无可以用如下配方:

500mmol/L KCl

100mmol/L Tris-Cl(pH8.3,室温下)

15mmol/L $MgCl_2$

在高压灭菌($1.03×10^5$ Pa,20min),分装后－20℃保存。

(5) 0.2g/L BSA。

(6) dNTP 贮存液。

(7) AMV 逆转录酶。

(8) RNA 酶抑制剂。

(9) Taq DNA 聚合酶。

(10) 10×PCR 反应缓冲溶液:尽可能使用 Taq DNA 聚合酶厂家提供的配套 10×PCR 反应缓冲溶液,若无可以用如下配方:

500mmol/L KCl

100mmol/L Tris-Cl(pH8.3,室温下)

15mmol/L $MgCl_2$

在高压灭菌($1.03×10^5$ Pa,20min),分装后－20℃保存。

(11) 扩增引物。

(12) BSA。

(13) 去离子水,高压灭菌($1.03×10^5$ Pa,20min),分装后－20℃保存。

(14) 石蜡油,高压灭菌($1.03×10^5$ Pa,20min),分装后－20℃保存。

(15) 上样缓冲溶液(6×):30 mM EDTA、40% (V/V)甘油,0.05% (W/V)二甲苯青FF、0.05% (W/V)溴酚蓝(大连宝生物工程有限公司)。

(16) 溴化乙锭。

(17) DNA marker。

四、实验器材

1. PCR 仪。

2. 0.5mL 与 1.5mL 塑料离心管(Eppendorf 小离心管)。

3. 塑料离心管架(30 孔)1 个。

4. 微量移液器(P10、P100、P1000)。

5. 台式高速离心机(20000r/min)。

6. 涡旋器。

7. 电泳仪、电泳槽模板(梳子)。

8. 水平仪。

9. 称量天平(称量纸、称量勺)。

10. 锥形瓶(100mL)。

11. 微波炉(微波炉专用手套)。

12. 电泳仪。

13. 凝胶成像仪。

14. 恒温水浴箱。

15. pH 计。

16．制冰机。

五、实验方法

（一）RNA 样品制备

1．将组织在液氮中磨成粉末后，再以每 50～100mg 组织加入 1mL Trizol 液研磨，注意样品总体积不能超过所用 Trizol 体积的 10％。

2．研磨液室温放置 5min，然后以每毫升 Trizol 液加入 0.2mL 的比例加入氯仿，盖紧离心管，用手剧烈摇荡离心管 15s。

3．取上层水相于一新的离心管，按每毫升 Trizol 液加 0.5mL 异丙醇的比例加入异丙醇，室温放置 10min，12000g 离心 10min。

4．弃去上清液，按每毫升 Trizol 液加入至少 1mL 的比例加入 75％乙醇，涡旋混匀，4℃下 7500g 离心 5min。

5．小心弃去上清液，然后室温干燥 5～10min，注意不要过分干燥，否则会降低 RNA 的溶解度。然后将 RNA 溶于含 0.1％ DEPC 水中，－70℃保存备用。

（二）RNA 的逆转录

在冰上操作，在一个无菌的 0.5mL Eppendorf 管中依次加入下列试剂：

总 RNA	0.5μg(1μL)
Oligo(dT)	1μL

混匀，70℃，5min，立刻置于冰上。

5×buffer	4μL
dNTP 混合物	2μL(10mM)
RNase 抑制剂	1μL(1.0U/μL)

混匀，37℃，5min。

逆转录酶	1μL (200.0U/μL)
ddH$_2$O 补足	20μL

42℃水浴 1h

70℃水浴 10min 终止反应。

上述操作获得的 cDNA 可于－70℃冰箱保存几个月，或－20℃冰箱保存 1 周。

（三）PCR 扩增 DNA

1．按顺序在 0.5mL 的灭菌塑料离心管中加入如下试剂：

10×PCR Buffer	5μL
20mmol/L 4 种 dNTP mixture	4μL
BSA（25mg/mL）	2μL
上游引物（20μmol/ L）	2.5μL
下游引物（20μmol/ L）	2.5μL
1～5U/μL DNA Polymerase	1～2U
模板 DNA	10^2～10^5拷贝（阴性对照加双蒸水）

加入灭菌分装的 ddH$_2$O 使总体积为 50μL。

若 PCR 仪没有配置热盖,在 PCR 过程中,离心管内的 PCR 反应混合液上层需加高压灭菌后的矿物油或石蜡油防止液体挥发。

2. 将各管 PCR 反应混合液充分混匀,瞬时离心。

3. 按下列步骤循环进行 35 次(在 PCR 仪上设定)。

预变性:95℃　　　5min
变性:　94℃　　　1min
退火:　40～65℃　30s　35 个循环
延伸:　72℃　　　1min
后延伸:72℃　　　10min

退火温度根据梯度 RCP 结果而定;
退火和延伸时间视扩增片段大小调整。

(四) PCR 产物鉴定

反应结束后,取 2μL PCR 产物进行 1.5% 的琼脂糖凝胶电泳检测,采用 1mg/L 溴化乙锭染色,凝胶成像仪成像检测。其余 PCR 产物－20℃保存备用。

六、注意事项

1. 为减少外源 DNA 污染模板 DNA 样品的潜在可能性,用于 PCR 专用的所有玻璃器皿须在 150℃烤箱内烘干 6h;所有的塑料器皿可以用 0.1% DEPC 水浸泡,高压灭菌。

2. 全部实验过程中须戴一次性手套和口罩,接触可能污染了 RNA 酶的物品后,应更换手套。

3. RNA 的完整性检测可通过琼脂糖变性凝胶电泳实验实施,28S 和 18S 真核细胞 RNA 比值约为 2∶1,表明无 RNA 降解。如果该比值逆转,提示有 RNA 降解,因为 28S rRNA 可特征性地降解为类似的 18S 的 RNA。

4. DEPC 被认为是致癌剂,故使用时须佩戴手套。

5. 注意 EB 染液具有强致癌性,须规范操作。

七、思考题

试述 cDNA 第一链的合成的基本策略及各自的优缺点。

实验二十五　大肠杆菌感受态细胞制备
(Experiment 25　*Escherichia coli* Competent Cells Preparation)

一、目的和要求

1. 掌握感受态细胞的概念。

2. 了解大肠杆菌感受态细胞的制备方法和技术。

二、基本原理

感受态是指受体细胞处于容易吸收外源 DNA 的一种生理状态,可以通过物理与化学方法诱导形成，也可以自然形成，在基因工程技术中通常采用诱导的方法。受体细胞经过一些特殊方法（如：$CaCl_2$、$RbCl$ 等化学试剂法）的处理后，细胞膜的通透性发生变化，成为能容许多有外源 DNA 的载体分子通过的感受态细胞（component cells）。

转化是将异源 DNA 分子引入一细胞株系，使受体细胞获得新的遗传性状的一种手段，是基因工程等研究领域的基本实验技术。用于转化的受体菌细胞一般是限制-修饰系统（restriction-modification）缺陷的变异株，即不含限制性内切酶和甲基化酶的突变株，以防止对导入的外源 DNA 的切割，用符号 R-M- 表示。进入细胞的 DNA 分子通过复制表达，才能实现遗传信息的转移，使受体细胞出现新的遗传性状。

转化的方法包括化学的方法（热击法）和电转化法。热击法是指使用化学试剂（如 $CaCl_2$）制备的感受态细胞，通过热击处理将载体 DNA 分子导入受体细胞；而电转化法是使用低盐缓冲液或水洗制备的感受态细胞，通过高压脉冲的作用将载体 DNA 分子导入受体细胞。转化后克隆的筛选方法主要用不同抗生素基因筛选。常用的抗生素有氨苄西林、卡那霉素、氯霉素、四环素、链霉素等。此外鉴定带有重组质粒克隆的方法常用的有 α-互补、小规模制备质粒 DNA 进行酶切分析、插入失活、PCR 以及杂交筛选的方法。最常用的方法是小规模制备质粒 DNA 进行酶切分析，对于带有 *Lac Z* 基因的载体还可以结合 α-互补现象来筛选。

因此，从总体上来说，感受态细胞制备的基本原理可概括如下：细菌处于 0℃ 的 $CaCl_2$ 低渗溶液中，会膨胀成球形，细胞膜的通透性发生变化，转化混合物中的质粒 DNA 形成抗 DNase 的羟基-钙磷酸复合物黏附于细胞表面，经过 42℃ 短时间的热激处理，促进细胞吸收 DNA 复合物，在丰富的培养基上生长数小时后，球状细胞复原并分裂增殖，在选择培养基上可获得所需的转化子。

三、材料与试剂

1. 实验材料：大肠杆菌 *E. coli* DH5α 受体菌（R-M-），pGEX-4T-2 质粒（Amp^r）。

2. 实验试剂。

（1）LB 培养基：蛋白胨 10g/L，酵母提取物 5g/L，NaCl 10g/L，琼脂粉 15g/L（固体培养基），用 10mol/L 的 NaOH 调节 pH 至 7.0，高压灭菌。

（2）氨苄西林贮存液：浓度 50～100mg/mL。

（3）含有抗菌素的 LB 平板培养基：将配置好的 LB 固体培养基高压灭菌后，冷却到 60℃ 左右，加入氨苄西林（终浓度为 50～100μg/mL）；

（4）预冷的 $CaCl_2$ 溶液（0.1mol/L）；

（5）去离子水，高压灭菌（$1.03×10^5$ Pa，20min），分装后 −20℃ 保存。

四、实验器材

1. 超净工作台。

2. 0.5mL 与 1.5mL 塑料离心管（Eppendorf 小离心管）。

3. 塑料离心管架（30 孔）1 个。

4. 烧杯、量筒。

5. 镊子、试管三角瓶、玻璃涂棒、酒精灯、无菌牙签、吸水纸。

6. 一次性塑料手套。

7. 微量移液器(P10、P100、P1000)及枪头。

8. 台式冰冻高速离心机(20000r/min)。

9. 微型离心管。

10. 冰箱。

11. 制冰机。

12. 涡旋器。

13. 称量天平(称量纸、称量勺)。

14. 恒温培养箱。

15. 紫外分光光度计。

16. pH 计。

五、实验方法

(一) 感受态细胞制备

1. 从新活化的 *E.coli* DH5α 平板上挑取一单菌落,接种于 3～5mL LB 液体培养中,37℃振荡培养至对数生长期(12h 左右)。

2. 将该菌悬液以 1∶100～1∶50 转接于 100mL LB 液体培养基中,37℃振荡扩大培养,当培养液开始出现混浊后,每隔 20～30min 测一次 OD600,至 OD600 为 0.3～0.5 时停止培养,并转装到 1.5mL 离心管中。

3. 培养物于冰上放置 20min(从这一步开始,所有操作均在冰上进行,尽量快而稳)。

4. 0～4℃,4000g 离心 10min,弃去上清液,加入 1mL 冰冷的 0.1mol/L CaCl₂ 溶液,小心悬浮细胞,冰浴 20min。

5. 0～4℃,4000g 离心 10min,弃去上清液,加入 100μL 冰冷的 0.1mol/L CaCl₂ 溶液,小心悬浮细胞,冰上放置片刻后,即制成了感受态细胞悬液。

6. 制备好的感受态细胞悬液可直接用于转化实验,如果在 4℃放置 12～24h,其转化效率可以增高 4～6 倍;也可加入占总体积 15％左右高压灭菌过的甘油,混匀后分装于 1.5mL 离心管中,置于 -70℃条件下,可保存半年至一年。

(二) 转化

1. 取 100μL 感受态细胞悬液加入 10μL pGEX-4T-2 质粒(Ampʳ),轻轻摇匀,冰上放置 20～30min,于 42℃水浴中保温 1～2min,然后迅速冰上冷却 2min。

2. 立即向上述管中分别加入 0.4mL LB 液体培养基(不需在冰上操作),使总体积到 0.5mL,该溶液称为转化反应原液,摇匀后于 37℃振荡培养约 45～60min,使受体菌恢复正常生长状态,并使转化体表达抗生素基因产物(Ampʳ)。

3. 平板培养(有时需要稀释):取样品培养液 0.1mL,分别接种于含抗菌素 LB 平板培养基上,涂匀(如果用玻璃棒涂抹,酒精灯烧过后稍微凉一下再用,不要过烫);待菌液完全被培养基吸收后,倒置培养皿,于 37℃恒温培养箱内培养过夜(12～16h),等菌落生长良好而又未互相重叠时停止培养。

4. 能够在含有氨苄西林的 LB 平板培养基生长的菌落即初步提示转化成功。

六、注意事项

1. 将经过转化后的细胞在选择性培养基中培养，才能较容易地筛选出转化体，即带有异源 DNA 分子的受体细胞。否则，如果将转化后的菌液涂在无选择性抗生素的培养基平板上，会出现成千上万的细菌菌落，将难以确认哪一个克隆含有转化的质粒。

2. 用 $CaCl_2$ 法制备的感受态细胞，可使每微克超螺旋质粒 DNA 产生 $5 \times 10^6 \sim 2 \times 10^7$ 个转化菌落。在实际工作中，每微克有 10^5 以上的转化菌落足以满足一般的克隆实验。

七、思考题

制备感受态细胞时，应特别注意哪些环节？

实验二十六　重组质粒连接、转化与筛选
（Experiment 26　Linkage，Transformation and Screening of Recombinant Plasmid）

一、目的和要求

1. 学习利用 T4 DNA 连接酶把酶切后的载体片段和外源目的 DNA 片段连接起来，构建体外 DNA 分子的技术；

2. 了解并掌握几种常见的链接方式。

二、基本原理

外源 DNA 与载体分子的连接即为 DNA 重组技术，这样重新组合的 DNA 分子叫重组子。重组的 DNA 分子在 DNA 连接酶的作用下，有 Mg^{2+}、ATP 存在的情况的连接缓冲系统中，将分别经限制性内切酶酶切的载体分子和外源 DNA 分子中相邻碱基的 5′磷酸和 3′羟基间形成磷酸二酯键连接起来。DNA 连接酶主要有两种：T4 噬菌体 DNA 连接酶和大肠杆菌 DNA 连接酶，以前者用得比较多。T4 DNA 连接酶最早是从 T4 噬菌体感染的大肠杆菌中发现并分离的，分子量为 68 kDa。它能连接双链 DNA 中一条链上的缺口，连接存在互补黏性末端的 DNA 片段以及连接 DNA 分子间的平头末端，有报道称 T4 DNA 连接酶可以用于 RNA 连接，但效率低。

转化是将异源 DNA 分子引入一细胞株系，使受体细胞获得新的遗传性状的一种手段，是基因工程等研究领域的基本实验技术。用于转化的受体菌细胞一般是限制-修饰系统（restriction-modification）缺陷的变异株，即不含限制性内切酶和甲基化酶的突变株，以防止对导入的外源 DNA 的切割，用符号 R-M- 表示。进入细胞的 DNA 分子通过复制表达，才能实现遗传信息的转移，使受体细胞出现新的遗传性状。转化的方法包括化学的方法（热击法）和电转化法。热击法是指使用化学试剂（如 $CaCl_2$）制备的感受态细胞，通过热击处理将载体 DNA 分子导入受体细胞；而电转化法是使用低盐缓冲液或水洗制备的感受态细胞，通过高压脉冲的作用将载体 DNA 分子导入受体细胞。

转化后克隆的筛选主要是用不同抗生素基因筛选。常用的抗生素有氨苄西林、卡那霉素、氯霉素、四环素、链霉素等。此外鉴定带有重组质粒克隆的方法常用的有 α-互补、小规模制备质粒 DNA 进行酶切分析、插入失活、PCR 以及杂交筛选的方法。最常用的方法是小规模制备质粒 DNA 进行酶切分析,对于带有 Lac Z 基因的载体还可以结合 α-互补现象来筛选。

三、材料与试剂

1. 实验材料:外源 DNA 片段(自行制备的带限制性末端的 DNA 溶液,浓度已知),载体 DNA(PBR322 质粒,Amp^r),宿主菌(大肠杆菌 E. coli DH5α 受体菌)。

2. 实验试剂。

(1) 连接反应缓冲液(10×):如果有,则用 T4 DNA 连接酶配套的连接反应缓冲液。若无,可以用如下配方,200mmol/L Tris-Cl(pH7.6),50mmol/L MgCl$_2$,50mmol/L 二硫苏糖醇(DTT)(过滤灭菌);分装成若干小份,贮存在−20℃下。需要进行反应时加入 ATP 至合适的浓度(如 1mmol/L)(过滤灭菌)。

(2) T4 DNA 连接酶(T4 DNA ligase):购买成品。

(3) BamHⅠ和 HindⅢ限制性内切酶各一套:购买成品。

(4) LB 培养基:蛋白胨 10g/L,酵母提取物 5g/L,NaCl 10g/L,琼脂粉 15g/L(固体培养基),用 10mol/L 的 NaOH 调节 pH 为 7.0,高压灭菌。

(5) 氨苄西林贮存液:浓度 50～100mg/mL。

(6) 含有抗菌素的 LB 平板培养基:将配置好的 LB 固体培养基高压灭菌后,冷却到 60℃左右,加入氨苄西林(终浓度为 50～100μL/mL)。

(7) 感受态细胞。

(8) 去离子水,高压灭菌(1.03×10^{5}Pa,20min),分装后−20℃保存。

四、实验器材

1. 超净工作台。

2. 0.5mL 与 1.5mL 塑料离心管(Eppendorf 小离心管)。

3. 塑料离心管架(30 孔)1 个。

4. 烧杯、量筒。

5. 镊子、试管三角瓶、玻璃涂棒、酒精灯、无菌牙签、吸水纸。

6. 一次性塑料手套。

7. 微量移液器(P10,P100,P1000)及枪头。

8. 台式高速离心机(20000r/min)。

9. 微型离心管。

10. 恒温摇床。

11. 恒温水浴锅。

12. 琼脂糖凝胶电泳装置。

13. 电泳仪。

14. 冰箱。

15. 制冰机。

16. 涡旋器。

17. 称量天平(称量纸、称量勺)。

18. 电热恒温培养箱。

19. 紫外分光光度计。

20. pH 计。

五、实验方法

(一) 连接

连接反应体系的组成为:

5×T4 DNA ligase buffer	4μL
外源 DNA	0.3pmol
载体 DNA	0.03pmol
T4 DNA Ligase	1μL
ddH₂O	补足 20μL

可多做几个连接梯度,同时设立对照,如载体的双酶切(BamH I 和 $Hind$ III)自连以检测是否酶切完全,载体的单酶切产物连接以检测连接体系和连接酶。23～26℃连接 1h。外源 DNA 与载体 DNA 的摩尔比为 3～10,连接效果较好。

(二) 转化

1. 取 100μL 感受态细胞悬液加入 10μL pGEX-4T-2 质粒(Amp^r),轻轻摇匀,冰上放置 20～30min,于 42℃水浴中保温 1～2min,然后迅速冰上冷却 2min。

2. 立即向上述管中分别加入 0.4mL LB 液体培养基(不需在冰上操作),使总体积到 0.5mL,该溶液称为转化反应原液,摇匀后于 37℃振荡培养约 45～60min,使受体菌恢复正常生长状态,并使转化体表达抗生素基因产物(Amp^r)。

3. 平板培养(有时需要稀释):取样品培养液 0.1mL,分别接种于含抗菌素 LB 平板培养基上,涂匀(如果用玻璃棒涂抹,酒精灯烧过后稍微凉一下再用,不要过烫);待菌液完全被培养基吸收后,倒置培养皿,于 37℃恒温培养箱内培养过夜(12～16h),等菌落生长良好而又未互相重叠时停止培养。

4. 同时将连接对照组也转化细胞,再设立对照:①质粒＋感受态细胞;②无菌水＋感受态细胞。培养完毕后,从实验组中筛选出阳性菌落。

(三) 筛选

1. 能够在含有氨苄西林的 LB 平板培养基生长的菌落即初步提示转化成功。

2. 挑取数个阳性菌落接种于 SOB 肉汤中,37℃,300rpm 振荡培养 3h,按"实验二十一 质粒 DNA 的提取"方法提取质粒,进行如下酶切、PCR 反应和测序鉴定(选用)。

3. 酶切鉴定:提取重组质粒,一部分进行单酶切,一部分进行双酶切,提取原空载体进行单酶切以做对照。点样电泳,并设立 marker DNA。

鉴定用酶切均以 20μL 体系为佳。

例1:双酶切

重组质粒质粒	7μL

$10\times$ buffer	$2\mu L$
*Bam*H I	$1\mu L$
*Hind*III	$1\mu L$
ddH$_2$O 补足	$20\mu L$

37℃作用 1h。电泳检测。

例 2：单酶切

重组质粒质粒/空载体	$7\mu L$
$10\times$ buffer	$2\mu L$
*Bam*H I	$1\mu L$
ddH$_2$O 补足	$20\mu L$

37℃作用 1h。电泳检测。

4. PCR 反应鉴定(可选用)：采用 *Taq* 聚合酶进行,反应体系和程序参考"实验二十三 PCR 体外扩增目的基因"。

5. 测序(可选用)：经鉴定为阳性的重组质粒送公司测序。

六、注意事项

1. 本实验属于微量操作,用量极少的步骤必须严格注意吸取量的准确性并确保样品全部加入反应体系中。

2. 将经过转化后的细胞在选择性培养基中培养,才能较容易地筛选出转化体,即带有异源 DNA 分子的受体细胞。否则,如果将转化后的菌液涂在无选择性抗生素的培养基平板上,会出现成千上万的细菌菌落,将难以确认哪一个克隆含有转化的质粒。

3. 用 CaCl$_2$ 法制备的感受态细胞,可使每微克超螺旋质粒 DNA 产生 $5\times10^6\sim2\times10^7$ 个转化菌落。在实际工作中,每微克有 10^5 以上的转化菌落足以满足一般的克隆实验。

七、思考题

简述用双酶切法制备用于连接反应的外源 DNA 和载体的优点。

实验二十七 Southern 杂交
（Experiment 27 Southern Blot）

一、目的和要求

1. 学习核酸杂交的原理。
2. 了解 Southern 杂交的基本操作过程。

二、基本原理

如果把不同的 DNA 链放在同一溶液中作变性处理,或把单链 DNA 与 RNA 放在一起,只要有某些区域(当然也可以是链的大部分)有成立碱基的可能,它们之间就可形成局部的双链,这一过程称为核酸杂交(hybridization)。印迹杂交是先用电泳分离核酸片段,再用印迹技术将核酸转移到滤膜,并与探针进行杂交。印迹杂交不仅能检出特异的核酸片段,而且可进行分子量测定及定量分析。它包括 DNA 印迹杂交技术(Southern blotting)和 RNA 印迹杂交技术(与 DNA 相对应,也被称为 Northern blotting)。

Southern 印迹杂交是进行基因组 DNA 特定序列定位的通用方法,1975 年英国爱丁堡大学的 E. M. Southern 建立了该方法,由此得名。Southern 印迹杂交一般利用琼脂糖凝胶电泳分离经限制性内切酶消化的 DNA 片段,将胶上的 DNA 变性并在原位将单链 DNA 片段转移至尼龙膜或其他固相支持物上,经干烤或者紫外线照射固定,再与相对应结构的标记探针进行杂交,用放射自显影或酶反应显色,从而检测特定 DNA 分子的含量。其基本原理是:具有一定同源性的两条核酸单链在一定的条件下,可按碱基互补的原则形成双链,此杂交过程是高度特异的。由于核酸分子的高度特异性及检测方法的灵敏性,综合凝胶电泳和核酸内切限制酶分析的结果,便可绘制出 DNA 分子的限制图谱。但为了进一步构建出 DNA 分子的遗传图,或进行目的基因序列的测定以满足基因克隆的特殊要求,还必须掌握 DNA 分子中基因编码区的大小和位置。有关这类数据资料可应用 Southern 印迹杂交技术获得。

Southern 印迹杂交技术包括两个主要过程:一是将待测定核酸分子通过一定的方法转移并结合到一定的固相支持物(硝酸纤维素膜或尼龙膜)上,即印迹(blotting);二是固定于膜上的核酸同位素标记的探针在一定的温度和离子强度下退火,即分子杂交过程。它的基本操作过程包括:核酸的制备、DNA 的限制酶消化、电泳分离、DNA 变性为单链、印迹(转膜)、探针的制备、预杂交、杂交、洗膜和检测。现有的印迹转移方法主要包括:虹吸、电转移和真空印迹法。利用 Southern 印迹法可进行克隆基因的酶切、图谱分析、基因组中某一基因的定性及定量分析、基因突变分析及限制性片断长度多态性分析(RFLP)等。

三、材料与试剂

1. 实验材料:基因组 DNA、噬菌体 DNA 以及 PCR 产物等。

2. 实验试剂。

(1) 20×SSC:3mmol/L NaCl,0.3mmol/L 柠檬酸钠。称取 43.8g NaCl 和 32.3g 柠檬酸钠定容至 250mL。

变性液:1.5mmol/L NaCl,0.5mmol/L NaOH。(2) 称取 21.9g NaCl 和 5g NaOH 定容至 250mL。

(3) 尼龙膜(阳性电荷):400~500μg 核酸/cm^2。

(4) 中和液(1.0mmol/L Tris-HCl pH7.5,1.5mmol/L NaCl):称取 21.9g NaCl 和 15.1g Tris 用 ddH$_2$O 200mL 溶解,用浓盐酸调 pH 至 8.0,最后定容至 250mL。

(5) 水相缓冲液杂交溶液:6×SSC、5×Denhardt、0.5% SDS、ddH$_2$O、鲑鱼精 DNA 100~500μg/mL。

(6) 洗膜液:①2×SSC 及 0.1% SDS;②0.1×SSC 及 0.1% SDS。

(7) 去离子水,高压灭菌(1.03×10^5 Pa,20min),分装后 −20℃ 保存。

(8) DNA 上样缓冲液。

(9) DNA marker。

（10）琼脂糖胶粉。

四、实验器材

1. 台式高速离心机（20000r/min）。
2. 恒温水浴锅。
3. 电泳仪。
4. 水平电泳槽。
5. 杂交炉。
6. 杂交袋。
7. 尼龙膜或硝酸纤维素膜。
8. 转印迹装置。
9. 滤纸。
10. 吸水纸。
11. 紫外交联仪或 80℃烤箱。
12. 摇床。
13. X 线胶片。

五、实验方法

（一）核酸的制备

通过一定的方法获得相当纯度和完整的核酸。基因组 DNA、质粒、噬菌体 DNA 以及 PCR 产物等都可以做模板。

（二）DNA 的限制酶消化

若是基因组 DNA，须将其切割成大小不同的片段之后才能用于杂交分析，通常用限制酶消化 DNA（单酶切，$20\mu L$ 体系）。

（三）电泳

将 DNA 片段在琼脂糖凝胶中电泳分离；凝胶成像后，切下一角作方向标记。

（四）变性

置变性液中浸泡 45min，不时摇动，从而将凝胶中的 DNA 变性为单链；用 ddH_2O 冲洗 2min，再将中和液浸泡 30min，换新鲜的中和液再中和 10min。此胶可用来转膜。

（五）印迹（转膜）

将核酸从凝胶转移到滤膜上。

1. 用一干净解剖刀或切纸刀裁制一张长度和宽度均比凝胶约大 1mm 的膜，硝酸纤维素膜用 ddH_2O 浸泡后在 $20\times SSC$ 浸泡至少 5min，用一干净的解剖刀片切去膜的一角，以便与凝胶的切角相对应。

2. 滤纸用 $20\times SSC$ 浸泡。

3. 按图 14-1 所示进行转膜：转膜时胶要倒转过来，点样孔朝下。每一步均需排除气

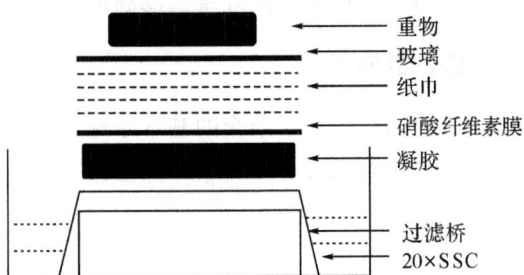

图 14-1　转膜装置示意图

重物
玻璃
纸巾
硝酸纤维素膜
凝胶
过滤桥
$20\times SSC$

泡。凝胶周边要以塑料膜覆盖以防止吸水纸和滤纸桥短路。

4. 转膜过夜后（期间可换吸水纸），倒转后描画点样孔在膜上的位置。膜用 6×SSC 漂洗以除去吸附的琼脂糖胶块。在滤纸上晾干后，夹在双层滤纸中间 60～80℃烘 1.5～2h，室温干燥处保存。

（六）预杂交

1. 加热无鲑鱼精 DNA 的预杂交液至 50℃左右；100℃变性鲑鱼精 DNA 10min，迅速置于冰上 5min，然后加到温浴至 50℃的预杂交液中（500μg/mL）。

2. 快速浸没每一张膜，导入更多的预杂交液（预热预杂交液很重要，否则鲑鱼精 DNA 易迅速配对而失去封闭作用）。65℃预杂交 4～6h。

（七）探针的制备

预杂交期间可以制备探针。用缺口平移法制备探针，标记用（α-^{32}P）dCTP。

（八）杂交

将标记好的探针沸水浴变性 10min，迅速置冰上 5min。将预杂交好的膜浸泡在 10mL 杂交液中，加入变性的探针。68℃杂交 18～24h。

（九）洗膜

室温下用洗膜液 I（2×SSC 及 0.1% SDS）200mL 震荡洗膜 5min。重换一次洗膜液 I 洗 15min。55℃用洗膜液 I（0.1×SSC 及 0.1% SDS）200mL 震荡洗膜 30min。68℃下用洗膜液 II 100mL 再洗 30min。洗膜时随时用探测器检查，防止洗膜过度。

（十）放射自显影

将洗好的膜放在干滤纸上晾干，用保鲜膜包好，在暗室中压 X 光片，暗盒中需加增感屏，常用的增感屏有中速和高速，中速为钨酸钙型，高速为氟氯化钡型。在 X 光片上折角作定位标志。—70℃放射自显影 3～5d。经显影、定影获得杂交结果。

六、注意事项

1. 处理膜时应戴手套并用平头镊子（如 Millpore 镊子）操作。

2. 堆放得不整齐的纸巾，易于从凝胶的边缘垂下并与平台接触，这种液流短路现象是导致凝胶中的 RNA 的转移效率下降的主要原因。

3. 在纸巾上方放一块玻璃板，然后用一 500g 的重物压实。其目的是建立液体自液池经凝胶向硝酸纤维素滤膜的上行流路，以洗脱凝胶中的变性 DNA 并使其聚集在硝酸纤维素滤膜上。

4. 每平方厘米硝酸纤维素滤膜或尼龙膜约需预杂交液 0.2mL。

七、思考题

1. 简述核酸分子杂交的基本原理。

2. 分子杂交有哪些类型？各有何特点？

实验二十八　Northern 杂交
（Experiment 28　Northern Blot）

一、目的和要求

1. 学习核酸杂交的原理。

2. 了解 Northern 杂交的基本操作过程。

二、基本原理

　　RNA 印迹杂交技术是指将待测 RNA 样品经电泳分离后转移到固相支持物上,然后与标记的核酸探针进行固-液相杂交,检测 RNA(主要是 mRNA)的方法。与 DNA 印迹杂交的 Southern blotting 相对应,也被称为 Northern blotting。其基本原理与 Southern 印迹杂交基本相同:RNA 混合物首先按照它们的大小和分子量通过变性琼脂糖凝胶电泳加以分离。分离出来的 RNA 被转移至尼龙膜或硝酸纤维素膜上,再与同位素标记的探针进行杂交,通过杂交结果可以对表达量进行定量或定性。Northern 杂交是研究基因表达的有效手段。它的基本过程与 Southern 印迹杂交也基本相同,只是在以下方面有所不同:

　　1. RNA 分子较小,不需进行限制性内切酶切割。

　　2. 在进样前用甲基氢氧化汞、乙二醛或甲醛使 RNA 变性,防止 RNA 分子形成二级结构(发夹结构),维持其单链线性状态。不能用 NaOH,因为它会水解 RNA 的 $2'$-羟基基团。

　　3. 在转印后不能用低盐缓冲液洗膜,否则 RNA 会被洗脱。

　　4. 在胶中不能加 EB,因它会影响 RNA 与硝酸纤维素膜的结合。

　　5. 操作均应避免 RNase 的污染。

三、材料与试剂

　　1. 实验材料:不同处理的玉米根 RNA、杂交待标探针。

　　2. 实验试剂。

　　(1) 20×SSC:30mmol/L NaCl、0.3mmol/L 柠檬酸钠。

　　称取 87.7g NaCl 和 44.1g 柠檬酸钠,加入 450mL ddH$_2$O,用 5mol/L NaOH 调 pH 至 7.0,最后定容至 500mL。

　　(2) 鲑鱼精 DNA 的处理:把鲑鱼精 DNA 溶解于盛有 ddH$_2$O(10mg/mL)的塑料容器中或硅化过的玻璃器皿中。超声波打断 DNA,氯仿/异戊醇抽提一次,回收水相,测定 OD$_{260}$定量。100℃煮 10min 骤冷,分装小份,−20℃保存。

　　(3) 杂交液:6×SSC、5×Denhardt、0.5% SDS、50%甲酰胺、鲑鱼精 DNA 100～500μg/mL。

　　(4) 50×Denhardt 溶液:1% Ficoll 400、1% Polyvinylpyrrolidone(PVP 聚乙烯吡咯烷酮)、1% BSA,过滤后置−20℃保存。

　　(5) 洗膜液:①2×SSC 及 0.1% SDS;②0.1×SSC 及 0.1% SDS。

（6）尼龙膜（阳性电荷）：$400\sim500\mu g$ 核酸/cm^2。

（7）去离子水，高压灭菌（1.03×10^5 Pa，20min），分装后－20℃保存。

（8）上样缓冲液：50%甘油、1mmol/L EDTA（pH8.0）、0.25%溴酚蓝、0.25%二甲苯氰。

（9）琼脂糖胶粉。

（10）$10\times$TAE 电泳缓冲溶液。

（11）$5\times$甲醛凝胶电泳缓冲液：0.1mol/L MOPS（pH7.0）、40mmol/L 乙酸钠、5mmol/L EDTA（pH8.0）。

（12）甲醛、甲酰胺。

（13）0.1% DEPC 水：取 2mL 焦碳酸二乙酯（diethyl-pyro carbonate，DEPC）加至 2000mL 水中，摇匀，过夜，灭菌。

四、实验器材

1. 恒温水浴摇床。

2. 台式高速离心机（20000r/min）。

3. 杂交炉或杂交袋。

4. 杂交暗盒、X 线胶片及 X-光片夹（含增感屏）。

5. 恒温水浴锅。

6. 电泳仪。

7. 水平电泳槽。

8. 凝胶成像系统。

9. 尼龙膜或硝酸纤维素膜。

10. 转印迹装置。

11. 滤纸。

12. 吸水纸。

13. 紫外交联仪或 80℃烤箱。

五、实验方法

（一）核酸的制备

通过一定的方法获得相当纯度和完整的 RNA。

（二）电泳

RNA 经过紫外分析准确定量后，取 $30\mu g$ 进行甲醛变性电泳。凝胶成像后，切下一角作方向标记。

（三）印迹（转膜）

可以按虹吸法、电转法和真空法三种方法的一种将 RNA 从凝胶转移到滤膜上。本实验采用虹吸法：

1. 硝酸纤维膜用水浸透后，在 $20\times$SSC 浸泡至少 5min。

2. 滤纸用 $2\times$SSC 浸泡。

3. 按"实验二十七 Southern 杂交"中图 14-1 所示进行转膜：转膜时胶要倒转过来，点样孔朝下。每一步均需排除气泡。凝胶周边要以塑料膜覆盖以防止吸水纸和滤纸桥短路。

4. 转膜过夜后(期间可换吸水纸),去除中午及吸水纸,倒转后描画点样孔在膜上的位置。膜用 6×SSC 漂洗以除去吸附的琼脂糖胶块。在滤纸上晾干后,夹在双层滤纸中间60～80℃烘 1.5～2h,室温干燥处保存。

(四)预杂交

1. 膜处理:膜经烘干后,在 2×SSC 浸没 5min。

2. 预杂交:加热无鲑鱼精 DNA 的预杂交液至 50℃ 左右;100℃ 变性鲑鱼精 DNA 10min,迅速置于冰上 5min,然后加到温浴至 50℃ 的预杂交液中(500μg/mL)。

3. 快速浸没每一张膜,导入更多的预杂交液(预热预杂交液很重要,否则鲑鱼精 DNA 易迅速配对而失去封闭作用)。65℃预杂交 4～6h。

(五)探针的制备

预杂交期间可以制备探针。可以采用切口平移、随机引物延伸法标记探针、5′末端标记和 3′末端填充标记等方法来制备探针。本实验采用缺口平移法(Nick Translation Kit, Promega 公司)制备探针,标记用(α-^{32}P)dCTP。

(六)杂交

将标记好的探针沸水浴变性 10min,迅速置冰上 5min。将预杂交好的膜浸泡在 20mL 杂交液中,加入变性的探针。52℃杂交 18～24h。

(七)洗膜

室温下用洗膜液Ⅰ(2×SSC 及 0.1% SDS)200mL 震荡洗膜 5min。重换一次洗膜液Ⅰ 洗 15min。55℃用洗膜液Ⅱ(0.1×SSC 及 0.1% SDS)200mL 震荡洗膜 30min。68℃下用洗膜液Ⅱ 100mL 再洗 30min。洗膜时随时用探测器检查,防止过度洗膜。

(八)放射自显影

将洗好的膜放在干滤纸上晾干,用保鲜膜包好,在暗室中压 X 光片,暗盒中需加增感屏,常用的增感屏有中速和高速,中速为钨酸钙型,高速为氟氯化钡型。在 X 光片上折角作定位标志。-70℃放射自显影 3～5d。经显影、定影获得杂交结果。

六、注意事项

1. 若杂交结果不特异,即条带弥散,可以通过提高杂交和洗膜的温度,减少探针的浓度来解决。若杂交信号过于微弱,可以用计算机软件进行分析或灰度扫描分析。

2. 整个操作过程均应避免 RNase 的污染。

七、思考题

1. 转膜和杂交时如何防止 RNase 的污染?

2. 请简述 Northern 杂交的应用。

实验二十九 外源基因的诱导表达
（Experiment 29 Induced Expression of the Foreign Gene）

一、目的和要求

1. 掌握外源基因在原核细胞中表达的特点。
2. 了解外源基因在原核细胞中表达的方法。

二、基本原理

克隆基因在细胞中表达对于理论研究和实际应用都是十分重要的。在理论研究中,通过原核和真核系统表达并纯化的蛋白质可用于研究蛋白质的结构与功能、蛋白与蛋白、蛋白与核酸的相互作用、制备抗体和突变研究等表达才能探索和研究相关基因的功能以及基因表达调控的机理,此外,所编码的蛋白质可用于结构与功能的研究。在实际应用中,有些在医学、工业上很有应用价值的具有特定生物活性的蛋白质,可以通过克隆其基因使之在宿主细胞中大量表达而获得。

现有的外源基因的诱导表达可以通过原核细胞及真核细胞的表达系统进行,两者各有优缺点,基因工程中以原核表达系统应用较多。原核细胞表达系统常用的宿主菌为大肠杆菌。大肠杆菌表达外源基因具有下述优势:①序列清楚(全基因组测序,共有 4405 个开放阅读框),基因组较小,便于操作;②基因克隆表达系统成熟、完善;③繁殖迅速、培养简单、操作方便、遗传稳定。但是它仍存在下述不可忽视的缺点:①缺乏对真核生物蛋白质的复性功能;②缺乏对真核生物蛋白质的修饰加工系统;③内源性蛋白酶易降解空间构象不正确的异源蛋白;④细胞周质内含有种类繁多的内毒素。

原核表达系统中外源基因的诱导表达的基本原理为:将外源基因克隆到表达载体中,转化到宿主菌-大肠杆菌中表达。先让宿主菌生长,Lac I 产生的阻遏蛋白与 Lac 操纵基因结合,从而不能进行外源基因的转录和表达,此时宿主菌正常生长。随后向培养基中加入 Lac 操纵子的诱导物 IPTC(异丙基硫代-β-D-半乳糖),阻碍蛋白不能与操纵基因结合,则外源基因大量转录并高效表达。表达蛋白经 SDS-PAGE 和(或)活性分析进行检测或做蛋白印迹,用抗体识别表达蛋白。典型的表达载体包含知道大量合成相应 mRNA 的启动子、允许其在宿主体内自主复制的序列、编码辅助筛选含载体的细胞的遗传性状的序列、能增强 mRNA 翻译效率的序列。

三、材料与试剂

1. 实验材料:含 pETBlue-2-AKP 表达质粒的表达菌株 Tuner™(DE3) plac I 。
2. 实验试剂。
（1）LB 培养基。
（2）TM 表达培养基(购买成品)。
（3）50mg/mL 羧苄青霉素。

（4）34mg/mL 氯霉素。

（5）200mg/mL IPTG。

（6）Buffer A：50mmol/L Tris-HCl(pH8.0)、10mmol/L MgAc$_2$、2mmol/L EDTA。

（7）测活液：50mmol/L Tris-HCl(pH8.0)、0.2mmol/L BSA、10mmol/L MgAc$_2$、10mmol/L 磷酸对硝基苯酚(pNPP)。

（8）终止液：0.2mmol/L Na$_3$PO4。

（9）2×样品处理液。

（10）去离子水。

四、实验器材

1. 恒温水浴摇床。

2. 低温高速离心机(20000r/min)。

3. 量筒、烧杯。

4. 紫外分光光度计。

5. 超声波细胞破碎仪。

6. 恒温水浴箱。

7. 试管、吸管。

8. 移液器(P10、P100、P1000)。

9. 电泳仪。

10. 垂直板型电泳槽。

11. 尼龙膜或硝酸纤维素膜。

12. Whatman 3$^{\#}$滤纸。

13. 吸水纸。

14. 50mL 或 100mL 微量注射器。

五、实验方法

（一）表达重组载体的构建

用合适的限制性内切酶消化载体 DNA 和目的基因,回收纯化后连接并转化相应宿主菌种,筛选出含重组子的转化菌株,提取质粒 DNA 进行酶切分析及 DNA 序列测定,以确定为重组子(可参考实验二十一、二十二和二十六)。

（二）真核基因的诱导表达

1. 预培养:实验组挑取一含 pETBlue-2-AKP 表达质粒的单菌落到 3mL 含 50μg/mL 羧苄青霉素、34μg/mL 氯霉素和 1‰葡萄糖的 LB 液体培养基中,37℃,190rpm 振荡培养过夜。

2. 将过夜培养的菌液 1mL 接种于 100mL 含 50μg/mL 羧苄青霉素、34μg/mL 氯霉素和 1‰葡萄糖的 TM 培养基中,37℃,250rpm 振荡培养到 $A600$ 为 0.6～0.8。

3. 向其中加入 IPTG 至终浓度为 200μg/L,37℃培养 4h。

4. 6000rpm 离心 10min,弃去上清液。

5. 收集菌体细胞沉淀,−20℃冻存。

6. 对照组：挑取一个没有转入任何质粒的宿主菌单菌落，重复上述实验组 1～5 步骤。

（三）真核基因表达蛋白的检测

1. SDS-聚丙烯酸胺凝胶电泳（SDS-PAGE）：将实验组和对照组的细胞提取 DNA，和标准蛋白一起赏月进行 SDS-PAGE，考马斯亮蓝染色后，与标准蛋白比较，观察两组表达蛋白的分子量和表达量差异。具体可参照"实验四 SDS-PAGE 测定蛋白质相对分子量"。

2. Western blot 免疫活性检测：用特异性抗体识别表达蛋白，具体操作可参考"实验三十 Western blot 印迹法检测蛋白"。

3. 表达蛋白活性分析：碱性磷酸酶能水解底物分子上的磷酸基团从而使底物分子脱磷酸化。对硝基苯酚为含磷化合物，能被磷酸酶水解为对硝基酚和游离的磷酸基团。磷酸对硝基苯酚在碱性条件下为无色化合物，而对硝基酚则为黄色化合物，在 410nm 处有光吸收值，利用此反应的颜色变化可以测定磷酸酶的酶活性从而检测碱性磷酸酶的诱导表达情况。

（1）向菌体细胞沉淀中加入 15mL Buffer A，重悬菌体。

（2）超生破碎：输出功率：1 200W，超声 2s，间隔 10s，超声次数 40 次。

（3）12000rpm，4℃，10min。

（4）取 100μL 离心后的上清液加入 100μL 2×样品处理液，室温备用。

（5）按表 14-2 测酶的活性。

表 14-2　测酶的活性

管号	1（对照）	2（对照菌）	3（阳性菌）
测活液/μL	360	360	360
Buffer A/μL	40	0	0
上清液/μL	0	40	40
30℃反应 10min			
终止液/μL	3.6	3.6	3.6
A_{410}			

六、注意事项

Western blot 操作中叠氮钠有毒，使用时应戴手套谨慎操作，含有叠氮钠的溶液应标记清楚。

七、思考题

比较原核表达系统和真核表达系统的异同点。

实验三十　蛋白质印迹法检测蛋白
（Experiment 30　Protein Assay by Western Blot）

一、目的和要求

1. 掌握蛋白质印迹法检测蛋白的原理。

2. 了解蛋白质印迹法检测蛋白的基本操作过程。

二、基本原理

蛋白质印迹法(Western blot)是分子生物学、生物化学和免疫遗传学中常用的一种实验方法。其基本原理是通过特异性抗体对凝胶电泳处理过的细胞或生物组织样品进行着色,通过分析着色的位置和着色深度获得特定蛋白质在所分析的细胞或组织中的表达情况的信息。因与 Southern 或 Northern 杂交方法类似,单向电泳后的蛋白质分子的印迹分析称为 Western 印迹法,双向电泳后蛋白质分子的印迹分析称为 Eastern 印迹法。与 Southern 或 Northern 杂交方法不同,Western blot 所采用的是聚丙烯酰胺凝胶电泳,被检测物是蛋白质,"探针"是抗体,"显色"用标记的二抗。由于结合了凝胶电泳的高分辨率和固相免疫测定的特异敏感等多种优点,Western blot 可检测到低至 $1\sim5$ng(最低可到 $10\sim100$pg)中等大小的靶蛋白。

Western blot 可以分为直接法和间接法两种。直接法的基本原理为直接标记一抗,再用底物显色。与用二抗的间接法相比它的优点有:①快速(一种抗体);②没有二抗交叉反应引起的非特异性条带。但是它的缺点也很明显:①免疫反应性降低;②无信号二级放大;③抗体标记费时昂贵,使用不方便。所以一般情况下都采用间接法进行检测。

Western blot 间接法基本原理和基本流程为:①蛋白质准备及 SDS 聚丙烯酰胺凝胶电泳分离,首先利用 SDS-PAGE 对蛋白质样品进行分离。②转膜:转移到固相载体(例如硝酸纤维膜,即 NC 膜)上,固相载体以非共价键形式吸附蛋白质,且能保持电泳分离的多肽类型及其生物学活性不变。转移后的 NC 膜就称为一个印迹,用于对蛋白质的进一步检测。③封闭:印迹首先用蛋白溶液(如 5% 的 BSA 或脱脂奶粉溶液)处理以封闭 NC 膜上剩余的疏水结合位点。④一抗杂交:用所要研究的蛋白质的抗体(一抗)处理,印迹中只有待研究的蛋白质能与一抗特异结合形成抗原抗体复合物,清洗除去未结合的一抗。⑤二抗杂交:进一步用适当标记的二抗处理.二抗是指一抗的抗体,如一抗是从鼠中获得的,则二抗就是抗鼠 IgG 的抗体。处理后,带有标记的二抗与一抗结合形成抗体复合物可以指示一抗的位置,即是待研究的蛋白质的位置。⑥底物显色:目前最常用的是酶连二抗,印迹用酶连二抗处理后,当酶催化底物显色时,产生可见区带,指示所要研究的蛋白质位置。间接法具有较多的优点:①免疫特异性不受标记影响;②信号放大灵敏度高(多个二抗结合位点);③多种标记的二抗可供选择;④可选择不同的标记物。不可避免,间接法仍存在着如下缺点:①交叉反应引起的非特异性条带;②额外的二抗孵育以及条件优化。

三、材料与试剂

1. 实验材料:蛋白质。

2. 实验试剂。

(1) $2\times$SDS-PAGE 上样缓冲液。

(2) 1%(V/V)TEMED 溶液:1mL TEMED 加蒸馏水至 100mL,置于棕色瓶中,4℃保存。

(3) 10%(W/V)过硫酸铵溶液:过硫酸铵 1g,溶解于 10mL 蒸馏水中。最好当天配制。

(4) 0.05mol/L,pH=8.0 Tris-HCl 缓冲溶液:称取 Tris 0.61g,加入 50mL 蒸馏水使

之溶解，再加入 3mL 1mol/L 的 HCl 溶液，混匀后调 pH 至 8.0，最后蒸馏水定容至 100mL。

（5）蛋白质样品溶解液：SDS 100mg，巯基乙醇 0.1mL，甘油 1.0mL，溴酚蓝 2mg，Tris-HCl 缓冲溶液 2mL，加蒸馏水至总体积 10mL。

（6）分离胶缓冲液：Tris 36.3g，加入 1mol/L 的 HCl 溶液 48.0mL，再加入蒸馏水至 100mL，pH＝8.9。

（7）浓缩胶缓冲溶液：Tris 5.98g，加 1mol/L 的 HCl 溶液 48.0mL，再加入蒸馏水至 100mL，pH＝6.7。

（8）电极缓冲溶液：SDS 1g，Tris 6g，甘氨酸 28.8g，加蒸馏水到 1000mL，pH＝8.3。

（9）转移缓冲液：

39mmol/L	甘氨酸
48mmol/L	Tris 碱
0.037%	SDS（电泳级）
20%	甲醇

配制 1L 转移缓冲液，需称取 2.9g 甘氨酸、5.8g Tris 碱、0.37g SDS，并加入 200mL 甲醇，加水定容至 1L。

（10）PBS 缓冲溶液：

137mmol/L	NaCl
2.7mmol/L	KCl
10mmol/L	Na_2HPO_4
2mmol/L	KH_2PO_4

用 800mL 蒸馏水溶解 8g NaCl、0.2g KCl、1.44g Na_2HPO_4 和 0.24g KH_2PO_4。用 HCl 调节溶液的 pH 值至 7.4，加水至 1L。分装后在 15psi（1.05kg/cm^2）高压蒸汽灭菌 20min，或通过过滤除菌，室温保存。

（11）封闭液：

5%（W/V）	脱脂奶粉
0.01%	防沫剂 A
0.02%	叠氮钠，溶于磷酸缓冲盐溶液

（12）一抗：兔抗 Hp 血清；二抗为辣根过氧化物酶标记的羊抗兔 IgG，配套显色液 DAB。

（13）二抗封闭液：5%（W/V）脱脂奶粉，150mmol/L NaCl，50mmol/L Tris-HCl（pH7.5）。

（14）无磷酸盐洗涤液：150mmol/L NaCl，50mmol/L Tris-HCl（pH7.5）。

（15）显色液临用时配制，取 250mL DAB 加入 10mL 无磷酸盐洗涤液、10mL 30% H_2O_2 混匀。

（16）去离子水。

四、实验器材

1. 恒温水浴摇床。

2. 台式高速离心机（20000r/min）。

3. 电泳仪。

4. 垂直板型电泳槽。

5. 尼龙膜或硝酸纤维素膜。

6. Whatman $3^{\#}$ 滤纸。

7. 吸水纸。

8. 50mL 或 100mL 微量注射器。

五、实验方法

(一) 蛋白质的制备

从组织、细胞或直接从分泌蛋白中制备蛋白质(参照第十章"实验一 从牛奶中分离酪蛋白")。根据需要选用 Bradford 法(考马斯亮蓝法)、Lowry 法(Folin-酚试剂法)、BCA 法等方法进行蛋白定量(参照第十章"实验二 蛋白质的定量测定")。

(二) SDS-聚丙烯酰胺凝胶电泳(SDS-PAGE)

参照第十章"实验四 SDS-PAGE 测定蛋白质相对分子量"。

(三) 印迹(转膜)

通常有两种方法可将蛋白质从 SDS-PAGE 胶转移到滤膜上:毛细管印迹法和电泳印迹法。常用的电泳转移方法有湿转和半干转。两者的原理完全相同,只是用于固定胶/膜叠层和施加电场的机械装置不同。因为半干法节省时间而且不需要大电流,因此本实验采用半干电泳转移法。

1. 起胶:将凝胶从玻璃板中取出,切除积层胶及溴酚蓝下部的分离胶,剩下的含有目的蛋白的分离胶浸泡于转膜缓冲液中,防止胶凝固、变形。

2. 润湿:准备 6 张 Whatman $3^{\#}$ 滤纸、1 张 NC 膜,大小都应与凝胶大小完全吻合,用软铅笔在滤膜一角作好标记。NC 膜先放入水中 5min 以上以驱除留于滤膜上的气泡。6 张 Whatman $3^{\#}$ 滤纸放入转膜缓冲液中 10min。

3. 三明治的制作:按顺序在转移夹内放置预先经转移缓冲液浸泡 3 层 Whatman $3^{\#}$ 滤纸、凝胶、硝酸纤维素膜、3 层 Whatman $3^{\#}$ 滤纸,保证每层之间没有气泡。组装顺序:转膜夹黑色面(负极)— 滤纸—胶—膜—滤纸—红色面(正极)。

(切记:确保各层精确对齐并不留气泡。)

4. 转膜:将靠上方的电极(阴极)放于夹层物上,石墨一边朝下。连接电源(将阳极导线或红色导线接于底部石墨电极)。根据凝胶面积按 0.65mA/cm^2 接通电流,电转移 $1.5\sim2\text{h}$。

5. 转膜后检测(此步骤可以省略):断开电源并拔下槽上插头,从上到下拆卸转移装置,逐一掀去各层,把凝胶转移至盛有考马斯亮蓝染液的托盘进行染色,以便检查蛋白质转移是否完全。切去滤膜的左下角,以免铅笔标记[步骤2]被抹去。可用丽春红 S(Ponceau S)或印度墨汁(India ink)给滤膜染色。仅当 Western 印迹法使用放射性标记抗体或探针检测时才使用印度墨汁。

(四) 封闭

把硝酸纤维素滤膜放入可以加热封接的塑料袋中(Sears Seal-A-Meal 或相当的产品),根据滤膜面积以 0.1mL/cm^2 的量加入封闭液,尽可能排除里面的气泡,然后密闭袋口,平放在平缓摇动的摇床平台上于室温温育 1～2h。

（五）一抗杂交

1. 剪开塑料袋，弃去封闭液，根据滤膜面积以 0.1mL/cm² 的量立即加入含 1：200 浓度的第一抗体的封闭液，尽可能排除藏匿的气泡后密封袋口，将滤膜平放在平缓摇动的摇床平台上，于室温孵育 1～2h 或 4℃过夜。

2. 剪开塑料袋，废弃封闭液和抗体，用 250mL PBS 漂洗滤膜 3 次，每次 10min；再用无磷酸盐洗涤液洗涤 1 次，10min。

（六）二抗杂交

1. 把硝酸纤维素滤膜转移到一个可以加热封接的塑料袋中（如 Sears Seal-A-Meal），其中按 0.1mL/cm² 滤膜面积加入含 1：700 浓度的第二抗体封闭液。

2. 洗涤：无磷酸盐洗涤液洗涤 3 次，每次 10min。

（七）显色

显色液临用时配制，取 250mL DAB 加入 10mL 无磷酸盐洗涤液、10mL 30% H_2O_2 混匀；洗净后的硝酸纤维素滤膜放入显色液中反应 3min，用水终止反应，拍照。

六、注意事项

1. Western blot 需要使用内参来校正蛋白质定量、上样过程中存在的实验误差，常用的内参蛋白有 GAPDH、beta-actin、beta-tubulin。

2. 做免疫印迹时选择抗体主要应考虑两个问题：一是所选抗体是否能识别凝胶电泳后转印至膜上的变性蛋白，另一个是所选抗体是否会引起交叉反应条带。

3. 半干转移系统中，滤纸和膜切成与凝胶相同大小很重要，这样电流必须通过凝胶。否则，在凝胶边缘处滤纸重叠将导致电流短路。

4. 小分子量的蛋白半干转效果比较好，大分子量（100kDa 以上）建议湿转。

5. 拿取凝胶、3MM 滤纸和硝酸纤维素滤膜时必须戴手套，因为皮肤上的油脂和分泌物会阻止蛋白质从凝胶向滤膜转移。

6. 叠氮钠有毒，使用时应戴手套谨慎操作，含有叠氮钠的溶液应标记清楚。

七、思考题

比较 Western blot 直接法和间接法的优缺点。

实验三十一　乙型肝炎的 PCR 诊断
（Experiment 31　PCR Diagnosis of Hepatitis B）

一、目的和要求

了解并掌握实时荧光定量分析法的原理。

二、基本原理

乙型病毒性肝炎是由乙肝病毒（HBV）引起的、以肝脏炎性病变为主并可引起多器官损害的一种疾病。本疾病广泛流行于世界各国,主要侵犯儿童及青壮年,少数患者可转化为肝硬化或肝癌。乙型病毒性肝炎是严重威胁人类健康的世界性疾病,也是我国当前流行最为广泛、危害性最严重的一种疾病。因此,它的早期诊断和病情进展检测具有重要意义。

HBV 感染人体是一个连续、动态的过程,用酶联免疫吸附试验(ELISA 法)检测免疫标志物(HBsAg、抗-HBs、HBeAg、抗-HBe、抗-HBc)在一定程度上可以反映病毒是否处于复制状态,但是该方法在检测病情进展动态时具有一定的局限性,而 PCR 法直接检测 HBV-DNA 含量能直接体现 HBV 复制过程,敏感性更强,特异性更高。近十几年,PCR 测定技术的临床应用发展很快,发展得比较成熟的测定方法主要有实时荧光 PCR 和 PCR-ELISA 两种。现在很多生物试剂公司均有提供市场化的 HBV DNA 检测试剂盒,通过与配套的仪器使用,均能较为快速地测定人体血清 HBV DNA 的复制情况。其中,Roche 公司的 Light Cycler 系统和 COBAS Amplicor 系统是上述两种方法的代表。本实验简单介绍怎样用实时荧光 PCR 法检测 HBV-DNA 含量。

实时荧光 PCR 技术是在常规 PCR 基础上加入荧光标记探针,巧妙地把核酸扩增(PCR)、杂交及光谱技术结合在一起,从而实现对目的基因的准确定量检测,正发展成为临床实验诊断的常规技术。它的工作原理如下:PCR 扩增时在加入一对引物的同时加入一个特异性的荧光探针,该探针为一寡核苷酸,两端分别标记一个报告荧光基团和一个淬灭荧光基团。探针完整时,报告基团发射的荧光信号被淬灭基团吸收;PCR 扩增时,Taq 酶的 $5'-3'$ 外切酶活性将探针酶切降解,使报告荧光基团和淬灭荧光基团分离,从而荧光监测系统可接收到荧光信号,即每扩增一条 DNA 链,就有一个荧光分子形成,实现了荧光信号的累积与 PCR 产物形成完全同步。而新型小槽沟结合剂(Taq Man-MGB)探针使得该技术既可进行基因定量分析,又可分析基因突变(SNP),有望成为基因诊断和个体化用药分析的首选技术平台。

三、材料与试剂

1. 实验材料:患者和健康人血清。

2. 实验试剂。

(1) 荧光 PCR 乙型肝炎病毒定量诊断试剂盒(上海闪晶分子生物技术研究所),$-20℃$ 保存。试剂盒内含有:核酸提取液 $600\mu L$,HBV PCR 反应液 $480\mu L$,混合酶 $40\mu L$,阴性对照 (HBV)$10\mu L$,HBV 定量阳性对照 1 号 $1.0×10^6$ copy/mL $10\mu L$;HBV 定量阳性对照 2 号 $1.0×10^5$ copy/mL $10\mu L$;HBV 定量阳性对照 3 号 $1.0×10^4$ copy/mL $10\mu L$。

(2) 去离子水,高压灭菌($1.03×10^5$ Pa,20min),分装后 $-20℃$ 保存。

四、实验器材

1. 罗氏 Light Cycler™ PCR 仪。

2. 超净工作台。

3. 0.5mL 与 1.5mL 塑料离心管(Eppendorf 小离心管)。

4. 塑料离心管架(30 孔)1 个。

5. 一次性塑料手套。

6. 微量移液器(P10,P100,P1000)及枪头。

7. 台式高速离心机(20000r/min)。

8. 冰箱。

9. 制冰机。

10. 涡旋器。

五、实验方法

（一）标本处理和加样

血清样品各取 30μL（冻存血清使用前室温融解，震荡混匀 10s），加入 30μL 核酸提取液，震荡混匀 10s，100℃沸水浴 10min，然后 12000rpm 离心 5min，最后取上清液作 PCR 扩增。

（二）PCR 扩增

1. 按样品数（血清标本数＋对照品数＋定量阳性对照数 3 个）n 取 HBV PCR 反应液 $n×24μL$，混合酶 $n×2μL$ 混于一离心管中，漩涡振荡器上震荡混匀 10s，按每管 26μL 分装于反应管中。

2. 将上述处理好的标本上清液和定量阳性对照 1 至 3 号（务必振荡混匀数秒）各取 4μL 分别加入反应管中，混匀，低速离心数秒，立即进行 PCR 扩增反应。

3. Light Cycler™荧光仪的程序设置：反应管置于 PCR 仪上，

$37℃×2min，93℃×2min$

$\left. \begin{array}{l} 93℃×5s \\ 60℃×30s \end{array} \right\}$ 40 个循环　每个循环的升降温速率为 20℃/s
每个循环在 60℃ 30s 处进行荧光检测设置。

4. 结果分析

（1）基线设定：用荧光记数值 F1/F2 读取结果。基线设定原则以超过正常阴性对照扩增曲线的最高点，且 C_t 值不出现任何数值为准（一般在 0.001～0.05 范围内）。

（2）阈值（C_t）设定：以刚好高于阴性对照品的扩增曲线最高点，且阴性对照品 $C_t=40$ 或 0 为原则，调整起始阈值。

（3）结果分析：$C_t<16$ 的强阳性标本，报告为 HBV DNA$>10^{10}$copy/mL。

$38>C_t>16$ 的标本，按参比曲线计算浓度报告。

当 $C_t=40$ 或 0 时，报告为阴性。

六、注意事项

1. 处理后的样品应在 1h 内使用，或在 $-20～-80℃$ 最长保存 1 个月（不宜反复冻融）。注：定量阳性对照、阴性对照不要处理，可直接使用。

2. 探针设计一般应符合以下条件：①探针长度应在 20～40 个碱基左右，以保证结合的特异性。②GC 碱基含量在 40%～60%，避免单核苷酸序列的重复。③避免与引物发生杂交或重叠。④探针与模板结合的稳定程度要大于引物与模板结合的稳定程度，因此探针的 T_m 值要比引物的 T_m 值至少高出 5℃。

3. 探针的浓度、探针与模板序列的同源性、探针与引物的距离都对实验结果有影响。

七、思考题

试述实时荧光定量分析法的原理。

（季林丹）

第三篇（Part Ⅲ）

设 计 性 实 验

（Designed Experiments）

第十五章 设计性实验概述
(Chapter 15 Overview of Designed Experiment)

生物化学与分子生物学实验技术日新月异，传统的验证性实验已显弊端，不能很好培养学生的实验技能和创新能力。设计性实验是教师指导下的以学生为主体的一种新型教学模式，通过给定实验目的要求和实验条件，由学生自行设计实验方案并加以实现的实验形式。这种教学模式的一个主要目标就在于让学生如何运用知识解决问题。

第一节 背景介绍
(Section 1 Introduction to Background)

生物化学与分子生物学具有理论高新、技术先进、学科交叉的特点，是医学和生命科学中重要的基础学科。学生普遍反映生物化学与分子生物学理论课程比较难学，其基本概念和基本理论抽象、深奥、难以理解。因此，如何改进教学方法，使学生能充分理解生物化学与分子生物学的基本知识、基本原理和掌握基本实验技能，显得十分重要和必要。

传统实验教学模式大部分是：课前由实验技术人员准备好所需试剂及实验材料，再由带教教师讲授实验原理、步骤、注意事项等，之后学生动手操作，得出结果继而书写实验报告。在整个教学过程中，学生完全处于被动接受位置，学生没有选择权，主观能动性没能发挥出来。同时，因为大部分实验为验证性实验，都会有比较明确的实验预期，所以学生不认真做实验，甚至根据预期编造实验结果，或抄袭他人实验报告的现象时有发生，这无助于学生严肃的科学态度和严谨学术作风的培养，不利于学生今后的发展。

实时开展以学生为主体的设计性实验，可适当避免目前传统实验模式的窘境，这也是以问题为中心的教学模式的具体实践。学生通过自主查阅文献，搜集资料，选定研究题目，把课程中最基本的理论知识及富有思考性的分析性、综合性的实验，有机地组合在一起，设计出初步研究方案，在实验组内进行开题报告，通过讨论和修改，最后确定实验的具体方案。学生根据计划的实验方案和技术路线，进行实验操作。自己动手操作，反复实践，逐步熟悉仪器操作与实验方法，不断强化。同时了解实验设计要随机、对照、重复。在整个实验过程中，同学们带着问题进行实验，既动手又动脑。教师只是从旁指导，严格要求，绝不代替学生操作。教师还引导学生对实验结果进行综合分析，对出现的一些问题进行充分的讨论和分析，找出原因。这种教学方式，能使同学们普遍增强对专业课程的学习兴趣、活跃思维、开阔视野，并增强团队合作精神。

第二节　基本类型和要素
（Section 2　Basic Types and Elements）

设计性实验以解决科学问题为目的、以学生自主设计实验方案为基本特征，主要包括以下几种类型实验。

一、测量型实验

对某一生物化学或分子生物学特征（如蛋白质等电点、相对分子量，DNA 碱基序列等）进行测量，达到设计要求的一类实验。例如，设计实验测定某一功能蛋白质（非多聚体形式）的相对分子量大小，即可借助于 SDS-PAGE 以及相应的蛋白质分子量标准通过电泳实验技术测定其相对分子量。测量型实验的功能看似相对较为单一，却是综合性实验，是复杂型科研项目中必不可少的实验类型。

二、鉴定型实验

对某一生物化学反应或分子生物学过程是否发生（如转氨基反应，DNA 启动子区是否发生甲基化等）进行鉴定，这是有或无的概念。例如，DNA 甲基化与癌症的发生有密切关系，如果需要鉴定所获标本的某 DNA 分子是否发生甲基化修饰，就需要进行去甲基化处理或甲基化 PCR 判断。鉴定后的结果为下一步实验设计和方案的执行奠定了坚实的基础，因此鉴定型实验同样需要根据实验目的的不同而进行合理设计，通过实验结果鉴定来达到预期目的。

三、研究型实验

对某一感兴趣的生物化学现象、人体生理或疾病的发病机制和相应分子机理进行系统研究，这类实验往往无法预知最后结果。首先需要提炼科学问题，即实验目的是什么？下一步就是设计实验内容，即这些内容通过哪些途径（即实验方法）可以完成？研究型实验具有探究性特点，更能激发学生的实验兴趣。

如要成功实施设计性实验，需具备下列基本要素。

（一）开放性实验室

开放性实验室是面向学生全天候开放的实验室。学生进行设计性实验，需要有开放性实验室作为支撑条件。实验室条件设施的配套是开展设计性实验的物质基础，设计性实验有利于提高开放性实验室的利用效率和最大限度地实现设备共享。通过加强开放性实验室的管理，设备和实验室空间实行预约制度，有利于学生设计性实验的开展。总之，开放性实验室是学生设计性实验必不可少的硬件基础。

（二）以学生为主体的实验设计

学生主动参与实验方案的制订是设计性实验最为突出的特点，通过教师的指导，学生自动根据实验目标查阅文献、设计实验方案，然后以团队答辩的形式形成最终方案。整个过程中，学生是实验的主体，他们是设计性实验的参与者、设计者和执行者。

(三)成熟的实施方案

在设计性实验中需要学生根据实验目的将不同的实验技术融合成一个系统的、完整的实验项目。在设计方案过程中,需要教师的指导,通过讨论,提出问题并解决问题的方式,最后通过答辩的方式形成较为成熟的实施方案。具有较强可行性的实验方案是下一步具体实施的关键。

(四)合理的评价体系

设计性实验具有很多不确定性,不同团队间完成的内容和目标不尽相同。但都是围绕教学大纲设计的,如何评价不同的实验项目是较为困难的事情。一般来说,评价设计性实验项目完成的优劣和执行结果情况,需要根据集体打分,参照其研究内容和目标,视其完成情况的优劣,以及实验成果等综合评定。评价过程中,既要有教师参与,又要有学生代表参与。这样不但能保证客观性,而且在一定程度上也保证公正性。合理的评价体系不仅能增强学生从事设计性实验的自信心,而且能激发其参与探究性学习的兴趣和乐趣。

第三节 组织实施
(Section 3 Organization and Implementation)

设计性实验的组织实施主要通过以下几个方面来实现。

一、明确课程要求和实施细则

开展设计性实验课程之前,指导教师需要向学生讲解设计性实验课程的要求、学生分组形成团队的方法、开放实验室的开放与预约制度,以及常规基本仪器的操作技术等。教师还需要向学生明确设计性实验的基本要素和类型、具体实施的流程和规范,以及如何评价等。

二、实验内容的预习和方案设计

在实验设计之前,学生已通过自由组合方式分成若干个小组,每组 2~5 人(不超过5 人),由老师提供多篇与课程内容相关的经典文献,以及课程大纲要求的实验操作技术,提出多个与课程密切相关的研究主题,让学生自行选题,自行查阅文献资料。要求学生实验前必须熟悉实验目的要求、特点,做好预备工作。

学生先学会了如何自己查找资料,与在基础生化实验课程中完成的实验进行比较,制订实验方案,掌握仪器正确使用方法等。生物化学与分子生物学设计性实验涵盖了多个实验技术,如分光光度法、层析法、电泳法、离心法、基因克隆、蛋白质表达与分析等。在实验预习过程中,要对实验中所涉及的各个步骤进行分解,认真学习每个步骤中的原理知识、操作注意事项,而后形成初步的实验方案。

在预习完成后,学生独立设计实验方案,实验方案应对实验原理、方法、实验操作步骤等作出详细说明,并列出所需要的原料及其处理、使用的仪器和规格,所需试剂及其配制。在老师的指导下,结合实验室中现有条件,通过集体答辩形式,调整和完善实验方案。设计性实验课程让学生接触新的实验技术、自我发现实验操作过程的注意点、训练学生的自学能力,充分发挥学习主动性。

三、实验实施与结果记录

在设计性实验课程中,整套实验方案将不同的实验技术融合成一个系统的、完整的研究项目。积极利用现有的教学科研设备等有利条件组织教学,使学生在课堂上能接触到比较先进的实验仪器和较新的生物化学与分子生物学实验技术。学生按照方案进行实验,通过实验让学生将这些实验技术有机地结合,掌握各个实验技术,学会设计一个完整的实验。

在实施实验的过程中,学生要学会合理地安排时间,对一些需要等待一定时间的实验步骤,要注意时间的利用,这样既能缩短实验等待时间,又能加快实验进度。在实验过程中,教师要注意培养学生实验记录的习惯,规范实验记录,忠实记录实验结果。学生从实验试剂的配制到最终的结果分析都参与其中,学生会不断地遇到问题,实验可能会无法继续,例如进行凝胶色谱层析时,需要摸索实验条件,这时教师要注意教学方式,改变以往忽视能力培养和综合素质提高的做法,要求学生主动地思考解决问题的方法,改进实验中的某个条件或改变某个步骤。

在这一环节中训练学生的基本科研习惯,要求学生自己安排实验时间,作好实验记录。教师对学生的实验安排,只起引导作用,要让学生充分发挥主观能动性,遇到问题自己思考,加强培养学生的实践能力和创新精神。

四、实验总结

在实验结束后,集中学生进行讨论、总结,最后完成实验结果和分析,得出结论,以科研小论文的形式完成报告。内容包括:题目,摘要和关键词,正文部分包括引言、实验方案及实验过程、实验数据处理及结论,参考文献。科研小论文的撰写有利于锻炼学生的逻辑思维和文字表达能力,使其实践能力得到训练,科学研究精神得到培养。同时开展实验经验交流会,让学生以幻灯片的形式讲解自己的实验内容,使每个学生对不同题目的实验都有一定的了解,增进交流和沟通。实验总结也是学生展示实验成就、接受检验的一次机会。

设计性实验注重过程而不强调结果。学生在实验过程中,有时实验无法达到预期的目标,经过思考后能分析找出失败的原因,也是一种学习过程。在该过程中,学生对科学研究有了初步认识,体会到创新的不易,学会如何分析实验过程,培养对待实验挫折的正确态度。这过程也锻炼了学生的心理素质,锻炼了一个人科研上对压力的承受能力。学生在掌握基本的实验操作基础上,进行设计性实验课程,在实施形式上实现了创新性:学生学会分析他人文章,思考实验过程;如何利用实验室的现有条件,更改或改进部分实验内容;学会合理安排实验时间,以及在实验过程中思考解决问题的方法;学习科研论文的基本写作方式。

设计性实验课程将常规实验与科学研究相结合,使得整个实验课程的安排更具科学性和合理性,提高实验教学的水平和效果,为学生日后独立进行毕业论文的设计和实验打下良好的基础。学生进行实验的过程,既是对原有实验基础的复习和巩固,又是对科学研究过程的初步认识,达到了培养学生的科研素养和提高发现问题、分析问题、解决问题能力的目的。

【思考题】

1. 实施设计性实验需要具备哪些条件?
2. 试述设计性实验与常规基础实验和科研项目研究的异同点。

（龚朝辉）

第十六章 实验选题和设计
(Chapter 16 Topics and Design of Experiments)

实验的选题和设计是关系到设计性实验成败的关键,选题要切合实际,具有科学性、创新性和可行性。实验设计要有随机、对照和可重复性。

第一节 实验选题
(Section 1 Experimental Topics)

一、选题的基本原则

设计性实验在选题时,要体现"三性",即科学性、创新性和可行性。具体来说,科学性是指选题要建立前人的科学理论和实验基础之上,应符合科学规律,不应是异想天开。但也要注意,设计性实验鼓励学生挑战权威,敢于对传统理论提出自己的见解,但是在合理论证的基础之上提出的,因此,选题须具备科学性。创新性是设计性实验的灵魂,选题要有自己的独到之处,或提出新观点、新规律、新技术或新方法,或对旧观点、旧规律、旧方法提出改进或补充。当然创新性是相对的,只要是别人没有做过的,没有提出的观点或规律都可以在选题时加以考虑。可行性是从硬件和软件各方面,符合学生这个层次的学术水平、技术水平和实验条件,使实验能够顺利实施。

二、选题的基本思路

根据选题的类型不同,可有以下几种不同的选题思路。

(一)顺向外展

沿着最新的发现、观点、概念、方向等提出新课题。此过程中,需要在跟踪前沿课题的基础上深入,可以是在原有基础上的枝节性或侧向性课题,也可以是结合最新进展,综合分析,结合实际,提出自己能解决的问题。

(二)逆向外展

以一定的线索为依据,对传统理论、观点提出有根据的疑问,并向相反方向推论,进而开创出新的研究领域和方向。此过程中,需要有一定的基础实验积累和较为敏锐的洞察力。

(三)交叉外展

从临床现象寻找具有实际意义的基础问题,从基础寻找技术和理论的突破,从基础-临床相结合解决重大和重要问题。通过学科交叉,既可以是内容上,也可以是形式上的交叉,如生物化学与分子生物学、生理学、药理学,生物化学和分子生物学实验技术与临床诊断、治疗、预后判断等的结合，这种结合方式也是选题的一种思路。

三、文献检索

设计性实验的选题需要通过文献检索来提供立题依据，立题依据主要来自于：①该领域中存在的空白；②文献检索给予的启示；③文献报道中存在的矛盾和争议问题；④前期实验的新发现。

文献检索的内容包括：①拟选题的国内外研究现状；②最新热点和前沿问题及其意义；③研究的空白点；④研究的内容和目标；⑤拟采取的实验技术路线；⑥结果分析方法等。

常用的中英文文献检索数据库包括：中国知网（http：//www.cnki.net）、维普期刊（http：//www.cqvip.com）、万方数据（http：//www.wanfangdata.com.cn）、Pubmed（http：//www.ncbi.nlm.nih.gov/pubmed）、ScienceDirect（http：//www.sciencedirect.com）、Scopus（http：//www.scopus.com/home）、HighWire（http：//highwire.stanford.edu）、Google Scholar（http：//scholar.google.com）等。

第二节 实验设计
（Section 2　Design of Experiments）

医学和生物学实验设计，特别是设计性生物化学与分子生物学实验必须遵循一定的原则，实验设计须含有主要研究目标，实验内容和实验方法等。

一、基本原则

设计性生物化学与分子生物学实验必须遵循以下基本原则。

（一）随机原则

随机原则是指在抽样时排除主观上有意识地抽取调查单位，每个受试对象以概率均等的原则，随机地分配到实验组与对照组，让每一个单位都有一定的机会被抽中。比如可以使用随机数表等来保证随机性。例如将30只动物等分为3组，对其中每只动物来说，分到甲组、乙组、丙组的概率都应是三分之一。如果违背随机的原则，不论是有意或无意的，都会人为地夸大或缩小组与组之间的差别，给实验结果带来偏性，即运用"随机数字表"实现随机化，运用"随机排列表"实现随机化，运用计算机产生"伪随机数"实现随机化。

随机化的意义在于：①随机分组使各组样本在非处理因素方面尽可能一致，使处理因素产生的效应更加客观；②随机抽样使抽取的样本更具有代表（总体）性，减少误差；③是抽样研究理论和统计分析方法的需要。

（二）对照原则

通过对照来鉴别处理因素和非处理因素之间的差异，抵消或减少实验误差（实验对象来源、种属、性别、年龄、体重、实验条件和实验方法等）。一般对照含空白对照、阴性对照和阳性对照等。空白对照又叫正常对照，是指在不施加任何处理因素的"空白"条件下或仅给予安慰剂或安慰措施的条件下进行观察对照。阴性对照是指进行和处理因素相近的无关对照，如转染含目的基因的表达质粒时，设置转染不含目的基因或含无关片段的空载体作为对照。阳性对照也叫标准对照,是指用已知的标准方法或处理进行,且有明确可测定指标的对照,如琼脂糖凝胶电泳鉴定酶切效果时使用标准 DNA 对片段大小进行估算等。

设置实验对照的意义在于尽可能排除非处理因素对实验结果的影响,以及鉴定处理因素对受试对象的生物学效应。

(三)重复原则

重复是指在相同实验条件下,独立重复地观察 n 个实验对象(一般生物学实验 n 至少大于 3),即通常所说的"重复实验"。其主要目的是减少个体差异为主的各种实验误差。也可以是在部分或全部实验条件有规律变动时,同一实验对象重复测量得到 n 个实验数据。生物学实验的一个基本特征就是具有可重复性,因此重复原则也是在设计实验时必须遵循的基本原则。

二、主要内容

实验设计的主要内容包括以下几方面。

(一)实验对象的选择

生物化学与分子生物学实验含分子水平、细胞水平、组织水平、个体水平等。如分析基因等,需选择 DNA 或 RNA,若是分析 DNA,根据实验目的是分析哪种 DNA 分子;若是细胞水平,需要选择哪种类型细胞,其背景资料需要明确;如是组织水平,是选择哪种组织,如何取材,如何处理等;个体水平主要是人或动物,如是人类作为实验对象,需要选择哪类人作为对照,包括实验动物等,需要考虑性别、年龄、体重等,动物模型需要考虑是炎症模型、肿瘤模型还是其他疾病模型等。总之,实验对象的选择,要符合实验目的和要求,尽可能选择最接近于要解决问题的合适实验对象。

(二)实验对象的设组与分组

实验对象的设组一般有实验组和对照组,分组时遵循随机原则。每个组内的样本数目符合基本的统计分析的规范和要求。实验动物分组也需符合基本的实验动物饲养的原则,避免分组后实验对象过多或过少,对实验结果产生影响。

(三)处理因素的确定

根据研究目的研究人为施加给受试对象的处理因素。在确定处理因素过程中,需要注意:①抓住实验处理中的主要因素,如药品来源、剂型、给药途径、剂量等;②明确处理因素和非处理因素,如测定某一药物对疾病发展过程中某些蛋白质或酶等生化指标时,患者的心理状态、生产生活状态和社会因素等即是非处理因素。

(四)实验效应

实验效应即通过观察可测定的指标反映处理因素对受试对象的作用和效果。要反应正确的实验效应,在选择可测定的指标时,需要满足:①指标的关联性,即指标变化与处理因素之间有相关性;②指标的客观性,即指标变化是实验效应的客观体现;③指标的灵敏性,即指标变化能达到反映实验效应的水平;④测定值的精确性,即测量得到的数据具有准确反映实验效应的能力;⑤指标的有效性,即所选择指标是唯一或至少大部分能反映实验效应与处理因素之间的关系;⑥指标的可行性,即指标是现有实验技术和手段可测量,且能客观反映处理因素下的实验效应。

三、设计方法

目前，主要的实验设计方法有以下几种：

（一）完全随机设计

只涉及一个处理因素，不加任何条件限制，将受试对象随机分配到实验组和对照组，采取不同的处理措施进行比较。这种设计的特点是：①只能分析一个因素；②组别间的代表性、均一性和实验环境要一致或相近；③必须随机分组；④各实验组间的样本数要相近；⑤临床实验必须双盲。

（二）配对设计

将受试对象按照一定条件一对一形成配对，再随机将每对中的两个受试对象分配到不同的处理组。如自身配对中实验前后比较，异种配对中病情或年龄相同的患者等。配对设计减少了配对之间个体差异对比较的影响，同时样本量可以少一些，但其缺点是有时配对较难成功。

（三）配伍组设计

又称随机区组设计，相当于配对的扩展。即将几个受试对象按照一定条件配成区组，再将每一区组的受试对象随机分配到各个处理组中。适合配伍组设计的条件和特点是：①设置配伍的条件和配对的条件相同；②增强了各组间的均衡性和研究效率等。

（四）析因设计

实验涉及两个或两个以上处理因素，且每个处理因素又分为不同的水平，如果一个因素的水平改变导致另外一个或多个因素的实验效应也发生改变，则认为这两个或几个处理因素之间存在交叉作用。这种设计方法即为析因设计，符合的条件和特点为：①一种多因素的交叉分组实验设计；②可检验多因素之间的交互作用；③节约样本量。

（五）拉丁方设计

把多种处理因素和处理顺利排成纵行、横行均无重复字母的方阵的设计方法，其特点是同一样本可接受多种处理。适合的条件和特点：①必须是三个或三个以上因素的实验，且水平数相等；②观察指标是定量或半定量；③中途停止实验的对象要尽快补齐；④各行各列各处理组方差齐，个数等，且行间、列间、处理组间无交叉作用；⑤实验效率高，可进行行、列间的均数比较。

【思考题】

1. 实施设计要遵循哪些基本原则？
2. 设计性实验的对象是如何选择和分组的？

（龚朝辉）

第十七章　数据处理与论文撰写
(Chapter 17　Data Processing and Paper Writing)

实验执行过程中需要实时观察现象和记录数据,实验完成后需要分析结果,撰写实验报告和科研论文。

第一节　结果观察与记录
(Section 1　Observation and Record of Results)

一、实验过程的观察

实验观察应注意对实验的整个过程进行观察,从施加处理因素之前一直观察到施加处理因素之后产生变化的终结,或从撤销欲处理因素后直到其功能恢复到正常为止的全过程的观察。注意对实验中的变化过程及施加处理因素的时间、出现变化的时间和恢复到正常水平的时间进行准确的记录。观察过程中可排除人为因素或实验条件导致的实验误差,可及时纠正实验过程中非处理因素导致的问题发生。特别地,生物化学实验观察要细心,注意有无出现非预期结果或"反常"现象。在排除了错误的不合理结果之后,应对其进行分析,进一步实验是否有新的发现,是否会得出新的理论,尤其是不要错过"奇特"现象的观察。

二、实验结果的记录

实验结果的记录也应做到系统、客观和准确。要重视原始记录,预先拟定好原始记录的方式和内容。记录的方式可以是文字、数字、表格、图形、照片、录像及影片等。严禁擅自撕页或涂改,切不能用整理后的记录替代原始记录,要保持记录的原始性和真实性。

一般实验记录的项目和内容包括以下方面。

(1)实验名称、实验日期、实验者;

(2)受试对象:实验对象的分组,动物种类、品系、编号、体重、性别、来源、合格证号、健康状况,离体器官名称等;

(3)刺激种类、刺激参数。若是药物刺激,则应记录药物名称、来源(生产厂)、剂型、批号、规格(含量或浓度)、剂量、给药方法等;

(4)实验仪器:主要仪器名称、生产厂、型号、规格等;

(5)实验条件:实验时间、室(水)温,动物饲养、饲料、光照、恒温条件等;

(6)实验方法及步骤:测定内容和方法等;

(7)实验指标:实验指标的名称、单位、数值及变化等,如有实验曲线,应注明实验项目、刺激（或药物）施加与撤销标记。

实验过程中获得的图片和影像资料需要同步记录日期，和相应的实验日期一致。特别是电子版本的实验结果亦应有电子文档的存储。

第二节　数据处理与分析
（Section 2　Data Processing and Analysis）

实验结果和数据必须进行处理和分析，才能发现其中的问题，揭示其变化的规律性及其影响因素。

一、实验数据的处理

实验中得到的结果数据称原始数据，分为两大类：计量资料和计数资料。计量资料以数值大小来表示某种变化的程度，如吸光值、pH 值、DNA 序列等，这类资料可从测量仪器中读出，或通过测量所描记的曲线得到。计数资料是清点数目所得到的结果，如细胞数目、有效或无效等。

在处理数据时，还需要根据一定的判断标准，获得需要进一步统计分析用的数据，无效数据需要剔除。在处理这一类数据时，需要严格遵循科学范围，决不能有研究者的偏见，故意或任意将数据资料取舍。必须实事求是，不能人为地强求实验数据符合自己的假说。

二、实验数据的分析

在取得一定数量标本的可靠数据后，即可进行生物统计学分析，得到可用来对实验结果的某些规律性进行评价的数值。有些数值如平均值、标准差、标准误、相关系数、百分数等，被称为统计指标。经统计学分析的结果数据可制成一定的统计表或统计图，以便研讨所获得的各种变化规律。其次，还可作相应的统计学显著性检验或计算某些特征参数等。具体数据分析方法，请参考生物学统计和医学统计相关教材。

第三节　实验报告的撰写
（Section 3　Experimental Report Writing）

实验报告是对实验工作的总结和文字加工，是实验研究的最后环节，也是一个非常重要的环节。如何撰写实验报告，一般要遵循下列要求和规范。

一、实验报告的目的

撰写实验报告主要有两个目的：一是科学地总结自己的实验研究工作，通过对实验课题、内容、方法的科学表述，阐明实验的结论和价值，并向社会提供教育科研的信息，有益于丰富教育理论和推动教育实际工作；二是教育实验的成果是否可靠，必须经过反复验证。研究者对自己的实验工作进行总结，写出实验报告，不仅有助于向同行提供验证材料，而且也有利于学术交流、推动教育科研的发展,此外,撰写实验报告,还有利于研究者发现自己实验研究过程中的问题和漏洞,因而也有利于自己研究水平的提高和今后实验工作的改进。

二、实验报告的一般要求

一篇实验报告的质量如何,首先取决于实验研究工作本身,如实验研究工作是否具有理论或实践意义,实验设计是否科学、严谨,条件的控制是否严格有效,这取决于实验研究者的理论与学术水平和写作能力。除此之外,要想写出一篇好的实验报告,还必须遵循下述要求。

(1)草拟详细的实验报告,撰写提纲。要根据实验研究的目的、特点和结构缜密考虑实验报告的内容、中心思想、图表的穿插和表达方式。在草拟详细提纲的过程中,要对搜集到的大量材料进行比较、提炼、去伪存真,以选取最有价值的论据。

(2)结论的取得必须以事实为依据,不可因材料不全而主观臆断,更不可捏造一些材料以弥补材料的不足(这已严重违背科研道德)。对搜集到的材料还必须从理论上进行分析,力求在学术上达到一定深度。

(3)文字表述必须精确和通俗。实验报告是科学论文,不是文艺作品,因此在写作时,不可采用夸张、比喻和拟人化的修辞手法,也不可将生活概念作为科学概念使用,写作时既要做到遣词用字准确无误,又要避免语言晦涩,做到通俗易懂。

三、实验报告的格式

实验报告的撰写并无固定不变的模式,它可以因课题不同而有差别,但也有一个基本格式。一般而言,一个实验报告主要包括以下几个部分。

(一)题目

题目是实验报告的主题思想,必须能准确、清楚地呈现出研究的主要问题。因此,实验报告的标题常常直接采用研究课题的名称,指明所研究的重要变量,如题目"用自学辅导法对初中学生进行语文教学的实验研究",就反映了实验研究的实验变量(自学辅导法)。而题目"用发现法进行教学以促进学生思维能力发展的实验研究",既反映了实验变量(发现法教学),又反映了反应变量(学生思维能力发展)。总之,题目要使人对研究问题一目了然。

实验报告的题目还要力求简明,用字不要过多。在特殊情况下,如果字数少了,不能充分表现实验的主要内容,可以加副标题。

(二)目的

目的,即前沿部分,主要内容包括:提出问题,表明研究的目的;通过对有关文献的考察,说明选题的依据、课题的价值和意义;目前国内外在这一方面的研究成果、现状、问题及趋势;该项研究所要解决的问题以及研究的理论框架。这部分的文字要求简洁明了,字数不宜太多,表述要具体、清楚。

(三)方法

该部分要阐明实验研究所使用的研究方法,便于人们对整个研究过程的科学性客观性加以评价鉴定。也就是说,要让别人了解实验结果是在什么条件和情况下,通过什么方法,根据什么事实得来的,以评价实验研究的科学性和结果的真实性、可靠性。同时,也便于他人用同样方法进行重复实验。

该部分基本内容包括：①研究课题中出现的主要概念的定义及其阐述；②被试的条件、数量、取样方法；③实验的设计，实验组与控制组情况，研究的自变量因素的实施及条件控制等；④实验的程序，通常涉及实验步骤的具体安排、研究时间的选择；⑤资料数据的搜集和分析处理，实验结果的检验方式。结构应周密，条理要清楚，用词要准确明白。

（四）结果

1. 内容：结果部分即介绍和分析研究结果。其内容包括以下两方面。①对实验中所搜集的原始数据、典型案例、观察资料，用统计表、曲线图结合文字进行初步整理、分析。既有对定性资料的归纳，又有对定量资料的统计分析。②在对资料进行初步整理分析的基础上，采用一些逻辑的或统计的技术手段，得出研究的最终结果或结论。

2. 要求：结果部分的撰写，要注意以下要求。①叙述的是作者本人实验研究结果，以准确无误的数据资料说明问题，以陈述事实为主，不应夹杂前人或他人的工作成果，也不应外加研究者的主观议论和分析，从而保证结果的纯洁性、客观性和准确性。②要将定量与定性分析相结合。对数据资料，不仅要严格核实，注意图表的正确格式，而且要采用一定的统计分析技术，以数量变化中揭示出所研究事物的必然关系，绝不能搞成事实的罗列。③资料翔实，层次清晰，前后连贯，文字准确简明。结论是建立在对实验所搜集材料的客观分析、比较、综合、归纳基础上，必须是严谨的、科学的、合乎逻辑的论证，切忌夸夸其谈，任意引申。

（五）讨论

讨论是对实验研究结果的含义和意义进行评价。研究者根据研究的客观事实和结论，结合自己的认识与了解，通过分析思考，讨论和分析与实验结果有关的问题，对当前教育理论或实践的发展提出自己的认识、建议和设想。

讨论的基本内容包括：①对实验结果进行理论上的分析和论证。不仅要用摘要的形式概述研究的结果，阐明研究结果的意义，以及对本实验多次研究的结果的综合分析，而且还要在与前人所作研究的结果的比较分析中，将自己的研究纳入某一理论框架以建立或完善理论。②对本实验研究方法的科学性和局限性的探讨。如对实验误差、出现和常识相违的数据等进行必要的反省，对研究成果的可靠程度和适用范围作进一步说明。③提出可供深入研究的问题以及本实验研究中尚未解决或需要进一步解决的问题，对未来的研究以及如何推广研究提出建议。

（六）结论

即根据实验结果对实验作个简单的小结。这一部分主要是概括地说明该项实验研究了什么问题，获得了什么结果，证实或否定了什么问题。"结论"的文字要简短，一般以条目的形式表达。

（七）参考文献

即在实验报告的结尾，把撰写实验报告所引用的别人的材料、数据、论点注明出处。这既可以表明实验报告撰写者的水平、严谨的科学态度，也可以表明实验报告撰写者对别人劳动成果的尊重，并可给读者提供信息，开阔其视野。

参考文献的排列：在期刊的参考项目中，包括作者的姓名、文章标题、期刊刊名和期号；在书籍的参考项目中，包括作者姓名、书名、出版社名、出版时间及页数。

此外，一个完整的实验报告还应在实验报告题目后署上作者的姓名。特别是要公开发表的实验报告，不仅必须署上作者的姓名，而且还应署上作者的工作单位，以表示对实验报告负责以及便于读者咨询。作者姓名的先后应根据对实验贡献的大小,而不应以学术地位或官衔高低为排列先后次序的标准排列。

<h2 style="text-align:center">第四节 科研论文的撰写</h2>
(Section 4 Research Paper Writing)

科研论文是作者的科学思维,通过科学实践所获得的科研成果进行总结归纳后,按论点和论据所写成的论证性文章。一篇优秀论文既要求内容丰富、新颖、科学性强,又要富有理论性和实践性,且文字通顺,层次清楚,逻辑性强。

撰写论文是科研程序中的重要一环。应注意:①选题合适;②数据客观可靠;③论证方法正确;④论点鲜明;⑤结论可靠;⑥文字图表简明达意;⑦论文要有科学性、逻辑性、先进性,真正起到积累知识、推广成果、交流信息的作用。

一、内容具有学术价值

生物学或医学医学检科技论文学术价值的高低与研究课题本身的价值密切有关。课题应选择认识领域中尚未解决的、迫切需要解决的重大问题,具有创新性、科学性、可行性、逻辑性和推动性(对社会经济、人类健康的意义)。

二、论文应注意的几点:

(一)样本的代表性
样本的代表性是指从总体抽取的样本必须对总体具有代表性。如诊断标准是否明确,是否随机抽取,样本量是否符合统计学要求等。样本的代表性是为了保证实验结果的可重复性,样本(患者、动物)必须具有代表性、组间的可比性及结果的精确性。

(二)组间可比性
组间可比性是指各组样本的条件如年龄、性别、病情、病型、病程、取样时间、辅助治疗措施、药物的影响等相同或相近。应该指出的是,除同孵双胞胎外,遗传特性完全一致的两个个体在人类中是不存在的。

(三)结果的准确性
结果的准确性是指实验或观察结果是否真正反映了疾病客观的运动规律,结果是否具有可重复性(reproducibility),标准误差、系统误差是否尽可能地小,有无主观性(是否双盲或单盲)等。

作为一篇学术论文,在上述科研设计合理性的基础上,还要充分体现科研选题的目的、设计思想、实验过程、统计处理方法、结果的可靠性等。论文的撰写是围绕着研究进行的,但决非是研究过程的流水账、实验记录。

在论文撰写前,要充分了解和把握国内外最新研究的进展,掌握第一手资料,尽量收集与研究领域有关的信息。一个项目,或一篇论文、一场报告,其质量的高低主要与国内外同类研究相比,而不是具有"地区性先进水平,如省内领先、国内领先"等,尤其是理论方面的研究,更是如此。

（四）结论的可靠性与科学性

判断结论的可靠性与科学性，一方面要看设计是否合理，另一方面要看推理、判断是否符合逻辑。有时即使严格按科学方法设计，但对于结果的推理犯了逻辑错误，或者讨论引申时引用了错误的观点，真实的结果往往得不出真实的结论。例如，某种免疫学诊断方法在检测感染动物时的血清抗体或者抗原或者 DNA 片段时，显示出了高度的特异性、敏感性，且具有疗效考核的意义，据此认为这种免疫学方法对患者的诊断同样有效等。又如，临床上用甲药治疗某种疾病无效后，改用乙种药物治疗有效，据此认为甲药效果不如乙药。而亦有可能有效是因为停用了甲药或者甲药的效果尚未显现。因此决不可为了拔高自己论文的"地位"而无端猜测。

三、文字表达要准确、简练

生物学或医学论文是通过语言来表达研究内容的科学性和先进性的。文字的表达也起到知识交流与积累的作用。明确的主题、丰富的材料、严谨的结构、科学的结论要用明确、简练、生动的语言文字来撰写。如果词不达意，文句臃肿，平淡重复，会让人读起来不知所云，甚至产生歧义。俗话说，文如其人，一篇论文的文字水平直接反映作者的科学思维是否清晰，学术作风是否严谨。

（1）医学有许多专业特定的词汇和表达方式，如特异性（specificity）、敏感性（sensitivity）、稳定性（stability）、室间（内）质控等。只有词语准确，概念含义才能明确，不可生造词语。也不能言过其词如"证实了"、"代表了"、"十分"、"完全"等。要掌握好研究结果对于推动科学进步意义的分寸。

（2）不能把局部的真理推测为普遍的真理，把特定条件的真理说成是绝对的真理，犯"说大话，吹牛皮"的毛病，这样只能使科学家对您的结果失去信任。

（3）简练就是用最少的文字表达尽量多的内容。在论文撰写中，必须提炼出容量充实、精辟独到的词句，做到重点突出、层次分明、循序渐进、条理清楚。切禁堆砌辞藻、矫揉造作，故弄玄虚，哗众取宠。不要用欧美式的长句、倒装句和生造一些重叠别扭出奇的语句。要做到语句通顺，言简意赅，前后呼应，一气呵成。在科研课题的申报中，申请书的填写对于能否中标起着很大的作用。

四、图表资料要规范清晰

图表是形象化的、简洁的科学语言，在论文中与文字融为一体，可起到互补增彩的效果。但应切记：能用简单文字表达的内容，尽量不用图表；能用图表表示的内容，尽量不用过多的文字描述。图表一般应根据各不同杂志的投稿要求进行准备，符合其在格式、色彩、大小等方面的要求。

五、论文撰写的方法

生物学或医学论文的撰写有一定的格式，并有较严格的规范性。一般由以下几部分组成。

（一）题目（title）

题目要准确、简洁、鲜明而具体，有时也可列副标题，作为补充。文字既不能太多，让人望而生畏，也不能有太少，让人不得要领。要用最少的文字概括文章的核心内容。要一语中的。如有一篇论文是用检测抑癌基因 p53 的多态性来探讨肿瘤与遗传的关系，题目用了"肿瘤的基因诊断"，文字虽少，但帽子太大，实非所云。也不要所有的论文都要用"……的研究"的字样。一般字数不超过 25 字。

（二）作者及其单位（authors and affiliations）

作者是参与课题的设计、实施、资料处理、分析计算和论文撰写的人员。作者署名在论文题目之下，按作者在论文研究中的贡献大小排序，而不是论资辈排序。国外习惯于把 PI（principal investigator）排在作者名序的最后，同时也是论文的通讯作者。所有参加署名者，都对论文内容负责。切忌为了提高论文的"知名度"而生拉对论文无关的名人署名。甚至有些署名者从不知晓论文内容，应避免这种情况出现。

（三）关键词（keywords）

关键词是为了论文正确编目查找和计算机检索。关键词应将论文的检索点列出，简洁明了，是专业词汇而非其他词汇，一般 3～5 个。如"肝病患者骨髓细胞乙型肝炎病毒的感染"一文，关键词可写"骨髓细胞、乙型肝炎、病毒肝炎"。

（四）摘要（abstract）

摘要是论文中主要内容的高度概括、浓缩，能提供全文中的关键信息，让读者阅读摘要后决定是否有必要去查找全文。在摘要中应该简要介绍背景、研究目的、实验方法、结果和结论等。一般字数不超过 300 字。

（五）引言（introduction）

引言即序言、前言，是论文开头的一段短文，起到循序渐进的作用。对研究背景、立论依据、目的和意义、目前存在的问题及本文拟解决的问题等进行逐步引入，起到引人入胜的作用。引证时要有参考文献。直接引用文字一般不超过 300 个，但在英文期刊中，有些重要的原始论文引言亦见有较长者。引言不能仅叙述本实验室、本地区或本国的研究。

（六）材料与方法（materials and methods）

材料与方法部分要体现研究构思和设计的要求。作者用什么材料、什么实验对象、什么实验方法和统计方法等。材料和方法的可靠性决定着结果的准确性。对于某些试剂，还要注明厂家和批号；注明实验条件（温度、湿度等）及质量控制条件等。对于临床检验标本收集，应说明采集对象、时间、标本量等。

材料和方法依据不同的研究对象而异。如临床观察研究、实验室研究、动物试验研究、流行病学调查等。注意临床研究勿使用已淘汰的 35 项临床检验项目的方法。研究方法应尽量详细，方便别人重复实验，但也可引用别人已发表的文献。

（七）结果（results）

结果部分主要介绍全部的发现及数据。结果是论证的主要依据，其内容是科学地组织起来经过统计学处理的信息，是去伪存真的客观实际，而不是原始的记录数据。结果的各项指标都应围绕论文的主题，不应贪多求全，否则会无中心、无重点。结果应按照材料与方法的顺序分层次、有逻辑地归纳。结果要与材料与方法的内容相呼应。结果中插图、照片要清晰可辨。重点突出，制作符合发表要求。

结果是论文的主题，是作者主要的研究成果，必须完整、清晰、准确、可靠，不可有丝毫的含混和误差。一般结果部分大多采用小标题形式表述，同时采取层层递进、逐渐深入的方式进行组织。结果部分切忌重复描述实验材料和方法等。

（八）讨论（discussion）

讨论部分主要对实验结果作出理论性的分析，在论文中占有非常重要的地位。该部分直接反映作者对本领域的材料熟悉程度、对结果认识的深度和实事求是的态度。主要包括：①对结果进行分析、探讨，对可能的原因机理提出见解，阐明观点；②对结果的意义与假说是否相符，对结果中内在联系作出理论解释；③将结果与当前国内外研究比较，看是否有创新、有改进、有发明、有前进；④提出作者的经验体会，研究中存在的经验教训。自我评价应谦虚求实，恰如其分，不宜渲染夸张，要留有余地；⑤提出进一步研究的方向、展望、建议和设想。讨论中切忌离题发挥，或重复他人之见；切忌大量旁征博引而对自己的研究轻描淡写。讨论中引用的文献要注明出处。讨论部分也不能重复结果部分的内容。

（九）结论（conclusion）

结论是根据以上观察或实验提出的判断。任何论文都要尽量提出结论，回答引言中提出的假设或假说。有些论文的结论不单独列出，而置于讨论之后，当属允许。

（十）致谢（acknowledgements）

致谢主要对本论文有帮助的个人、组织或基金支持等表示感谢，如针对某人赠送实验材料，提供实验技术的指导或协助，给予论文文字修改，为研究提供金或计划项目的资助等。

（十一）参考文献（references）

参考文献是列出研究过程和论文撰写中所参考过的有关论文的目录。参考文献的意义是：①体现了研究内容的科学性和严谨性；②向读者提供进一步研究的线索；③尊重前人的劳动成果和知识产权。

文献序号必须在正文中的适当位置标记，通常用数字或作者姓氏、出版年份等加括号，放在相应句子的末尾。针对参考文献的书写格式，各书刊杂志都有明确的要求（稿约），撰写时也可参考该杂志最新刊出的论文中的参考文献的格式。

【思考题】

1. 如何进行实验数据的收集和处理？
2. 如何撰写实验报告？
3. 科研论文主要由哪几个部分组成？

（龚朝辉）

第十八章　实施案例

（Chapter 18　Case of Implementation）

　　生物化学与分子生物学设计性实验是要培养适应生命医学高速发展的学生，让他们具有严谨求实的科学态度，具有实验操作能力、观察分析能力、解决问题能力、归纳综合能力和书写表达能力。他们学到的不仅仅是生物化学与分子生物学的知识，还有学习方法，比如如何应用生物化学与分子生物学理论知识分析和解决实验过程中的具体问题，由被动接受转为主动学习。通过提供付诸实践的空间，不仅极大地调动了学生学习的积极性和主动性，而且也培养了学生的科研意识、创新思维和协作精神。

第一节　设计性实验技术模块
（Section 1　Technology Module of Designing Experiment）

　　生物化学与分子生物学实验主要利用分光光度法、离心法、层析法、电泳法和常见生物大分子分析技术研究蛋白质、核酸、酶、物质代谢、基因表达调控，基因重组与基因工程等。可以根据内容分为以下几个知识模块。

一、蛋白质分析技术

　　蛋白质分析涉及蛋白质的提取、纯化、定量、相对分子量的鉴定，以及蛋白质的特性和功能分析。

二、核酸分析技术

　　主要包括核酸（DNA/RNA）的提取、纯化、定量、分子量大小和序列鉴定、DNA 酶切分析、Southern blot、逆转录反应、PCR 反应（含定量 PCR）、Northern blot 等。

三、酶学分析技术

　　酶反应动力学分析、激活剂和抑制剂作用动力学、影响酶反应速率的因素分析，以及酶的专一性分析、酶活力、K_m 和 V_{max} 测定、酶蛋白分离纯化和同工酶分析等。

四、物质代谢分析技术

　　主要涉及三大营养素糖类、脂类和蛋白质的代谢，如激素对血糖的调节、脂类的薄层层析、血清蛋白质分离、转氨基作用、生物氧化与电子传递等。

五、常见分子生物学实验技术

基因组 DNA、质粒 DNA、mRNA 的提取与纯化、电泳鉴定、文库构建、定点突变、基因重组、RFLP、RAPD，以及分子杂交等。

第二节　设计性实验案例
（Section 2　Case of Designing Experiment）

以人体基因组 DNA 的鉴定和分析为例，设计性实验案例包括以下内容。

一、设计性实验目标

加强学生对 DNA 双螺旋结构模型的理解，了解人基因组 DNA 的结构特点，以及基因组 DNA 在临床诊断中的应用。

二、设计性实验内容与指导思想

设计性实验主要由布置实验任务、文献查阅及实验设计、实验设计答辩、开放实验室进行实验、结果讨论、设计性实验报告等六个阶段组成。

第一阶段：布置实验任务。

教师布置人体基因组 DNA 的鉴定和分析设计性实验任务，向学生介绍设计性实验的基本情况，回答学生的问题。

第二阶段：文献查阅及实验设计。

学生以 3～4 人为一个小组，按照本次实验的要求进行文献查阅和实验设计、完成实验设计书以及答辩 PPT。文献查阅的过程是对学生获取、整理、分析和利用文献的培养和锻炼，是培养学生科研素质的有效方法和途径。实验方法路线设计主要是在教师的指导下，根据实验室的条件，设计实验研究的方法和路线，填写实验设计书。

第三阶段：实验设计答辩。

模拟研究生开题报告答辩的形式进行设计性实验设计的答辩。通过答辩，让学生讲述自己的设计思路和具体实验步骤。教师和其他同学可以当堂提问。比如选材上，既可以选用外周血，又可以选择口腔上皮细胞，前者是创伤式采样，后者是无创式采样，各自都有优缺点。课堂答辩除了可以让学生对所学知识进行再加深之外，还可以锻炼其语言组织能力和知识分析能力，为毕业论文环节的答辩作好准备。答辩之后，教师作总结点评。

第四阶段：开放实验室进行实验。

根据答辩通过或修改后通过的实验设计方法路线，学生在教师指导下独立自主地进行实验操作。在本阶段中，学生不但要准备材料、配制试剂，还要正确使用相关的仪器，正确分析实验过程中出现的问题，并及时进行实验总结。通过实验操作过程。学生可以加深理解课堂中学到的理论知识，增长见识，提高分析问题和处理问题的能力，同时通过设计性实验，可以将各课程联系起来，将学到的知识结合起来，使学生的综合素质得到较大的提高。

第五阶段:结果讨论。

对实验结果和实验操作等各环节进行讨论,采用互动式讨论方式,充分调动学生的积极性。

第六阶段:书写设计性实验报告。

完成实验讨论后,根据实验结果完成设计性实验报告,该实验报告采用论文式实验报告方式,包含题目、中英文摘要、关键词、材料与方法、结果、讨论、参考文献等要素,通过书写论文式实验报告锻炼学生毕业论文的写作能力及文字组织能力。

该案例结合了基础生物学化学与分子生物学知识和临床诊断应用,采用传统的外周血对人体 DNA 进行鉴定和分析是目前的常规做法,而上皮细胞基因组 DNA 分析属于无创,更能为临床患者接受。两者获得的 DNA 通过鉴定是否完全一致,以及各自有哪些注意事项等都是本设计性实验在讨论时需要学生一一面对的。对提取的基因组 DNA 进行鉴定,如酶切分析(RFLP)、特殊基因片段的 PCR 扩增等都是可以进一步应用于诊断分析。

【思考题】

1. 如何设计实验分析与鉴定与毛发颜色相关的基因?

2. 如何设计实验判断转染质粒 DNA 时,进入真核细胞内的是双链 DNA 还是单链 DNA?

(龚朝辉)

附 录
（Appendix）

一、实验室规则

1. 上实验课时须穿实验服,自觉遵守课堂纪律,维护课堂秩序,不迟到、早退,不大声喧哗,不在实验室进食、喝水。

2. 实验前检查试剂、器材、设备是否齐全,如有缺失或损坏,及时汇报并补充。与实验无关的物品不得放在实验台上。

3. 认真预习实验内容,熟悉实验目的、原理、操作步骤及仪器的使用方法和注意事项。

4. 实验过程中听从教师指导,严格按操作规程进行,实验数据、步骤、结果要及时、如实地记录在实验报告本上。

5. 实验台面应随时保持整洁,试剂、器材、设备摆放整齐。试剂用完后,应立即盖严,放回原处。勿使试剂、药品滴洒在实验台面和地上。实验完毕后,清理台面,清洗仪器。

6. 使用仪器、药品、试剂和各物品需注意节约。洗涤和使用仪器时,应小心仔细,防止损坏。使用贵重精密仪器时,应严格遵守操作规程,发现故障时须立即报告,不得私自处理。

7. 实验产生的废液可倒入水槽内,同时放水冲走。强酸、强碱溶液必须用水稀释后才倒入废液桶内统一回收。废纸屑及其他固体废物和带渣滓的废物倒入废品缸或废物袋内,不能倒入水槽或到处乱扔。

8. 实验过程中如需使用电炉应随用随关,严格做到:人在炉火开,人走炉火关。乙醇、丙酮、乙醚等易燃品不能直接加热,并要远离火源操作和放置。实验完毕,应立即切断电源。离开实验室前应认真、负责地检查水、电、门、窗是否关闭,严防安全事故发生。

9. 实验室内一切物品,未经本室负责教师批准,严禁带走,借物必须办理登记手续。

10. 当天实验课值日小组负责当天实验室的卫生、安全和一切服务性的工作。

二、安全注意事项与应急处理

(一)安全注意事项

1. 实验前熟悉水、电总闸位置。离开实验室时,将水、电总闸关闭,门窗紧锁。

2. 使用电器设备(如烘箱、恒温水浴、离心机、电炉等)时,不可碰到水源,严防触电。

3. 使用强酸、强碱,须小心操作,防止碰溅。若不慎溅在实验台或地面上,必须及时用湿抹布擦洗干净。如果触及眼睛和皮肤应立即治疗。

4. 使用可燃物,特别是易燃物(如乙醚、丙酮、乙醇、苯、金属钠等)时,应小心谨慎。不要大剂量放在桌上,更不要放在靠近火焰处。低沸点的有机溶剂不准在火上直接加热,只能在水浴上利用回流冷凝管加热或蒸馏。

5. 如果不慎泄漏了相当量的易燃液体,应立即关闭室内所有的火源和电加热器,关门,开启窗户,用毛巾或抹布擦拭洒出的液体,并将液体拧到大的容器中,然后再倒入带塞的玻璃瓶中。

6. 用油浴操作时,应小心加热,温度计随时测量,不要超过油的燃烧温度。

7. 易燃和易爆炸物质的残渣(如金属钠、白磷、火柴头)不得倒入污物桶或水槽中,应收集在指定的容器内。

8. 废液应先稀释,然后倒入水槽,再用大量自来水冲洗水槽及下水道。强酸和强碱类试剂不能倒入水槽中,应稀释后倒入指定的收集容器内。

9. 动物实验时应戴手套小心谨慎操作,避免被动物咬、抓,如有受伤应立即治疗。

10. 毒物应按实验室的规定办理审批手续后领取,使用时严格操作,用后妥善处理。

(二)应急处理

在实验过程中不慎发生受伤事故,应立即采取适当的急救措施。

1. 受玻璃割伤及其他机械损伤:首先必须检查伤口内有无玻璃或金属等物的碎片,然后用硼酸水洗净,再擦碘酒或紫药水,必要时用纱布包扎。若伤口较大或过深而导致大量出血,应迅速在伤口上部和下部扎紧血管止血,并立即前往医院诊治。

2. 烫伤:一般用浓的(90%~95%)酒精消毒后,涂上苦味酸软膏。如果伤处红痛或红肿(一级灼伤),可用橄榄油或用棉花沾酒精敷盖伤处;若皮肤起泡(二级灼伤),不要弄破水泡,防止感染;铬伤处皮肤呈棕色或黑色(三级灼伤),应用干燥而无菌的消毒纱布轻轻包扎好,急送医院治疗。

3. 强碱(如氢氧化钠,氢氧化钾)、钠、钾等触及皮肤而引起灼伤时,要先用大量自来水冲洗,再用5%乙酸溶液或2%乙酸溶液涂洗。

4. 强酸、溴等触及皮肤而致灼伤时,应立即用大量自来水冲洗,再以5%碳酸氢钠溶液或5%氢氧化铵溶液洗涤。

5. 如酚触及皮肤引起灼伤,应用大量的水清洗,并用肥皂和水洗涤,忌用乙醇。

6. 若煤气中毒时,应到室外呼吸新鲜空气,严重时应立即到医院诊治。

7. 水银易由呼吸道进入体内,也可以经皮肤直接吸收而引起积累性中毒。严重中毒的征象是口中有金属气味,呼出气体也有气味;流唾液,牙床及嘴唇上有硫化汞的黑色,淋巴腺及唾液腺肿大。若不慎中毒,应送医院急救。急性中毒时,通常用碳粉或呕吐剂彻底洗胃,或者食入蛋白(如1L牛奶加3个鸡蛋清)或蓖麻油解毒并使之呕吐。

8. 触电时应立即切断电路,关闭电源,用干木棍将导线与被害者分开,使被害者和土地分离,急救时急救者必须做好防止触电的安全措施,手或脚必须绝缘。

9. 如遇火灾,切不可惊慌失措,保持镇静。首先立即切断室内一切火源和电源,然后根据具体情况正确地进行抢救和灭火。较大的着火事故应立即报警。

10. 如被动物咬伤或抓伤后,应立即用20%的肥皂水或0.1%的新苯扎氯铵彻底清洗咬伤局部,反复用纯净水冲洗伤口,再用3%的碘酒和75%的酒精消毒,进行必要的清创,随后就医诊治。

三、常见蛋白质相对分子量与等电点参考值

（一）常见蛋白质相对分子量参考值（单位：dalton）

蛋白质	分子量
肌球蛋白［myosin］	220000
甲状腺球蛋白［thyroglobulin］	165000
β-半乳糖苷酶［β-galactosidase］	130000
副肌球蛋白［paramyosin］	100000
磷酸化酶 a［phosphorylase a］	94000
血清白蛋白［serum albumin］	68000
L-氨基酸氧化酶［L-amino acid oxidase］	63000
过氧化氢酶［catalase］	60000
丙酮酸激活酶［pyruvate kinase］	57000
谷氨酸脱氢酶［glutamate dehydrogenase］	53000
亮氨酸氨肽酶［leucine aminopeptidase］	53000
γ-球蛋白，H 链［γ-globulin，H chain］	50000
延胡索酸酶（反丁烯二酸酶）［fumarase］	49000
卵白蛋白［ovalbumin］	43000
醇脱氢酶（肝）［alcohol dehydrogenase (liver)］	41000
烯醇酶［enolase］	41000
醛缩酶［aldolase］	40000
肌酸激酶［creatine kinase］	40000
胃蛋白酶原［pepsinogen］	40000
醇脱氢酶（酵母）［alcohol dehydrogenase (yeast)］	37000
甘油醛磷酸脱氢酶［dlyceraldehyde phosphate dehydrogenase］	36000
原肌球蛋白［tropomyosin］	36000
乳酸脱氢酶［lactate dehydrgenase］	36000
胃蛋白酶［pepsin］	35000
转磷酸核糖基酶［phosphoribosyl transferase］	35000
天冬氨酸氨甲酰转移酶，C 链［aspertate transcarbamylase，C chain］	34000
羧肽酶 A［carboxypeptidase A］	34000
碳酸酐酶［carbonic anhydrase］	29000
枯草杆菌蛋白酶［subtilisin］	27600
γ-球蛋白，L 链［γ-blobulin，L chain］	23500
糜蛋白酶原（胰凝乳蛋白酶原）［chymotrypsinogen］	25700
胰蛋白酶［trypsin］	23300
木瓜蛋白酶（羧甲基）［papain (carboxymethyl)］	23000
β-乳球蛋白［β-lactoglobulin］	18400
肌红蛋白［myoglobin］	17200
天冬氨酸氨甲酰转移酶，R 链［aspartate transcarbamylase，R chain］	17000
血红蛋白［h(a)emoglobin］	15500
溶菌酶［lysozyme］	14300
核糖核酸酶［ribonuclease 或 RNase］	13700
细胞色素 C［cytochrome C］	11700

（二）常见蛋白质等电点参考值（单位:pH）

蛋白质	等电点
鲑精蛋白[salmine]	12.1
胸腺组蛋白[thymohistone]	10.8
珠蛋白（人）[globin（human）]	7.5
卵白蛋白[ovalbuin]	4.71;4.59
血清白蛋白[serum albumin]	4.7～4.9
肌清蛋白[myoal bumin]	3.5
肌浆蛋白[myogen A]	6.3
β-乳球蛋白[β-lactoglobulin]	5.1～5.3
卵黄蛋白[livetin]	4.8～5.0
γ1-球蛋白（人）[γ1-globulin（human）]	5.8;6.6
γ2-球蛋白（人）[γ2-globulin（human）]	7.3;8.2
肌球蛋白 A[myosin A]	5.2～5.5
原肌球蛋白[myosin A]	5.1
铁传递蛋白[siderophilin]	5.9
胎球蛋白[fetuin]	3.4～3.5
血纤蛋白原[fibrinogen]	5.5～5.8
α-眼晶体蛋白[α-crystallin]	4.8
β-眼晶体蛋白[β-crystallin]	6.0
花生球蛋白[arachin]	5.1
伴花生球蛋白[conarrachin]	3.9
角蛋白类[keratins]	3.7～5.0
还原角蛋白[keratein]	4.6～4.7
胶原蛋白[collagen]	6.5～6.8
鱼胶[ichthyocol]	4.8～5.2
白明胶[gelatin]	4.7～5.0
α-酪蛋白[α-casein]	4.0～4.1
β-酪蛋白[β-casein]	4.5
γ-酪蛋白[γ-casein]	5.8～6.0
α-卵清黏蛋白[α-ovomucoid]	3.83～4.41
α1-黏蛋白[α1-mucoprotein]	1.8～2.7
卵黄类黏蛋白[vitellomucoid]	5.5
尿促性腺激素[urinarygonadotropin]	3.2～3.3
溶菌酶[lyso zyme]	11.0～11.2
肌红蛋白[myoglobin]	6.99
血红蛋白（人）[hemoglobin（human）]	7.07
血红蛋白（鸡）[hemoglobin（hen）]	7.23
血红蛋白（马）[hemoglobin（horse）]	6.92
血蓝蛋白[hemerythrin]	4.6～6.4
蚯蚓血红蛋白[chlorocruorin]	5.6
血绿蛋白[chlorocruorin]	4.3～4.5
无脊椎血红蛋白[erythrocruorins]	4.6～6.2
细胞色素 C[cytochrome C]	9.8～10.1

续表

蛋白质	等电点
视紫质［rhodopsin］	4.47～4.57
促凝血酶原激酶［thromboplastin］	5.2
α1-脂蛋白［α1-lipoprotein］	5.5
β1-脂蛋白［β1-lipoprotein］	5.4
β-卵黄脂磷蛋白［β-lipovitellin］	5.9
生长激素［somatotropin］	6.85
催乳激素［prolactin］	5.73
胰岛素［insulin］	5.35
胃蛋白酶［pepsin］	1.0
糜蛋白酶（胰凝乳蛋白酶［chymotrypsin］	8.1
牛血清白蛋白［bovine serum albumin］	4.9
核糖核酸酶（牛胰）［ribonuclease 或 Rnase(bovine pancreas)］	7.8
甲状腺球蛋白［thyroglobulin］	4.58
胸腺核组蛋白［thymonucleohistone］	4.0

四、常见参数与转换表

（一）核酸及蛋白质常用数据

1. 常用核酸的长度与分子量

核酸	核苷酸数	分子量
λDNA	48502（双链环状）	3.0×10^{7}
pBR322	4363（双链）	2.8×10^{6}
28S rRNA	4800	1.6×10^{6}
23S rRNA	3700	1.2×10^{6}
18S rRNA	1900	6.1×10^{5}
5S rRNA	120	3.6×10^{4}
tRNA（大肠杆菌）	75	2.5×10^{4}

2. 常用核酸蛋白换算数据

（1）分光光度换算：

1 A_{260} 双链 DNA＝50μg/mL

1 A_{260} 单链 DNA＝30μg/mL

1 A_{260} 单链 RNA＝40μg/mL

（2）蛋白质/DNA 换算：

1kp DNA＝333 个氨基酸编码容量＝3.7×10^{4}MW 蛋白质

10000MW 蛋白质＝270bp DNA

30000MW 蛋白质＝810bp DNA

50000MW 蛋白质＝1.35kp DNA

100000MW 蛋白质＝2.7kp DNA

3. 常用蛋白质分子量标准参照物

(1)高分子量标准参照		(2)中分子量标准参照		(3)低分子量标准参照	
蛋白质	分子量	蛋白质	分子量	蛋白质	分子量
肌球蛋白	212000	磷酸化酶 B	97400	碳酸酐酶	31000
β-半乳糖甘酶 B	116000	牛血清白蛋白	66200	大豆腈蛋白酶抑制剂	21500
磷酸化酶 B	97400	谷氨酶脱氢酶	55000	马心肌球蛋白	16900
牛血清白蛋白	66200	卵白蛋白	42700	溶菌酶	14400
过氧化氢酶	57000	醛缩酶	40000	肌球蛋白(F1)	8100
醛缩酶	40000	碳酸酐酶	31000	肌球蛋白(F2)	6200
		大豆腈蛋白酶抑制剂	21500	肌球蛋白(F3)	2500
		溶菌酶	14400		

五、常用缓冲液的配制

1. 甘氨酸-盐酸缓冲液(0.05mol/L)

XmL 0.2mol/L 甘氨酸＋YmL 0.2mol/L 盐酸,再加水稀释至 200mL。

pH	X/mL	Y/mL	pH	X/mL	Y/mL
2.2	50	44.0	3.0	50	11.4
2.4	50	32.4	3.2	50	8.2
2.6	50	24.2	3.4	50	6.4
2.8	50	16.8	3.6	50	5.0

甘氨酸分子量＝75.07;0.2mol/L 甘氨酸溶液含 15.01g/L。

2. 邻苯二甲酸-盐酸缓冲液(0.05mol/L)

XmL 0.2mol/L 邻苯二甲酸氢钾＋YmL 0.2mol/L 盐酸,再加水稀释至 200mL。

pH	X/mL	Y/mL	pH	X/mL	Y/mL
2.2	5	4.670	3.2	5	1.470
2.4	5	3.960	3.4	5	0.990
2.6	5	3.295	3.6	5	0.597
2.8	5	2.642	3.8	5	0.263
3.0	5	2.032			

邻苯二甲酸氢钾分子量＝204.22;0.2mol/L 邻苯二甲酸氢钾溶液含 40.85g/L。

3. 磷酸氢二钠-磷酸二氢钠缓冲液(0.2mol/L)

XmL 0.2mol/L 磷酸氢二钠＋YmL 0.2mol/L 磷酸二氢钠,一共 100mL。

pH	X/mL	Y/mL	pH	X/mL	Y/mL
5.8	8.0	92.0	7.0	61.0	39.0
5.9	10.0	90.0	7.1	67.0	33.0
6.0	12.3	87.7	7.2	72.0	28.0
6.1	15.0	85.0	7.3	77.0	23.0
6.2	18.5	81.5	7.4	81.0	19.0
6.3	22.5	77.5	7.5	84.0	16.0

pH	X/mL	Y/mL	pH	X/mL	Y/mL
6.4	26.5	73.5	7.6	87.0	13.0
6.5	31.5	68.5	7.7	89.5	10.5
6.6	37.5	62.5	7.8	91.5	8.5
6.7	43.5	56.5	7.9	93.0	7.0
6.8	49.5	51.0	8.0	94.7	5.3
6.9	55.0	45.0			

$Na_2HPO_4 \cdot 2H_2O$ 分子量＝178.05；0.2mol/L 溶液含 35.61g/L。

$Na_2HPO_4 \cdot 12H_2O$ 分子量＝358.22；0.2mol/L 溶液含 71.64g/L。

$NaH_2PO_4 \cdot H_2O$ 分子量＝138.01；0.2mol/L 溶液含 27.6g/L。

$NaH_2PO_4 \cdot 2H_2O$ 分子量＝156.03；0.2mol/L 溶液含 31.21g/L。

4. Tris-盐酸缓冲液

50mL 0.1mol/L 三羟甲基氨基甲烷(Tris)溶液于 XmL 0.1mol/L 盐酸混匀后，加水稀释至 100mL。

pH	X/mL	pH	X/mL	pH	X/mL
7.1	45.7	7.8	34.5	8.5	14.7
7.2	44.7	7.9	32.0	8.6	12.4
7.3	43.4	8.0	29.2	8.7	10.3
7.4	42.0	8.1	26.2	8.8	8.5
7.5	40.3	8.2	22.9	8.9	7.0
7.6	38.5	8.3	19.9		
7.7	36.6	8.4	17.2		

三羟甲基氨基甲烷(Tris)分子量＝121.14；0.1mol/L 溶液为 12.114g/L。

Tris 溶液可以从空气中吸收二氧化碳，使用时注意将瓶盖严。

5. 碳酸钠-碳酸氢钠缓冲液(0.1mol/L)。

XmL 0.1mol/L 碳酸钠＋YmL 0.2mol/L 碳酸氢钠，一共 10mL。

pH(20℃)	pH(37℃)	X/mL	Y/mL
9.16	8.77	1	9
9.40	9.12	2	8
9.51	9.40	3	7
9.78	9.50	4	6
9.90	9.72	5	5
10.14	9.90	6	4
10.28	10.08	7	3
10.53	10.28	8	2
10.83	10.57	9	1

$Na_2CO_3 \cdot 10H_2O$ 分子量＝286.2；0.1mol/L 溶液为 28.62g/L。

$NaHCO_3$ 分子量＝84.0；0.1mol/L 溶液为 8.40g/L。

（乐燕萍）

参 考 文 献
（References）

［1］ 韩跃武. 生物化学实验(第二版). 兰州:兰州大学出版社,2006.

［2］ 何忠效等. 电泳(第二版). 北京:科学出版社,1999.

［3］ 黄培堂译. 分子克隆实验指南(第三版). 北京:科学出版社,2002.

［4］ 厉朝龙等. 生物化学与分子生物学实验技术. 杭州:浙江大学出版社,2000.

［5］ 马文丽等. 核酸分子杂交技术. 北京:化学工业出版社,2007.

［6］ 孙毓庆等. 分析化学(第二版). 北京:高等教育出版社,2006.

［7］ 陶志华等. 乙型肝炎病毒 DNA 荧光定量 PCR 的建立与应用. 临床检验杂志,2002,
     20:282-284.

［8］ 王琳芳等. 医学分子生物学原理. 北京:高等教育出版社,2001.

［9］ 武汉大学. 分析化学(第五版). 北京:高等教育出版社,2006.

［10］ 武汉大学化学系. 仪器分析. 北京:高等教育出版社,2001.

［11］ 吴耀生. 医学生物化学与分子生物学实验指南. 北京:人民卫生出版社,2009.

［12］ 肖艳群等. 实时荧光定量 PCR 与 PCR-ELISA 在乙型肝炎病毒 DNA 定量检测中的
     应用比较. 检验医学,2005,20:319-321.

［13］ 杨安钢等. 生物化学与分子生物学实验技术. 北京:高等教育出版社,2008.

［14］ 喻红等. 医学生物化学与分子生物学实验技术. 武汉:武汉大学出版社,2003.

［15］ 张爱联等. 生物化学与分子生物学实验教程. 北京:中国农业大学出版社,2009.

［16］ 查锡良. 生物化学(第七版). 北京:人民卫生出版社,2008.

［17］ 赵永芳. 生物化学技术原理及其应用(第二版). 武汉:武汉大学出版社,1999.

［18］ 周俊宜. 分子医学技能. 北京:科学出版社,2006.

［19］ 朱大年. 生理学. 北京:人民卫生出版社(第七版),2008.

［20］ 朱月春等. 医学生物化学与分子生物学实验教程. 北京:高等教育出版社,2011.

［21］ Alwine JC, *et al*. Method for detection of specific RNAs in agarose gels by transfer
     to diazobenzyloxymethyl-paper and hybridization with DNA probes. Proc Natl Acad
     Sci USA, 1977, 74: 5350-5354.

［22］ Bettelheim FA, *et al*. Laboratory Experiments for General Organic and
     Biochemistry. 5th Edition. Thomson Learning, Inc, 2004.

［23］ Bickle TA, *et al*. Biology of DNA restriction. Microbiol Rev, 1993, 57: 434-450.

［24］ Birnboim HC, *et al*. A rapid alkaline extraction procedure for screening
     recombinant plasmid DNA. Nucleic Acids Res, 1979, 7: 1513-1523.

[25] Bloom MV, et al. Laboratory DNA Science: An Introduction to Recombinant DNA Techniques and Methods of Genome Analysis. Benjamin/Cummings Pub. Co., 1996.

[26] Boyer HW. DNA restriction and modification mechanisms in bacteria. Annu Rev Microbiol, 1971, 25: 153-176.

[27] Clark DP. Molecular Biology: Understanding the Genetic Revolution. Elsevier, 2005.

[28] Goodsell DS. Themolecular perspective: Restriction endonucleases. Stem Cells, 2002, 20: 190-191.

[29] Higuchi R, et al. Simultaneous amplification and detection of specific DNA sequences. Bio/Technology, 1992, 10: 413-417.

[30] Holland PM, et al. Detection of specific polymerase chain reaction product by utilizing the 5'-3' exonuclease activity of Thermus aquaticus DNA polymerase. Proc Natl Acad Sci USA, 1991, 88: 7276-7280.

[31] Innes M, et al. PCR Protocols, a Guide to Methods and Application. Academic Press, 1990.

[32] Kessler C, et al. Specificity of restriction endonucleases and DNA modification methyltransferases a review (Edition 3). Gene, 1990, 92: 1-248.

[33] Kobayashi I. Behavior of restriction-modification systems as selfish mobile elements and their impact on genome evolution. Nucleic Acids Res, 2001, 29: 3742-3756.

[34] Kruger DH, et al. Bacteriophage survival: Multiple mechanisms for avoiding the deoxyribonucleic acid restriction systems of their hosts. Microbiol Rev, 1983, 47: 345-360.

[35] Livak KJ, et al. Oligonucleotides with fluorescent dyes at opposite ends provide a quenched probe system useful for detecting PCR product and nucleic acid hybridization. Genome Research, 1995, 4: 357-362.

[36] Massey A, et al. Recombinant DNA and Biotechnology: A Guide for Students. ASM Press, 2001.

[37] Mullis K, et al. Specific enzymatic amplification of DNA in vitro: The polymerase chain reaction. Cold Spring Harb Symp Quant Biol, 1986, 51 Pt 1: 263-273.

[38] Mullis KB, et al. Specific synthesis of DNA in vitro via a polymerase-catalyzed chain reaction. Methods Enzymol, 1987, 155: 335-350.

[39] Myers TW, et al. Reverse transcription and DNA amplification by a Thermus thermophilus DNA polymerase. Biochemistry, 1991, 30: 7661-7666.

[40] Old RW, et al. Principles of Gene Manipulation: An Introduction to Genetic Engineering. Univ of California Press, 1981.

[41] Pavlov AR, et al. Recent developments in the optimization of thermostable DNA polymerases for efficient applications. Trends Biotechnol, 2004, 22: 253-260.

[42] Piechaczek C, *et al*. A vector based on the SV40 origin of replication and chromosomal S/MARs replicates episomally in CHO cells. Nucleic Acids Res, 1999, 27: 426-428.

[43] Pingoud A, *et al*. Structure and function of type II restriction endonucleases. Nucleic Acids Res, 2001, 29: 3705-3727.

[44] Rabinow P. Making PCR: A Story of Biotechnology. University of Chicago Press, 1996.

[45] Reinhart MP and Malamud D. Protin transfer from isoelectric focusing Gels: The native blot. Anal Biochem, 1982, 123: 229-235.

[46] Roberts RJ. Restriction endonucleases. CRC Crit Rev Biochem, 1976, 4: 123-164.

[47] Roberts RJ, *et al*. REBASE-enzymes and genes for DNA restriction and modification. Nucleic Acids Res, 2007, 35: D269-270.

[48] Sadasivam S, *et al*. Biochemical Methods, 2nd Edition. India: New Age International Publishers, Ltd. , 2005.

[49] Saiki RK, *et al*. Enzymatic amplification of beta-globin genomic sequences and restriction site analysis for diagnosis of sickle cell anemia. Science, 1985, 230: 1350-1354.

[50] Saiki RK, *et al*. Primer-directed enzymatic amplification of DNA with a thermostable DNA polymerase. Science, 1988, 239: 487-491.

[51] Sambrook J, *et al*. Molecular Cloning: A Laboratory Manual. Cold Spring Harbor Laboratory Press, 2001.

[52] Towbin H, *et al*. Electrophoretic transfer of proteins from polyacrylamide gels to nitrocellulose sheets: Procedure and some applications. Proc Nal Acad Sci USA, 1979, 76: 4350-4354.

图书在版编目（CIP）数据

　　生物化学与分子生物学实验指导：双语版 / 龚朝辉主编.
—杭州：浙江大学出版社，2012.11（2025.7 重印）
　　ISBN 978-7-308-10786-0

　　Ⅰ．①生… Ⅱ．①龚… Ⅲ．①生物化学－实验－双语
教学－高等学校－教学参考资料 ②分子生物学－实验－双
语教学－高等学校－教学参考资料 Ⅳ．①Q5-33 ②Q7-33

　　中国版本图书馆 CIP 数据核字（2012）第 263995 号

生物化学与分子生物学实验指导

主　　编　龚朝辉
副主编　　郭俊明

责任编辑　张凌静（zlj@zju.edu.cn）
封面设计　续设计
出版发行　浙江大学出版社
　　　　　（杭州市天目山路 148 号　邮政编码 310007）
　　　　　（网址：http://www.zjupress.com）
排　　版　杭州好友排版工作室
印　　刷　浙江新华数码印务有限公司
开　　本　787mm×1092mm　1/16
印　　张　16.75
字　　数　450 千
版 印 次　2012 年 11 月第 1 版　2025 年 7 月第 4 次印刷
书　　号　ISBN 978-7-308-10786-0
定　　价　35.00 元